计算机类技能实战系列丛书

互联网+创新型“十四五”精品教材

达芬奇调色教程

（微课版）

主　编　苑文建　王明迈　魏　宏
副主编　李　成　王昕南　李芸璐　黄丽萍

哈爾濱工程大學出版社
Harbin Engineering University Press

内 容 简 介

本书共 12 章，包括 DaVinci Resolve 18.5 基本知识、剪辑视频文件的基本处理、一级调色、二级调色、节点调色、应用 LUT 与滤镜调色、添加视频转场特效、制作视频字幕特效、编辑音频与渲染视频、风景视频调色实例、电影短片调色实例以及人像视频调色实例。

本书结构清晰、语言简洁，既可作为应用型本科、职业院校相关专业的教材，也可作为摄影师、视频调色爱好者、达芬奇软件学习者、影视工作人员、媒体制作人员、广告行业从业者等的参考用书。

图书在版编目（CIP）数据

达芬奇调色教程 ： 微课版 / 苑文建，王明迈，魏宏主编. -- 哈尔滨 ： 哈尔滨工程大学出版社，2024. 6.

ISBN 978-7-5661-4461-4

Ⅰ. TP391.413

中国国家版本馆 CIP 数据核字第 20242D85J5 号

达芬奇调色教程（微课版）

DAFENQI TIAOSE JIAOCHENG（WEIKE BAN）

策划编辑 张林峰

责任编辑 苏 莉

出版发行 哈尔滨工程大学出版社

社　　址 哈尔滨市南岗区南通大街 145 号

邮政编码 150001

发行电话 0451-82519328

传　　真 0451-82519699

经　　销 新华书店

印　　刷 三河市中晟雅豪印务有限公司

开　　本 787 mm×1 092 mm　1/16

印　　张 15.5

字　　数 397 千字

版　　次 2024 年 6 月第 1 版

印　　次 2024 年 6 月第 1 次印刷

书　　号 ISBN 978-7-5661-4461-4

定　　价 68.00 元

http://www.hrbeupress.com

E-mail:heupress@hrbeu.edu.cn

前　言

党的二十大报告提出，“建设现代化产业体系。坚持把发展经济的着力点放在实体经济上，推进新型工业化，加快建设制造强国、质量强国、航天强国、交通强国、网络强国、数字中国”。

达芬奇软件（简称达芬奇）是一款卓越的调色软件，它的功能涵盖了后期制作的各个方面。与其他视频软件相比，达芬奇以其强大的调色能力而闻名。许多色彩鲜艳、视觉效果出众的视频都是通过达芬奇进行调色的。许多影视剧的后期制作也离不开达芬奇，它为影片提供了高质量的色彩调整和视觉效果。简而言之，达芬奇是一款功能强大、效果出众的调色软件，是后期制作领域的必备工具之一。

本书共 12 章，包括 DaVinci Resolve 18.5 基本知识、剪辑视频文件的基本处理、一级调色、二级调色、节点调色、应用 LUT 与滤镜调色、添加视频转场特效、制作视频字幕特效、编辑音频与渲染视频、风景视频调色实例、电影短片调色实例以及人像视频调色实例。

➢ 本书特色

（1）12 章实操案例讲解：本书以初中级学习者为对象，先从达芬奇的入门基础学起，再学习达芬奇的核心技术，然后学习达芬奇的转场应用，最后学习开发一个完整项目。讲解过程中步骤详尽、版式新颖，在操作的内容图片上以①②③……的编号＋内容的方式进行标注，让读者在阅读时一目了然，从而快速掌握书中内容。

（2）230 多分钟视频播放：书中每一章节均提供语音视频教学，读者可以根据书中提供的视频位置去操作。这些视频能够引导读者快速入门，感受运用达芬奇的快乐和成就感，增强进一步学习的信心，从而快速成为“达芬奇高手”。

（3）120 多个精辟实例演练：通过实例学习是最好的学习方式，本书通过一个知识点、一个实例、一个结果、一个综合应用的模式，透彻详尽地讲述了实际开发中所需的各类知识。

（4）960 多张图片全程图解：本书采用了 960 多张图片对软件技术、实例讲解、效果展示进行了全程式的图解。通过这些清晰的图片，让实例的内容变得更通俗易懂，读者可以一目了然，快速领会，举一反三，制作出更多精彩的视频文件。

➢ 温馨提示

（1）本书基于 DaVinci Resolve18.5 软件编写，请读者一定要使用同版本软件。附送的素材和效果文件请根据本书提示进行下载，学习本书案例时，可以扫描案例上方的二维码观看操作视频。

（2）直接打开附送下载资源中的项目时，预览窗口中会显示“离线媒体”的提示文字，这是因为安装的 DaVinci Resolve18.5 软件以及素材与效果文件的路径不一致，发生了改变，这属于正常现象，读者只需要将这些素材重新链接素材文件夹中的相应文件，即可链接成功。读者也可以将随书附送下载资源拷贝至电脑中，需要某个 drp 文件时，第一次链接成功后，就将项目文件进行保存或导出，后面打开就不再需要重新链接了。

（3）如果读者将资源文件拷到电脑磁盘中直接打开资源文件，就会出现无法打开的情况。此时需要注意，打开附送的素材效果文件前，需要先将资源文件中的素材和效果全部拷到电脑的磁盘中，在文件夹上单击鼠标右键，在弹出的快捷菜单中选择“属性”选项，打开“文件夹属性”对话框，取消选中“只读”复选框，然后再重新通过 DaVinci Resolve18.5 打开素材和效果文件，就可以正常使用文件了。

➢ 作者团队

本书由苑文建（江西应用工程职业学院）、王明迈（成都艺术职业大学）、魏宏（山东商务职业学院）担任主编，由李成（重庆师范大学美术学院）、王昕南（河南艺术职业学院）、李芸璐（郑州智能科技职业学院）、黄丽萍（广西电子高级技工学校）担任副主编。本书相关资料可扫封底二维码或登录 www.bjzzwh.com 下载获得。

➢ 版权声明

由于编者水平有限，书中难免存在疏漏和不当之处，敬请各位专家及读者批评指正。

编　者

目　录

第 1 章　DaVinci Resolve18.5 基础知识

第 2 章　剪辑视频文件的基本处理

第 3 章 一级调色

第 4 章 二级调色

第 5 章 节点调色

第 6 章 应用 LUT 与滤镜调色

第 7 章 添加视频转场特效

第 8 章　制作视频字幕特效

第 9 章　编辑音频与渲染视频

第 10 章　风景视频调色实例

第 11 章　电影短片调色实例

第 12 章　人像视频调色实例

第 1 章

DaVinci Resolve18.5 基础知识

1

达芬奇软件（简称达芬奇）是一款专业的影视调色剪辑软件，它的英文名称为 DaVinci Resolve，集视频调色、剪辑、合成、音频、字幕于一体，是常用的视频编辑软件之一。本章将主要讲述 DaVinci Resolve 18.5 的功能及面板等内容。

本章重点

- 了解 DaVinci Resolve 18.5 的安装、启动与退出
- 掌握达芬奇的基本设置
- 认识达芬奇的软件界面
- 熟悉管理时间线与轨道方法
- 掌握影调调色的基本方法

学习目标

- 达芬奇在影视、广告、传媒等领域有广泛应用，掌握该软件可以为学生提供更多的职业发展机会
- 通过学习达芬奇，学生可以更加深入地了解数字图像处理技术对社会的影响

1.1 DaVinci Resolve 18.5 的安装、启动与退出

在学习 DaVinci Resolve 18.5 之前，需要对软件的系统配置有所了解，以及掌握软件的安装、启动与退出方法，这样有助于更进一步地学习该软件。本节将主要介绍安装、启动与退出 DaVinci Resolve 18.5 的操作方法。

1.1.1 安装 DaVinci Resolve 18.5

安装 DaVinci Resolve 18.5

安装 DaVinci Resolve 18.5 之前，需要检查一下计算机是否装有低版本的达芬奇程序，如果存在，需要将其卸载后再安装新的版本。另外，在安装 DaVinci Resolve 18.5 之前，必须先关闭其他所有应用程序，包括病毒检测程序等。如果其他程序仍在运行，就会影响 DaVinci Resolve 18.5 的正常安装。下面介绍安装 DaVinci Resolve 18.5 的操作方法。

Step 01 将 DaVinci Resolve 18.5 安装程序复制到电脑中，打开安装文件夹，选择并双击安装文件，如图 1-1 所示。

Step 02 弹出启动安装程序对话框，单击 Next 按钮，如图 1-2 所示。

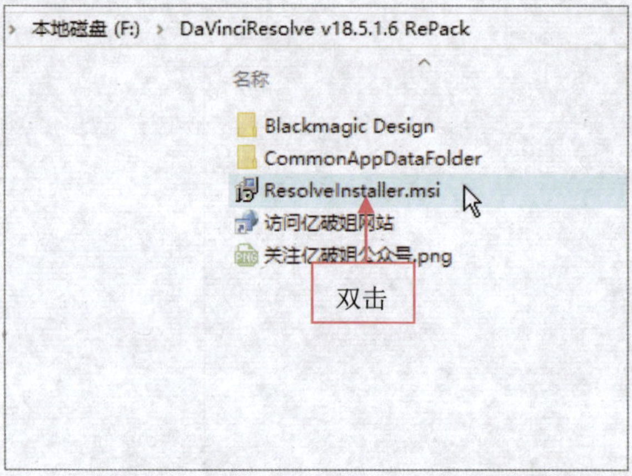

图 1-1 双击安装文件

图 1-2 单击 Next 按钮（1）

Step 03 进入软件协议内容页面，在其中选中 I accept the terms license agreement 复选框，单击 Next 按钮，如图 1-3 所示。

Step 04 进入下一个页面，在其中显示了软件的安装位置（这里不建议用户修改，避免安装后无法正常启动软件），单击 Next 按钮，如图 1-4 所示。

Step 05 进入软件的准备安装页面，单击 Install 按钮，如图 1-5 所示，即可开始安装 DaVinci Resolve 18.5 软件。

Step 06 在软件安装加载页面中，显示了安装进度，提示用户正在安装，如图 1-6 所示。

图 1-3　单击 Next 按钮（2）

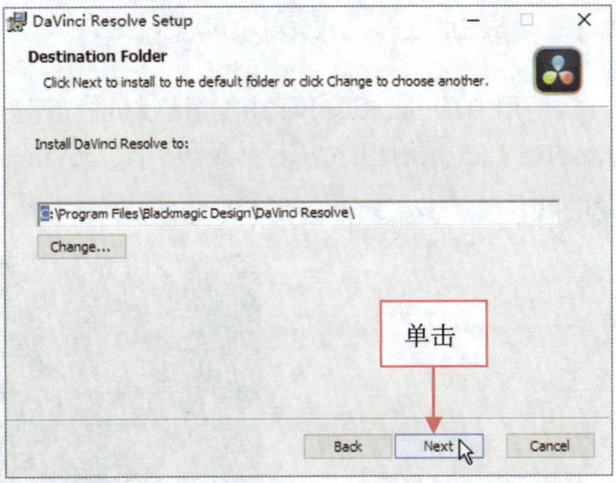

图 1-4　单击 Next 按钮（3）

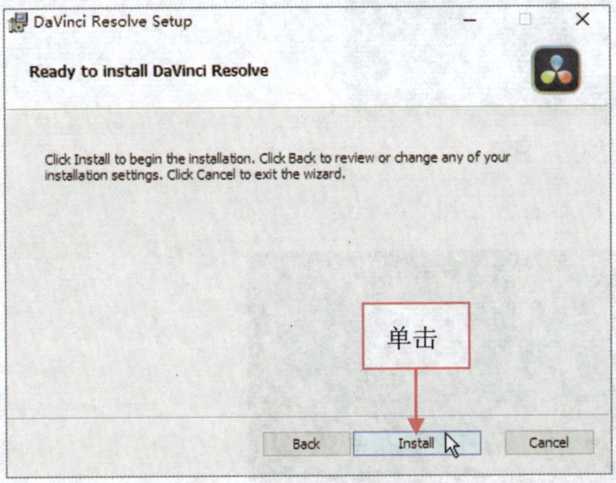

图 1-5　单击 Install 按钮

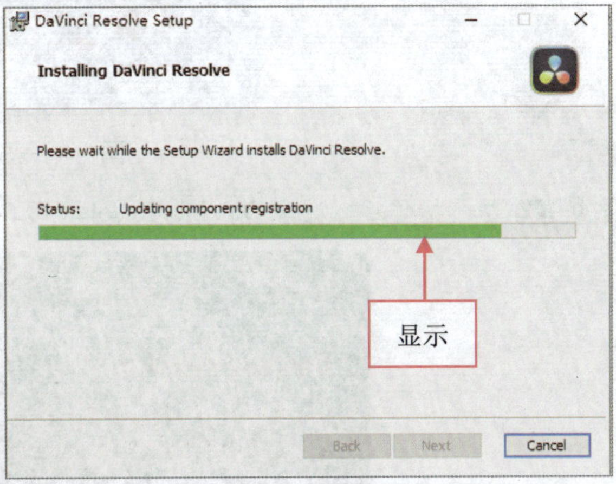

图 1-6　显示安装进度

Step 07 稍等片刻，待软件安装完成后，进入下一个页面，提示软件已经安装成功，单击 Finish 按钮，即可完成软件的安装，如图 1-7 所示。

图 1-7　完成软件的安装

1.1.2　启动 DaVinci Resolve 18.5

使用 DaVinci Resolve 18.5 对素材进行调色之前，首先需要掌握 DaVinci Resolve 18.5 应用程序。下面介绍启动 DaVinci Resolve 18.5 的操作方法。

启动 DaVinci Resolve 18.5

Step 01 在桌面上双击达芬奇图标，如图 1-8 所示。

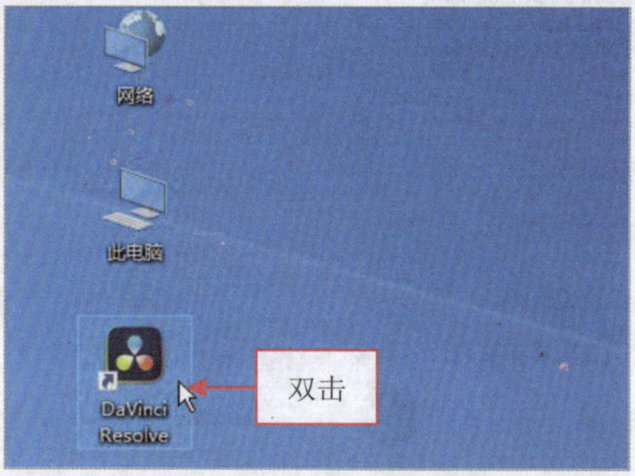

图 1-8　双击达芬奇图标

Step 02 执行操作后，进入 DaVinci Resolve 18.5 启动界面，如图 1-9 所示。

图 1-9　DaVinci Resolve 18.5 启动界面

Step 03 稍等片刻，弹出项目管理器，双击 Untitled Project 图标，如图 1-10 所示。

图 1-10　双击 Untitled Project 图标

Step 04 打开软件界面，进入 DaVinci Resolve 18.5 工作界面，如图 1-11 所示。

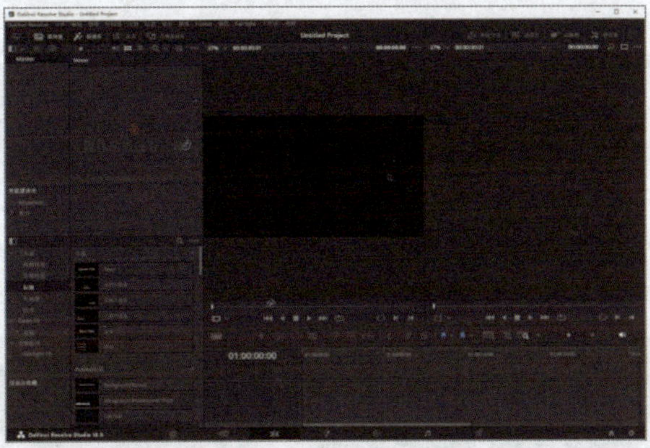

图 1-11 DaVinci Resolve 18.5 工作界面

1.1.3 退出 DaVinci Resolve 18.5

退出 DaVinci Resolve 18.5

当用户运用 DaVinci Resolve 18.5 完成调色后，为了节约系统内存空间，提高系统运行速度，此时可以退出 DaVinci Resolve 18.5 应用程序。下面介绍退出 DaVinci Resolve 18.5 的操作方法。

Step 01 进入达芬奇“剪辑”步骤面板，单击菜单栏中的 DaVinci Resolve | “退出 DaVinci Resolve”命令，如图 1-12 所示。执行操作后，即可退出 DaVinci Resolve 18.5。

Step 02 除了运用上述方法可以退出 DaVinci Resolve 18.5 外，还可以单击工作界面右上角的“关闭”按钮×，关闭工作界面，如图 1-13 所示。

图 1-12 退出 DaVinci Resolve

图 1-13 关闭工作界面

1.2 达芬奇的基本设置

安装好 DaVinci Resolve 18.5 后，首次打开软件时，需要对软件界面的初始参数进行设置，以方便后期在软件中进行操作。本节主要介绍如何设置软件界面的语言、帧率与分辨率等初始参数。

1.2.1 界面语言

首次启动 DaVinci Resolve 18.5 时，软件界面的语言默认是英文。为了方便用户操作，在软件工作界面中，单击 DaVinci Resolve 命令，选择 Preferences（偏好设置）选项，如图 1-15 所示，即可打开偏好设置预设面板。在偏好设置预设面板中，用户可以设置软件界面为简体中文。在 UI 设置面板中，展开 UI 设置面板，单击“语言”右侧的下三角按钮，在弹出的列表框中，选择“简体中文”选项，如图 1-14 所示。单击“保存”按钮，重启 DaVinci Resolve 18.5 后，即可将界面语言设置为简体中文。

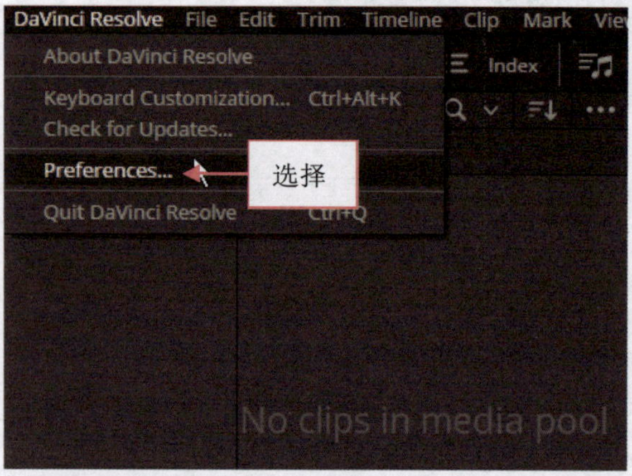

图 1-14 选择 Preferences（偏好设置）选项

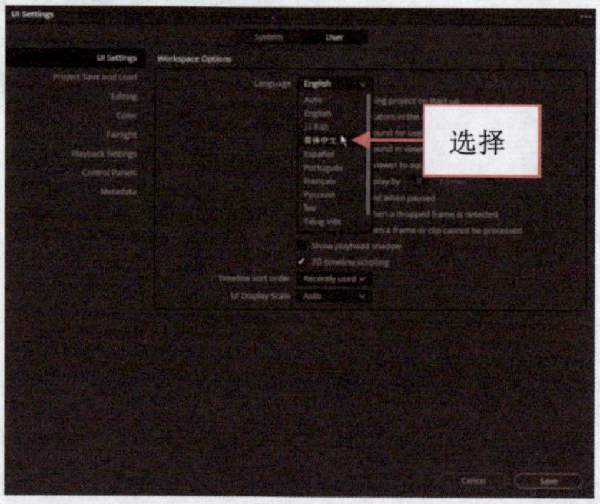

图 1-15 选择“简体中文”选项

1.2.2 帧率与分辨率

在 DaVinci Resolve 18.5 软件中，可以单击“文件”|“项目设置”命令，弹出“项目设置”对话框。在“主设置”选项卡中，可以设置时间线分辨率、像素宽高比、时间线帧率、播放帧率、视频格式、SDI 配置、数据级别、视频位深以及监视器缩放等。

图 1-16 为“项目设置：落日晚霞”对话框，用户可以在其中根据需要，设置帧率与分辨率参数。

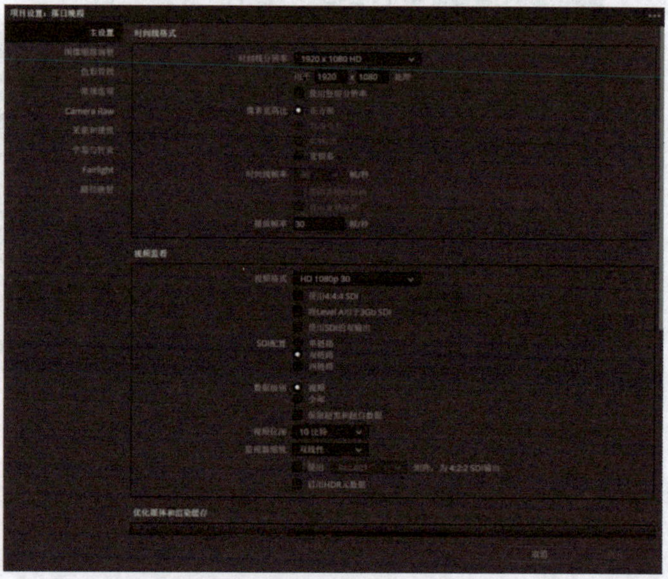

图 1-16 “项目设置：落日晚霞”对话框

1.3　达芬奇的软件界面

DaVinci Resolve 18.5 是一款 Mac 和 Windows 都适用的双操作系统软件，虽然对系统的配置要求较高，但 DaVinci Resolve 18.5 有着强大的兼容性，还提供了多种操作工具，将剪辑、调色、特效、字幕、音频等实用功能集于一身，是许多剪辑师、调色师十分青睐的影视后期剪辑软件之一。本节主要介绍 DaVinci Resolve 18.5 的工作界面，如图 1-17 所示。

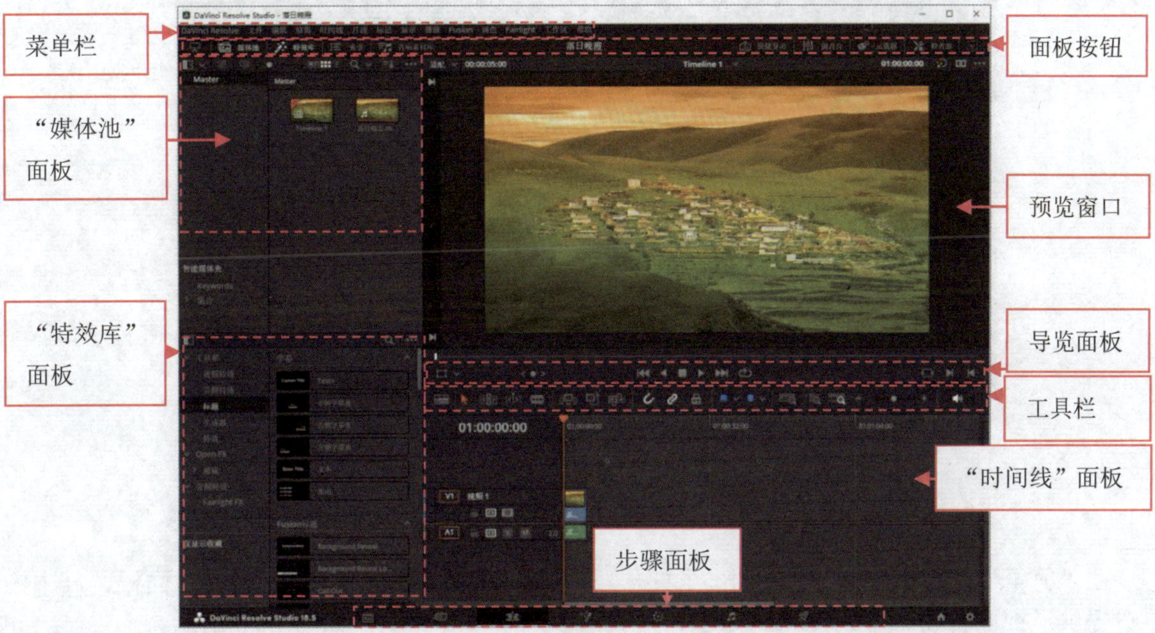

图 1-17　DaVinci Resolve 18.5 工作界面

1.3.1　“媒体池”面板

在 DaVinci Resolve 18.5“剪辑”步骤面板左上角的工具栏中，单击“媒体池”按钮，即可展开“媒体池”面板，如图 1-18 所示。

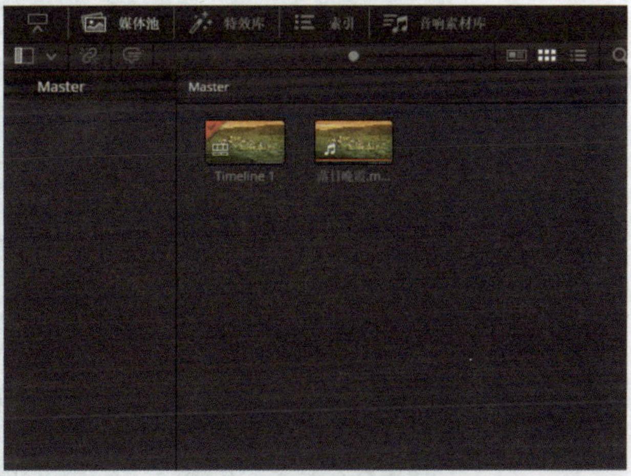

图 1-18　“媒体池”面板

在下方的步骤面板中，单击“媒体”按钮，即可切换至“媒体”面板，如图 1-19 所示，两个界面中的“媒体池”是可通用的。

图 1-19　“媒体”面板

1.3.2　“特效库”面板

在“剪辑”步骤面板的工具栏中，单击“特效库”按钮，展开“工具箱”面板，其中为用户提供了视频转场、音频转场、标题、生成器以及效果等功能，如图 1-20 所示。

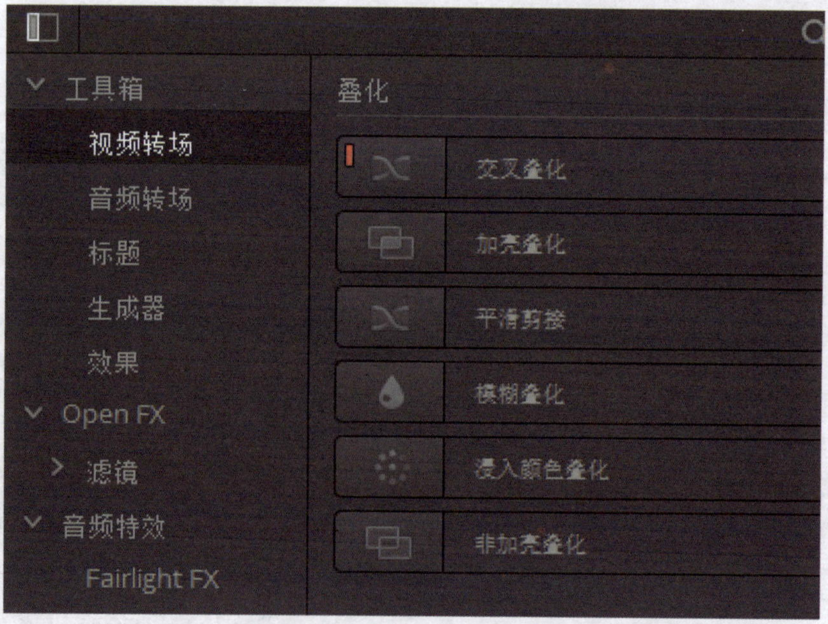

图 1-20　“工具箱”面板

1.3.3　“调音台”面板

在 DaVinci Resolve 18.5“剪辑”步骤面板的右上角，单击“调音台”按钮，即可展开“调音台”面板，用户可以执行编组音频、调整声像以及动态音量等操作，如图 1-21 所示。

1.3.4　“元数据”面板

在“剪辑”步骤面板右上角的工具栏中，单击“元数据”按钮，即可展开“元数据”面板，其中显示了媒体素材的时长、帧数、位深、优先场、数据级别、音频通道以及音频位深等数据信息，如图 1-22 所示。

1.3.5　“检查器”面板

在“剪辑”步骤面板的右上角单击“检查器”按钮，即可展开“检查器”面板。“检查器”面板的主要作用是针对“时间线”面板中的素材进行基本的处理。图 1-23 为“检查器”|“视频”选项面板，由于“时间线”面板中只置入了一个视频素材，因此面板上方仅显示了“视频”“音频”“特效”“转场”“图像”和“文件”6 个标签，单击相应标签即可打开选项面板。

图 1-21　“调音台”面板

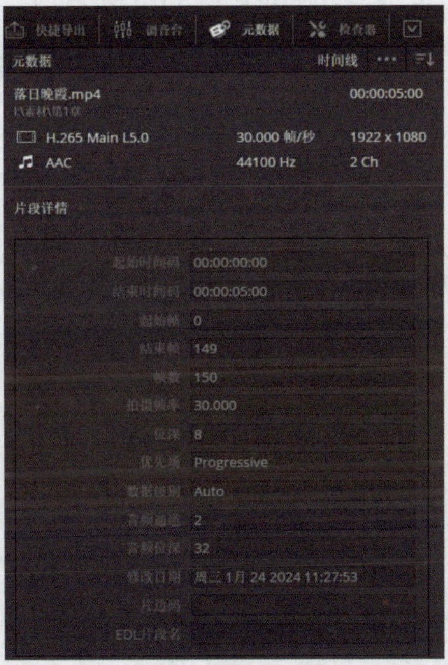

图 1-22　“元数据”面板

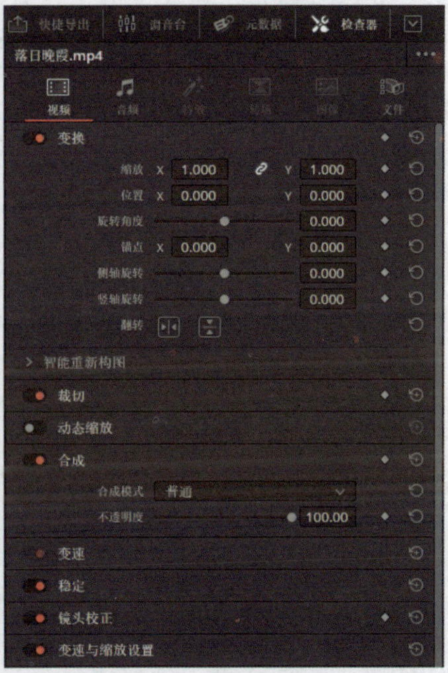

图 1-23　“视频”选项面板

1.3.6　“时间线”面板

“时间线”面板是 DaVinci Resolve 18.5 中进行视频、音频编辑的重要工作区之一。在该面板中可以轻松实现对素材的剪辑、插入以及调整等操作，如图 1-24 所示。

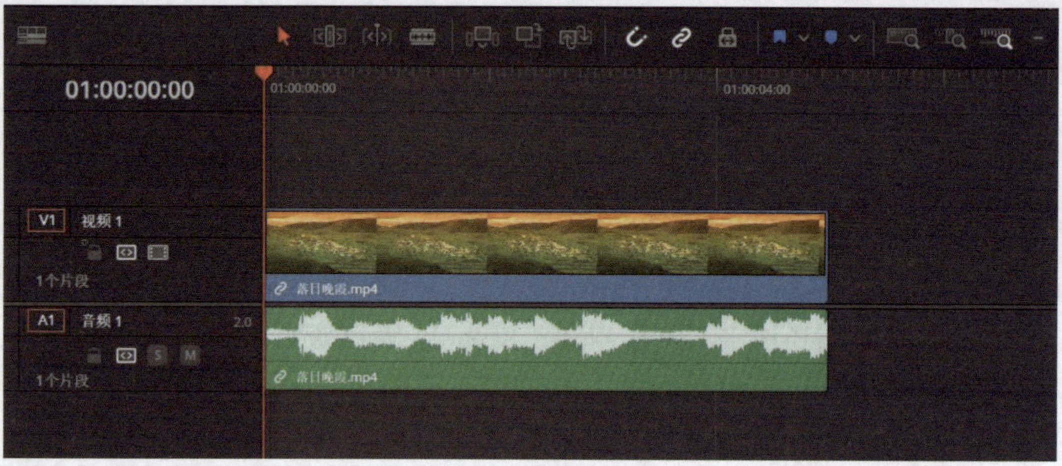

图 1-24 “时间线”面板

1.3.7 “步骤”面板

在 DaVinci Resolve 18.5 中，一共有 7 个步骤面板，分别为媒体、快编、剪辑、Fusion、调色、Fairlight 以及交付，单击相应标签按钮，即可切换至相应的步骤面板，如图 1-25 所示。

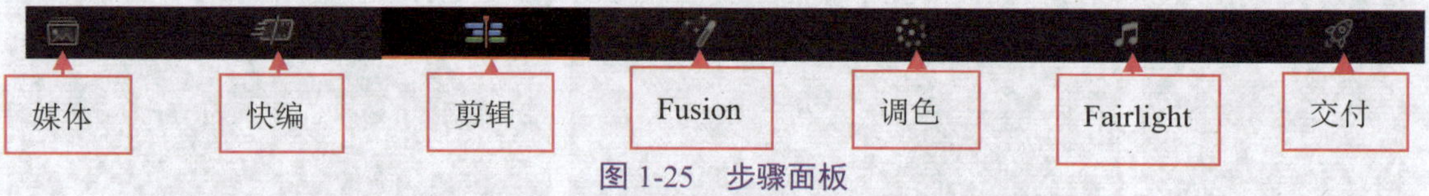

图 1-25 步骤面板

1. “媒体”步骤面板

在达芬奇界面下方单击“媒体”按钮，即可切换至“媒体”步骤面板，在其中可以导入、管理以及克隆媒体素材文件，并查看媒体素材的属性信息等。

2. “快编”步骤面板

单击“快编”按钮，即可切换至“快编”步骤面板。“快编”步骤面板是 DaVinci Resolve 18.5 新增的一个剪切步骤面板，与“剪辑”步骤面板功能有些类似，用户可以在其中进行编辑、修剪以及添加过渡转场等操作。

3. “剪辑”步骤面板

“剪辑”步骤面板是达芬奇默认打开的工作界面，在其中可以导入媒体素材、创建时间线、剪辑素材、制作字幕、添加滤镜、添加转场、标记素材入点和出点以及双屏显示素材画面等。

4. Fusion 步骤面板

Fusion 是款强大的 3D 合成软件。在 Fusion 工作界面中，提供了背景、快速噪波、文本、画笔、色彩校正器、色彩曲线、色相曲线、明度/对比度、模糊、合并、通道布尔、蒙版控制、调整、变换、矩形、椭圆、多边形、B 样条曲线、粒子发射器、粒子合并、粒子渲染器、图像平面 3D、形状 3D、文本 3D、合并 3D、摄像机 3D、聚光灯以及渲染器 3D 等功能面板，用户可以在相应的面板中对素材进行操作，制作出电影级视觉特效和动态图形动画。

5. “调色”步骤面板

DaVinci Resolve 18.5 中的调色系统是该软件的特色功能。在 DaVinci Resolve 18.5 工作界面下方的步骤面板中，单击“调色”按钮，即可切换至“调色”工作界面。在“调色”工作界面中，提供了 Camera Raw、色彩匹配、色轮、HDR 调色、RGB 混合器、运动特效、曲线、色彩扭曲器、限定器、窗口、跟踪器、神奇遮罩、模糊、键、调整大小以及立体等功能面板。用户可以在相应的面板中对素材进行色彩调整、一级调色、二级调色以及降噪等操作，最大程度地满足影视素材的调色需求。

6. Fairlight 步骤面板

单击 Fairlight 按钮，即可切换至 Fairlight（音频）步骤面板。在其中用户可以根据需要调整音频效果，包括音调匀速校正和变速调整、音频正常化、混响、嗡嗡声移除、人声通道和齿音消除等。

7. “交付”步骤面板

影片编辑完成后，在“交付”步骤面板中可以进行渲染输出设置，将制作的项目文件输出为 MP4、AVI、EXR、IMF 等格式文件。

1.4 管理时间线与轨道方法

在达芬奇的“时间线”面板中，提供了插入与删除轨道的功能，用户可以在时间线轨道面板中，单击鼠标右键，在弹出的快捷菜单中，选择相应的选项，可以直接对轨道进行添加或删除等操作。本节主要介绍管理时间轴轨道的方法。

1.4.1 设置时间线显示

设置时间线显示

在时间线轨道面板中，通过调整轨道大小，可以控制时间线显示的视图尺寸。下面介绍设置时间线显示的具体操作方法。

Step 01 打开一个项目文件，将鼠标移至轨道面板的轨道线上，此时鼠标指针呈双向箭头形状，如图 1-26 所示。

图 1-26 鼠标指针呈双向箭头形状

Step 02 按住鼠标左键向上拖曳，即可调整“时间线”面板中的视图尺寸，如图 1-27 所示。

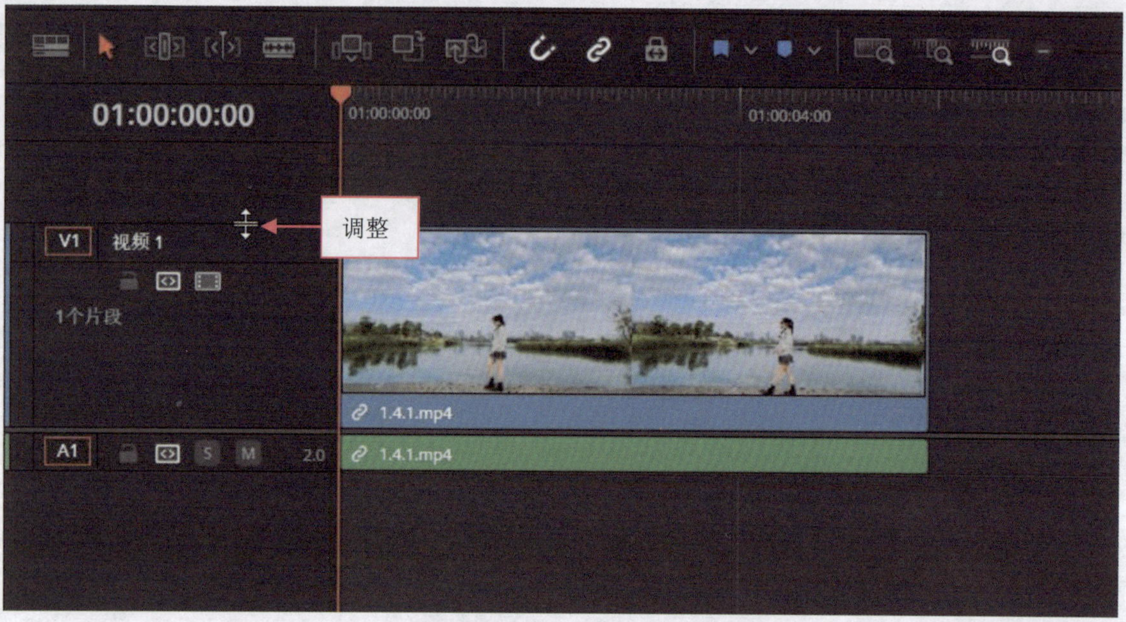

图 1-27 调整“时间线”面板中的视图尺寸

1.4.2 激活与禁用轨道信息

激活与禁用轨道信息

在时间线轨道面板中，可以禁用或激活时间线轨道中的素材文件。下面介绍激活与禁用轨道信息的具体操作方法。

Step 01 打开一个项目文件，进入“剪辑”步骤面板，如图 1-28 所示，在预览窗口中可以查看打开的项目效果。

Step 02 在轨道面板中，单击“禁用视频轨道”按钮，如图 1-29 所示，即可禁用视频轨道上的素材。

图 1-28 “剪辑”步骤面板

图 1-29 单击“禁用视频轨道”按钮

Step 03 执行操作后，预览窗口中的画面将无法进行播放，再次单击该图标按钮，即可激活轨道素材信息，如图 1-30 所示。

图 1-30　激活轨道素材信息

1.4.3　设置轨道显示颜色

设置轨道显示颜色

在达芬奇“时间线”面板中，视频轨道上的素材默认显示为浅蓝色，用户可以通过设置轨道面板，更改轨道上素材的显示颜色。下面介绍设置轨道颜色显示的具体操作方法。

Step 01 打开一个项目文件，在“时间线”面板中，可以查看视频轨道上素材显示的颜色，如图 1-31 所示。

Step 02 在视频轨道面板上，单击鼠标右键，弹出快捷菜单，选择“更改轨道颜色”|“橘黄”选项，如图 1-32 所示，可以让轨道面板更加精美，不再单一。

图 1-31　查看视频轨道上素材显示的颜色

图 1-32　选择“橘黄”选项

Step 03 执行上述操作后，即可更改轨道上素材显示的颜色，如图 1-33 所示。

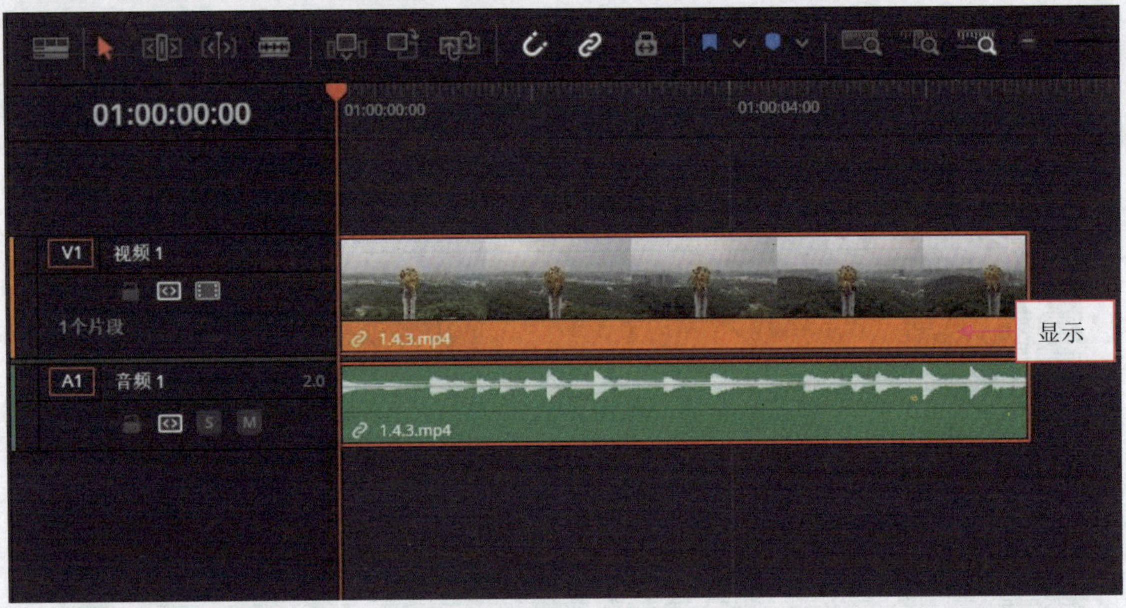

图 1-33　更改轨道上素材显示的颜色

1.4.4　设置轨道标题名称

在达芬奇“时间线”面板中，还可以修改轨道的标题名称，这样方便记。下面介绍设置轨道标题名称的具体操作方法。

设置轨道标题名称

Step 01 打开一个项目文件，在时间线轨道面板中，双击标题名称，即可使名称呈编辑模式，如图 1-34 所示。

Step 02 执行操作后，修改轨道的标题名称，如图 1-35 所示。

图 1-34　使名称呈编辑模式

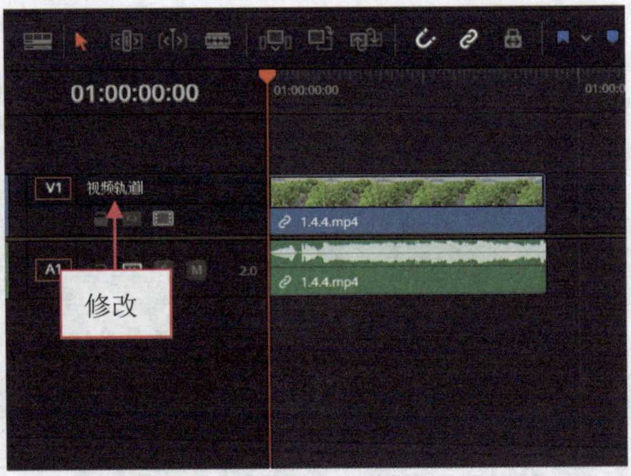

图 1-35　修改轨道的标题名称

1.5　影调调色的基本方法

色彩在影视视频的编辑中是必不可少的一个重要元素，合理的色彩搭配加上靓丽的色彩感能为视频增添几分亮点。由于素材在拍摄和采集的过程中，常会遇到一些很难控制的环境光照，使拍摄出来的源素材色感欠缺、层次不明。因此，需要通过后期调色来调整前期拍摄的不足。下面主要介绍在 DaVinci Resolve 18.5 中进行影调调色的基本操作。

1.5.1　增强明暗对比

增强明暗对比

对比度是指图像中阴暗区域最亮的白与最暗的黑之间不同亮度范围的差异。下面通过案例介绍具体的操作方法。

Step 01 打开一个项目文件，进入“剪辑”步骤面板，如图 1-36 所示，可以看到视频中画面的颜色不够明亮，需要提高亮度。

图 1-36　打开一个项目文件

Step 02 切换至“调色”步骤面板，展开“色轮”|“一级-校色轮”面板，在“对比度”数值框中，输入参数为 1.478，如图 1-37 所示，使画面更清晰，让视频画面更加明亮。

Step 03 在预览窗口中，可以查看增强明暗对比度的效果，调色前后对比展示如图 1-38 所示。

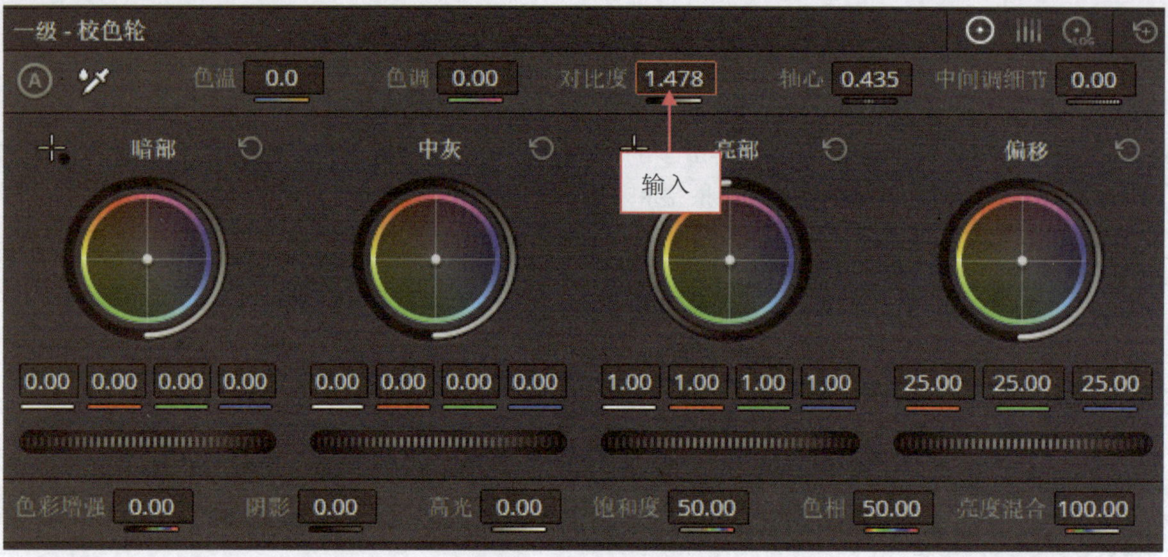

图 1-37　输入相应参数

图 1-38　调色前后效果对比展示

1.5.2　增强色彩饱和度

增强色彩饱和度

饱和度是指色彩的鲜艳程度，并由颜色的波长来决定。从色彩的成分来讲，饱和度取决于色彩中含色成分与消色成分之间的比例。含色成分越多，饱和度越高；反之，消色成分越多，则饱和度越低。下面通过案例介绍具体的操作方法。

Step 01 打开一个项目文件，进入“剪辑”步骤面板，如图 1-39 所示，可以看到荷花视频饱和度有些偏低。

Step 02 切换至“调色”步骤面板，展开“色轮”|“一级-校色轮”面板，在“饱和度”数值框中，输入参数为 100.00，如图 1-40 所示，即可使视频色彩更加鲜明。

Step 03 在预览窗口中，可以查看增强视频色彩的效果，调色前后对比展示如图 1-41 所示。

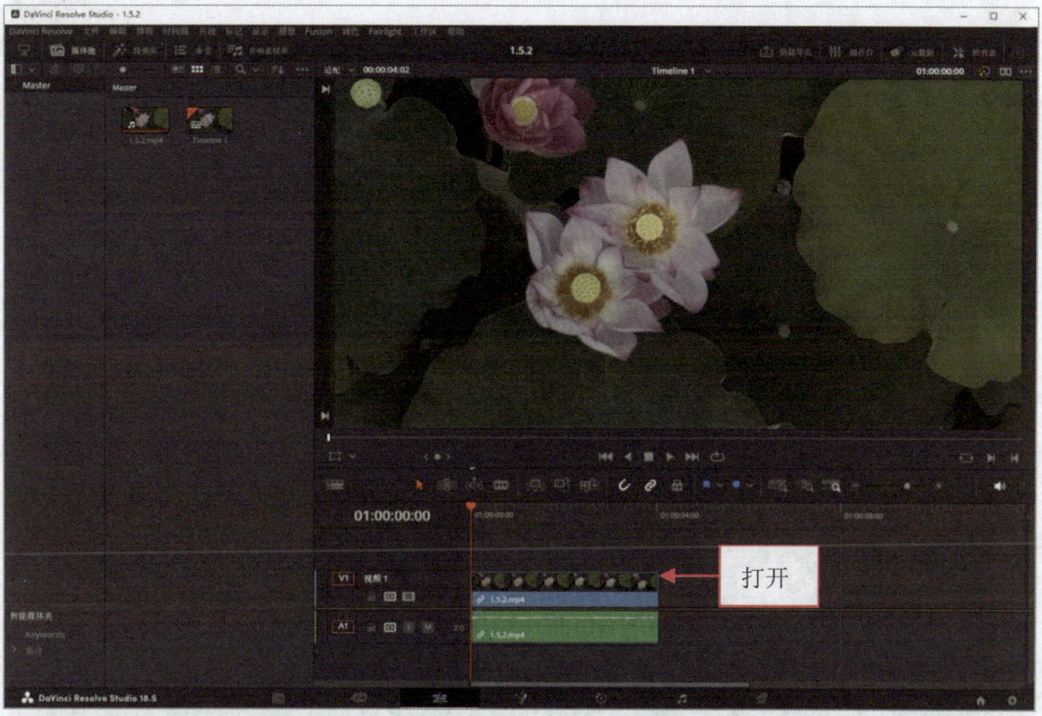

图 1-39　打开一个项目文件

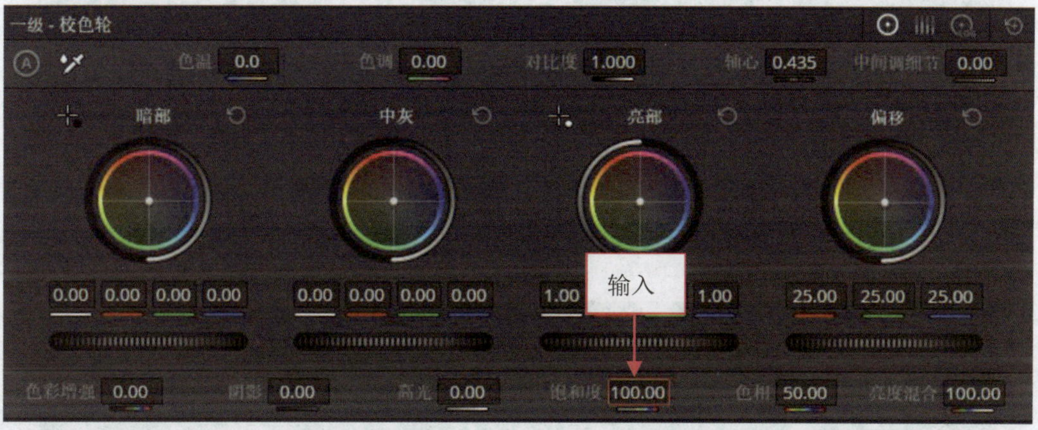

图 1-40　输入相应参数

图 1-41　调色前后效果对比展示

1.5.3 增强色温对比

增强色温对比

当拍摄照片或者视频时，发现色彩不够充足，这时可以通过色温来增强画面感。下面通过案例介绍具体的操作方法。

Step 01 打开一个项目文件，进入“剪辑”步骤面板，如图 1-42 所示，可以看到晚霞的光线不是很充足，需要通过色温来增强画面感。

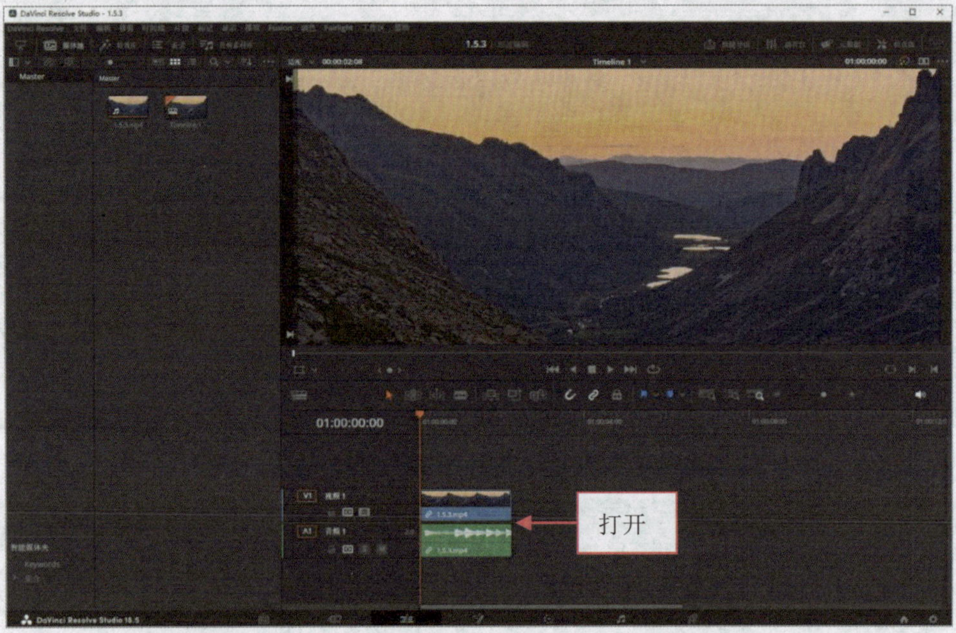

图 1-42 打开一个项目文件

Step 02 切换至“调色”步骤面板，展开“色轮”|“一级-校色轮”面板，在“色温”数值框中，输入参数为 960.0，如图 1-43 所示，即可增强视频画面的色温，呈温暖的橘黄色调。

图 1-43 输入相应参数

Step 03 执行操作后，在预览窗口中，可以查看最终效果，调色前后对比展示如图 1-44 所示。

图 1-44　调色前后效果对比展示

1.5.4　优化视频细节

优化视频细节

色阶范围值为 0～256，图像像素值越接近 0 的区域定义为暗部区域，图像像素接近 128 的区域定义为中间调区域，图像像素接近 256 的区域定义为高光区域，调整中间调区域可以使画面更加细腻。下面通过案例介绍具体的操作方法。

Step 01 打开一个项目文件，进入“剪辑”步骤面板，如图 1-45 所示，可以查看到视频的细节不够完美。

Step 02 切换至“调色”步骤面板，单击“色轮”按钮，如图 1-46 所示。

图 1-45　打开一个项目文件

图 1-46　单击“色轮”按钮

Step 03 展开“一级-校色轮”面板，在“中间调细节”数值框中，输入参数为 100.00，如图 1-47 所示，即可调整视频画面中间调的细节，提高视频的亮度。

Step 04 在“节点”面板中，选中 01 节点，单击鼠标右键，弹出快捷菜单，选择“添加节点”|“添加串行节点”选项，如图 1-48 所示。

图 1-47　输入相应参数

Step 05 执行操作后，即可添加一个编号为 02 的串行节点，如图 1-49 所示。

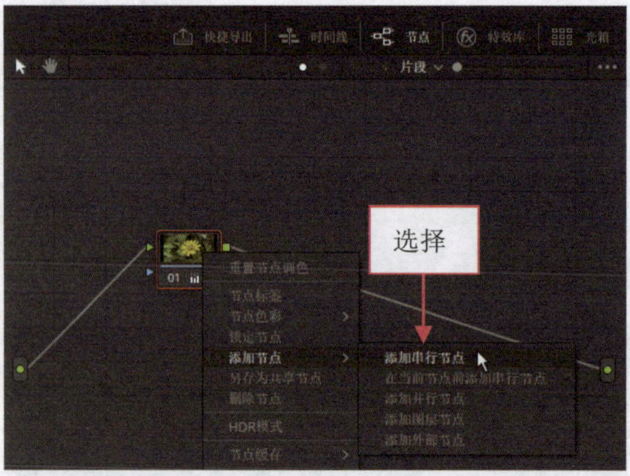

图 1-48　选择“添加串行节点”选项

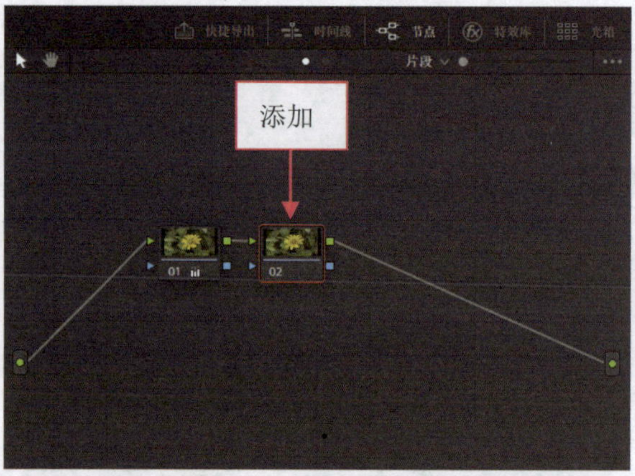

图 1-49　添加一个编号为 02 的串行节点

Step 06 用与上同样的方法，展开“一级-校色轮”面板，在“中间调细节”数值框中，输入参数为 100.00，如图 1-50 所示，即可使画面中的细节处理得更加精细。

Step 07 设置“饱和度”参数为 80.00，如图 1-51 所示，即可使画面色彩更丰富。

图 1-50　输入相应参数

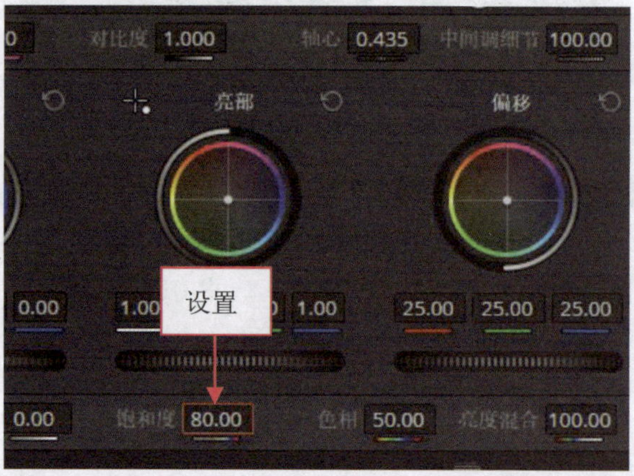

图 1-51　设置“饱和度”参数

Step 08 执行操作后，在预览窗口中，可以查看最终效果，调色前后对比展示如图 1-52 所示。

图 1-52　调色前后效果对比展示

1.5.5　还原视频色彩

还原视频色彩

白平衡是指红、绿、蓝三基色混合生成后的白色平衡指标。在 DaVinci Resolve 18.5 中，应用“白平衡”吸管工具，在预览窗口中的图像画面中吸取白色或灰色的色彩偏移画面，即可调整画面白平衡，还原图像色彩。下面通过案例介绍具体的操作方法。

Step 01 打开一个项目文件，进入“剪辑”步骤面板，如图 1-53 所示，可以利用白平衡来还原色彩。

图 1-53　打开一个项目文件

Step 02 切换至“调色”步骤面板，进入“色轮”面板，单击下方的“白平衡”吸管工具，如图 1-54 所示。

Step 03 鼠标指针随即变为白平衡吸管样式，在预览窗口中的素材图像上单击鼠标左键，吸取画面中的色彩，可以还原画面色彩，如图 1-55 所示。

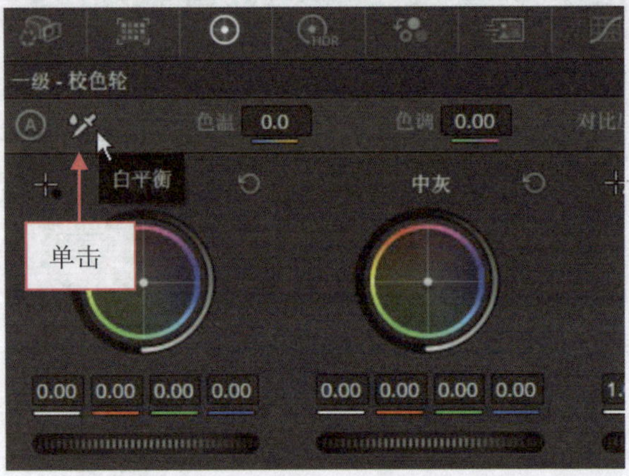

图 1-54　单击下方的“白平衡”吸管工具

图 1-55　吸取画面中的色彩

Step 04 执行操作后，在预览窗口中，可以查看还原视频色彩的效果，调色前后对比展示如图 1-56 所示。

图 1-56　调色前后效果对比展示

1.5.6　替换视频色彩

在 DaVinci Resolve 18.5 中，应用限定器创建色彩选区，通过调整色相参数，可以将选定的色彩进行颜色替换，达到色彩转换的效果。下面通过案例介绍具体的操作方法。

替换视频色彩

Step 01 打开一个项目文件，进入“剪辑”步骤面板，如图 1-57 所示，可以对视频进行局部调色，让视频画面更加精美。

Step 02 切换至“调色”步骤面板，单击“限定器”按钮，如图 1-58 所示。

Step 03 展开“限定器-HSL”面板，单击“拾取器”按钮，如图 1-59 所示。

Step 04 执行操作后，光标随即转换为滴管工具，移动光标至“检视器”面板，在面板上方单击“突出显示”按钮，如图 1-60 所示。

图 1-57 打开一个项目文件

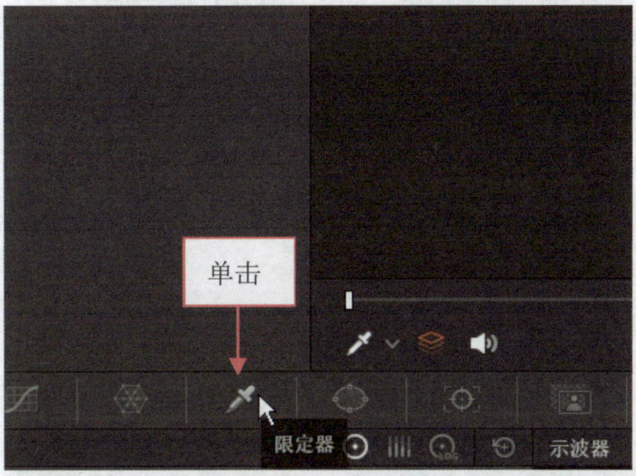

图 1-58 单击“限定器”按钮

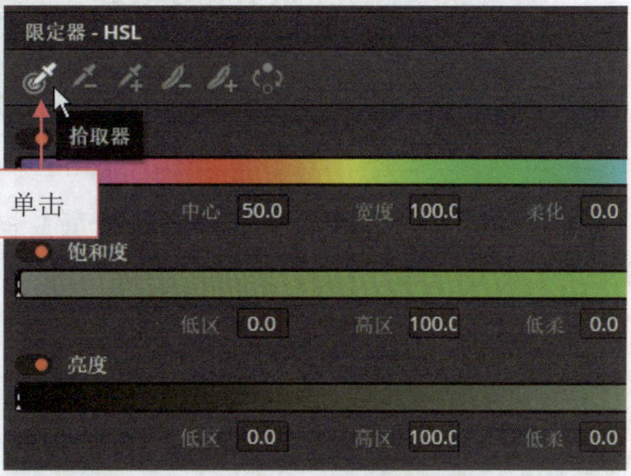

图 1-59 单击“拾取器”按钮

Step 05 执行操作后，在预览窗口中，按住鼠标左键拖曳滴管工具选取色彩区域，如图 1-61 所示。

图 1-60 单击“突出显示”按钮

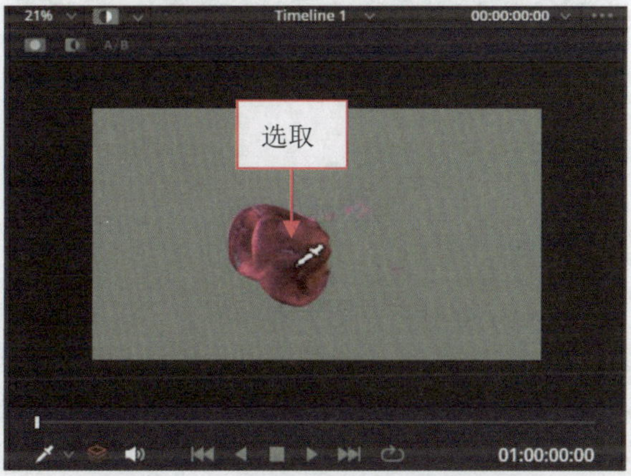

图 1-61 选取色彩区域

> **▶ 知识扩展**
>
> 在“检视器”面板中单击“突出显示”按钮，可以使被选取的色彩区域突出显示在画面中，未被选取的区域将会呈灰色显示。

Step 06 展开“色轮”面板，在“色相”数值框中，输入参数为 60.80，如图 1-62 所示，即可使红色变为紫色。

图 1-62　输入参数

Step 07 切换至“剪辑”步骤面板，在预览窗口中，可以查看最终效果，调色前后对比展示如图 1-63 所示。

图 1-63　调色前后效果对比展示

1.5.7　调整视频色调

在达芬奇中的调色步骤面板中，需要制作特殊的颜色偏移效果时，可以通过调整红、绿、蓝参数值，调整图像画面整体偏红、偏绿、偏蓝等色调，为图像整体调色，也可以用同样的方法消除偏色画面。下面通过案例介绍具体的操作方法。

调整视频色调

Step 01 打开一个项目文件，进入“剪辑”步骤面板，如图 1-64 所示，我们如果觉得原视频色调不好看，可以调成自己喜欢的色调。

图 1-64　打开一个项目文件

Step 02 切换至“调色”步骤面板，进入“RGB 混合器”面板，在“蓝色输出”通道中，设置相应参数为-0.22、0.29、1.07，如图 1-65 所示，即可使整体画面色彩偏蓝色调。

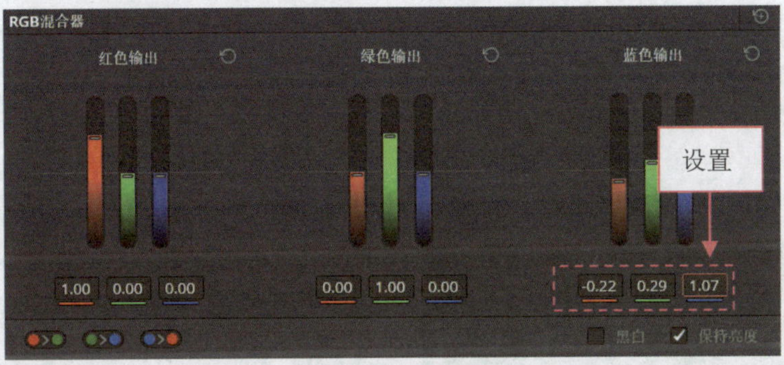

图 1-65　设置相应参数

Step 03 执行操作后，在预览窗口中，可以查看最终效果，调色前后对比展示如图 1-66 所示。

图 1-66　调色前后效果对比展示

本章小结

本章主要讲述了达芬奇的相关基础知识。首先介绍了用户如何去安装、启动与退出达芬奇；接着介绍了掌握达芬奇的基本设置等内容；然后介绍了达芬奇的软件界面，包括了媒体池、特效库、调音台、元数据、检查器、时间线以及步骤面板等；最后介绍了管理时间线与轨道方法以及影调调色的基本方法。通过对本章学习，读者能够打下坚实的基础，从而更好地掌握软件。

课后习题

课后习题 1　　课后习题 2

鉴于本章知识的重要性，为了让读者能够更好地掌握所学知识，将通过上机习题进行简单的知识回顾和补充。

1．视频的去色处理

本题需要掌握在达芬奇中对画面进行去色或单色处理，主要是将素材画面转换为灰度图像，制作黑白图像效果的操作方法，调色前后对比展示如图 1-67 所示。

图 1-67　调色前后对比展示

2．色彩增强对比

本题需要掌握对于某些拍摄不佳的场景，例如色彩画面不足，达芬奇可以通过色彩增强工具去提升，可以帮助调整画面的对比度和颜色，使其更加自然和协调。前后效果对比展示如图 1-68 所示。

图 1-68　前后效果对比展示

第 2 章

剪辑视频文件的基本处理

2

DaVinci Resolve 18.5 有着丰富的功能面板，在开始学习这款软件之前，用户应该积累一定的基础入门知识，这样有助于后面的学习。本章将主要讲述 DaVinci Resolve 18.5 的基本操作以及剪辑视频素材的技巧。

本章重点

- 掌握项目文件的基础操作
- 熟知导入各种媒体素材文件的方法
- 掌握素材的基本操作方法
- 掌握剪辑视频素材的技巧

学习目标

- 通过实际操作，让学生理解在视频剪辑过程中，团队成员之间的协作与沟通是至关重要的
- 在视频剪辑的过程中，鼓励学生发挥自己的创意，尝试不同的剪辑手法和特效，使视频更具表现力和吸引力

2.1　项目文件的基础操作

使用 DaVinci Resolve 18.5 编辑影视文件时，需要创建一个项目文件才能对视频、照片、音频进行编辑，本节将主要介绍 DaVinci Resolve 18.5 中有关项目的基本操作方法，包括新建项目文件、新建时间线、保存项目文件以及关闭项目文件等基础操作。

2.1.1　新建项目文件

新建项目文件

启动 DaVinci Resolve 18.5 后，会弹出一个“项目”管理器面板，单击“新建项目”按钮，即可新建一个项目文件。此外，还可以在项目文件已创建的情况下，通过“新建项目”选项，创建一个工作项目。下面介绍新建项目文件的具体操作方法。

Step 01 在达芬奇中单击“文件”|“新建项目”命令，如图 2-1 所示。

Step 02 弹出“新建项目”对话框，在文本框中输入项目名称，单击“创建”按钮，如图 2-2 所示。

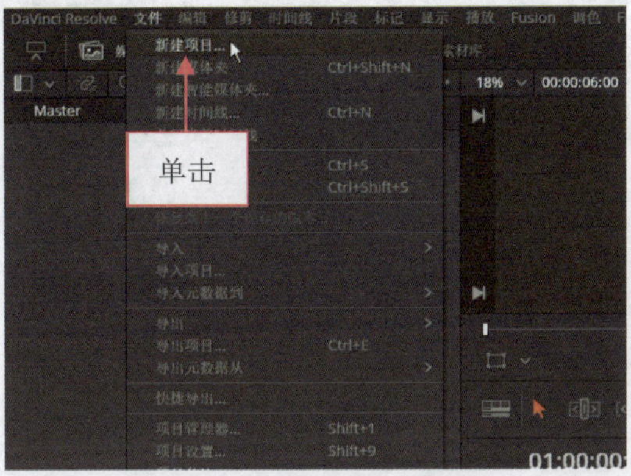

图 2-1　单击“新建项目”命令

图 2-2　单击“创建”按钮

Step 03 在计算机文件夹中，选择需要的素材文件，并将其拖曳至“时间线”面板中，添加素材文件，如图 2-3 所示。

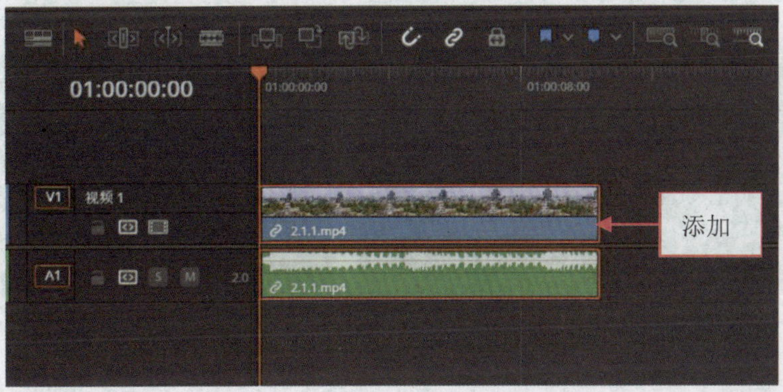

图 2-3　添加素材文件

Step 04 在预览窗口中，单击“播放”按钮▶，查看新建的项目文件，视频素材展示如图 2-4 所示。

图 2-4　视频素材展示

2.1.2　新建时间线

在“时间线”面板中，可以对添加到视频轨中的素材进行剪辑、分割等操作。除了通过拖曳素材至“时间线”面板新建时间线外，还可以通过“媒体池”面板新建一个时间线。下面介绍新建时间线的操作方法。

新建时间线

Step 01 进入“剪辑”步骤面板，在“媒体池”面板中，单击鼠标右键，弹出快捷菜单，选择“时间线”|“新建时间线”选项，如图 2-5 所示。

Step 02 弹出“新建时间线”对话框，在“时间线名称”文本框中可以修改时间线名称，单击“创建”按钮，如图 2-6 所示。

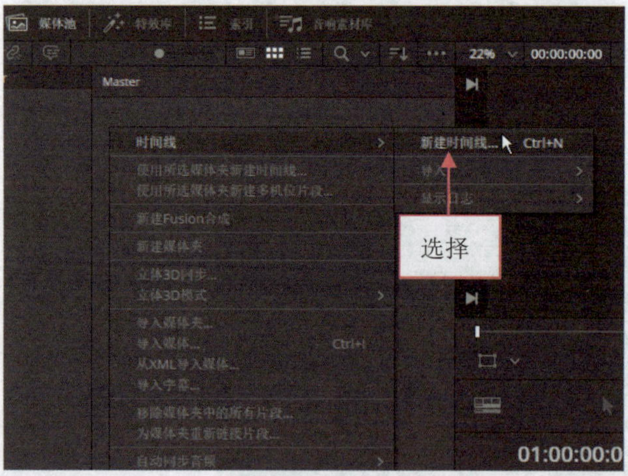

图 2-5　选择“新建时间线”选项

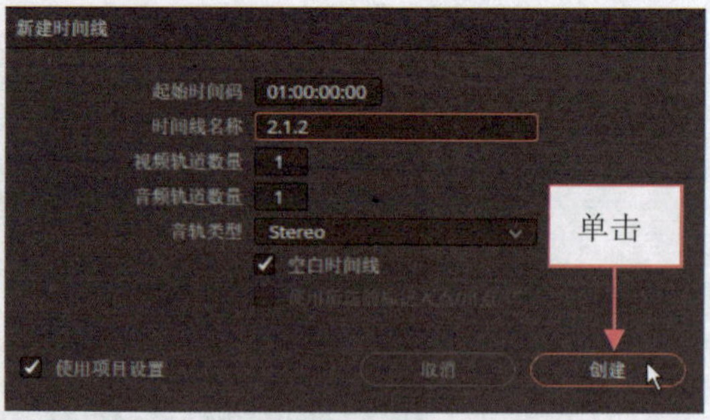

图 2-6　单击“创建”按钮

Step 03 执行操作后，即可添加一个时间线，在计算机文件夹中，选择需要的素材文件，并将其拖曳至视频轨中，添加素材文件，如图 2-7 所示，即可完成新建时间线的操作。

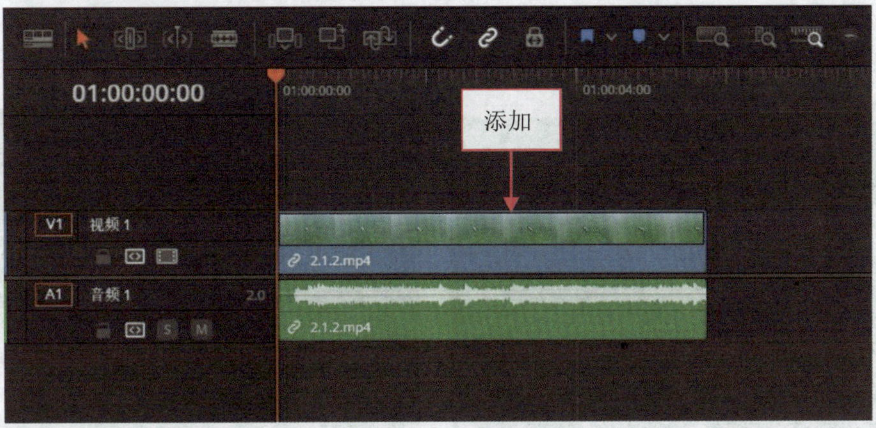

图 2-7　添加素材文件

2.1.3　保存项目文件

保存项目文件

在 DaVinci Resolve 18.5 中编辑视频、图片、音频等素材后，可以将正在编辑的素材文件及时保存，保存后的项目文件会自动显示在“项目管理器”面板中，用户可以在其中打开保存好的项目文件，继续编辑项目中的素材。下面介绍保存项目文件的具体操作方法。

Step 01 打开一个项目文件，进入“剪辑”步骤面板，如图 2-8 所示。

Step 02 待素材编辑完成后，单击“文件”|“保存项目”命令，如图 2-9 所示。执行操作后，即可保存编辑完成的项目文件。

图 2-8　打开一个项目文件

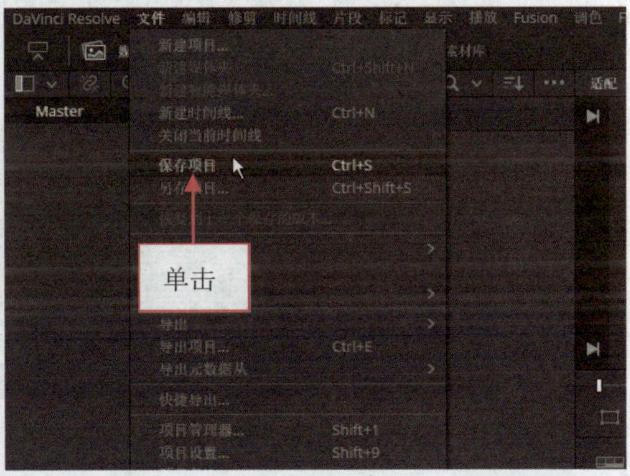

图 2-9　单击“保存项目”命令

2.1.4　关闭项目文件

关闭项目文件

当将项目文件编辑完成后，在不退出软件的情况下，可以在“项目管理器”面板中将项目进行关闭。下面介绍关闭项目文件的具体操作方法。

Step 01 打开一个项目文件，进入“剪辑”步骤面板，如图 2-10 所示。

Step 02 在工作界面的右下角，单击“项目管理器”按钮，如图 2-11 所示。

图 2-10 打开一个项目文件

图 2-11 单击“项目管理器”按钮

Step 03 弹出“项目管理器”面板，选中 2.1.4 项目图标，单击鼠标右键，弹出快捷菜单，选择“关闭”选项，即可关闭项目文件，如图 2-12 所示。

图 2-12 关闭项目文件

2.2 导入各种媒体素材文件的方法

在 DaVinci Resolve 18.5 的“剪辑”步骤面板中，可以添加各种不同类型的素材。本节将主要介绍导入项目、视频、字幕、图片以及音频素材文件的操作方法。

2.2.1　导入项目

导入项目

当不小心在项目管理器中将制作的项目文件删除后，可以重新导入项目文件。下面介绍导入项目文件的具体操作方法。

Step 01 进入“剪辑”步骤面板，在菜单栏中单击“文件”|“导入项目”命令，如图 2-13 所示。

Step 02 弹出“导入项目文件”对话框，在其中选择制作好的项目文件，如图 2-14 所示。

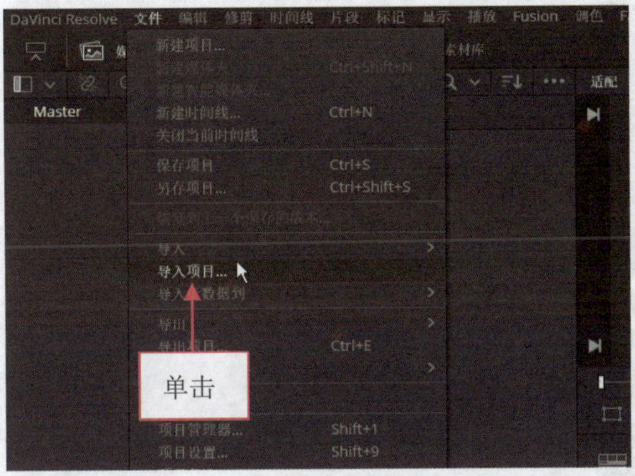

图 2-13　单击“导入项目”命令

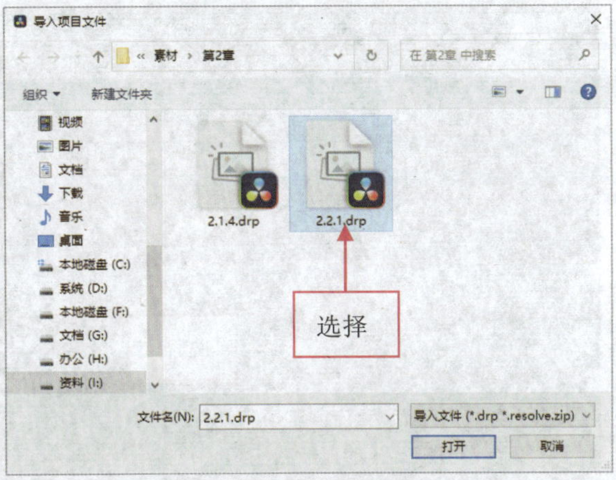

图 2-14　选择项目文件

Step 03 单击“打开”按钮，即可导入项目文件在工作界面的右下角，单击“项目管理器”按钮，如图 2-15 所示。

Step 04 进入“项目管理器”面板，即可查看导入的项目文件，如图 2-16 所示。

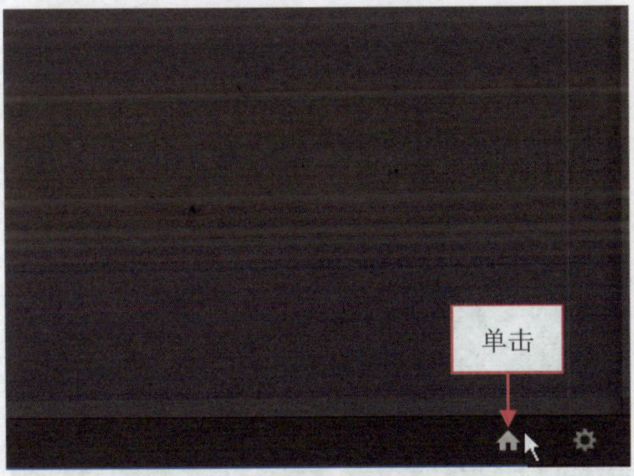

图 2-15　单击“项目管理器”按钮

图 2-16　查看导入的项目文件

▶ 知识扩展

还可以在导入的项目文件上，双击鼠标左键，即可打开项目文件。

2.2.2 导入视频

导入视频

在 DaVinci Resolve 18.5 中，可以将视频素材导入“媒体池”面板中，并将视频素材添加到时间线中。下面介绍导入视频素材的具体操作方法。

Step 01 新建一个项目文件，在“媒体池”面板中，单击鼠标右键，弹出快捷菜单，选择“导入媒体”选项，如图 2-17 所示。

Step 02 弹出“导入媒体”对话框，在文件夹中选择需要导入的视频素材，如图 2-18 所示。

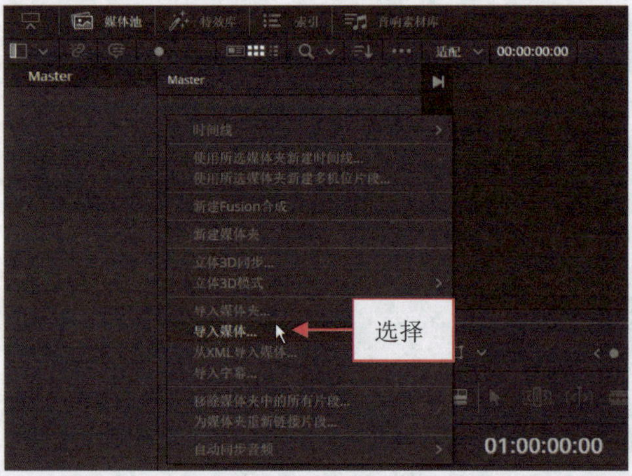

图 2-17 选择“导入媒体”选项

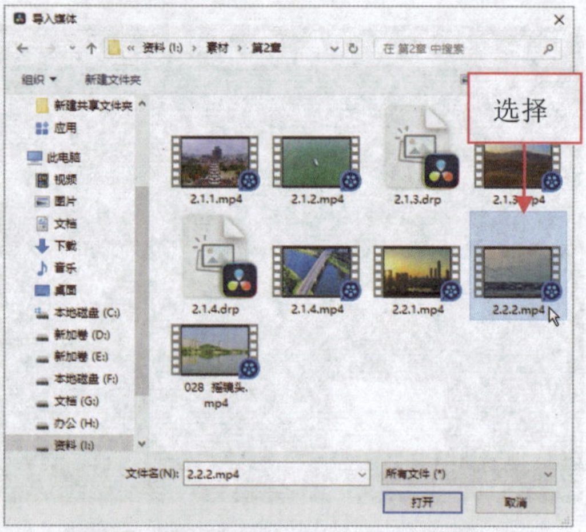

图 2-18 选择需要导入的视频素材

Step 03 单击“打开”按钮，即可将视频素材导入“媒体池”面板中，如图 2-19 所示。

Step 04 选择“媒体池”面板中的视频素材，按住鼠标左键将其拖曳至“时间线”面板中的视频轨中，如图 2-20 所示，即可完成导入视频素材操作。

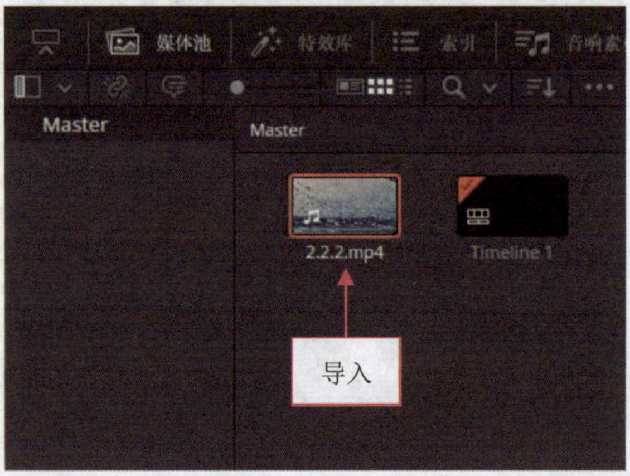

图 2-19 导入“媒体池”面板中

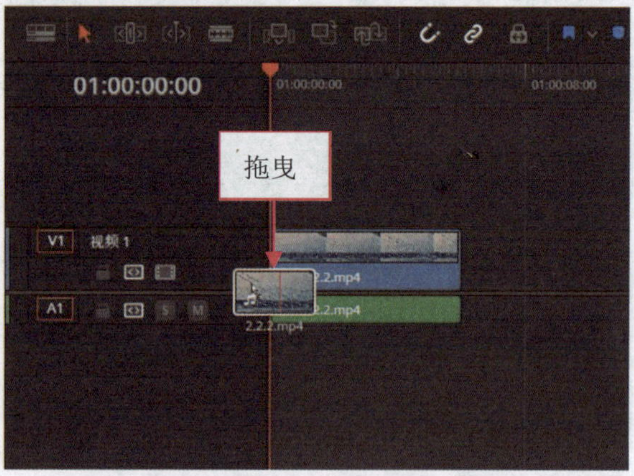

图 2-20 拖曳视频至“时间线”面板中

Step 05 在预览窗口中，单击“播放”按钮▶，可以查看导入的视频，视频效果展示如图 2-21 所示。

图 2-21　视频效果展示

2.2.3　导入字幕

在 DaVinci Resolve 18.5 中，可以将字幕素材导入“媒体池”面板中，并将字幕素材添加到“时间线”面板中。下面介绍导入字幕素材的具体操作方法。

导入字幕

Step 01 打开一个项目文件，进入“剪辑”步骤面板，如图 2-22 所示。

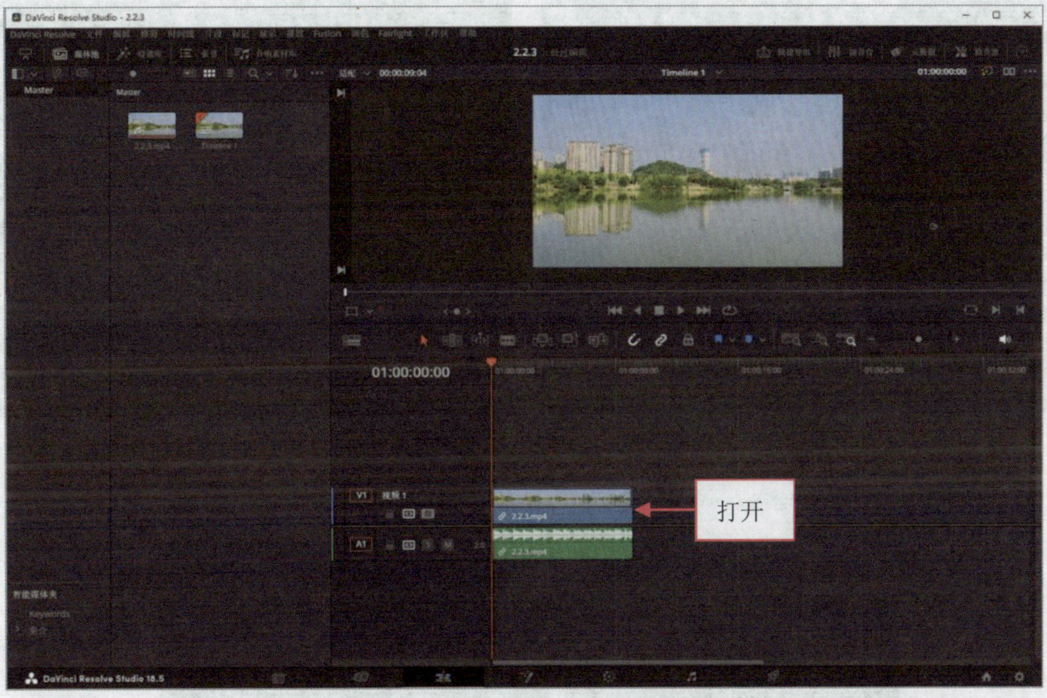

图 2-22　打开一个项目文件

Step 02 在“媒体池”面板中，单击鼠标右键，弹出快捷菜单，选择“导入字幕”选项，如图 2-23 所示。

Step 03 弹出“选择要导入的文件”对话框，在文件夹中选择需要导入的字幕素材，如图 2-24 所示。

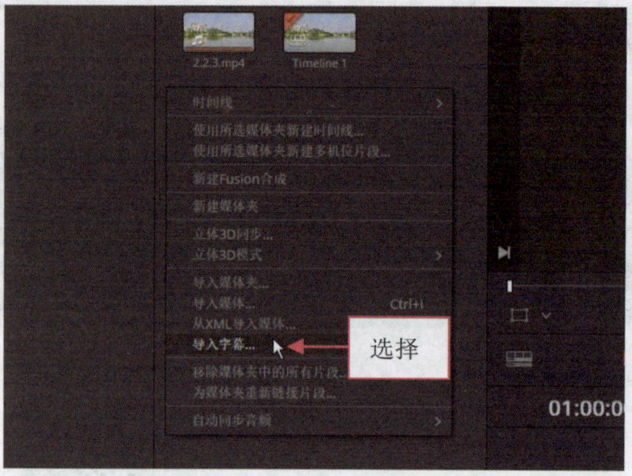

图 2-23　选择“导入字幕”选项

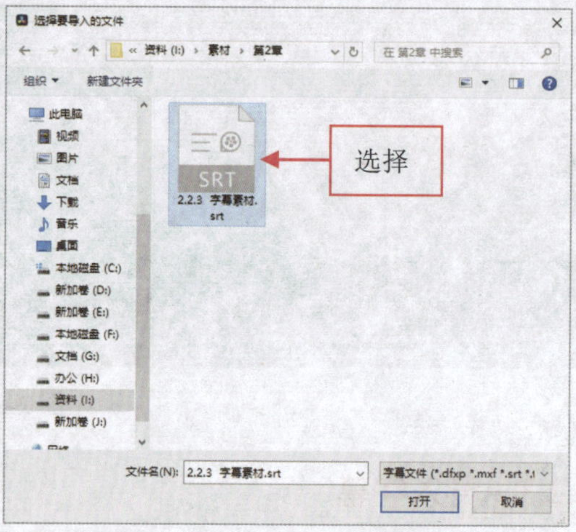

图 2-24　选择需要导入的字幕素材

Step 04 单击“打开”按钮，即可将字幕素材导入“媒体池”面板中，如图 2-25 所示。

Step 05 在时间线左侧的轨道面板中的空白位置处，单击鼠标右键，弹出快捷菜单，选择“添加字幕轨道”选项，如图 2-26 所示。

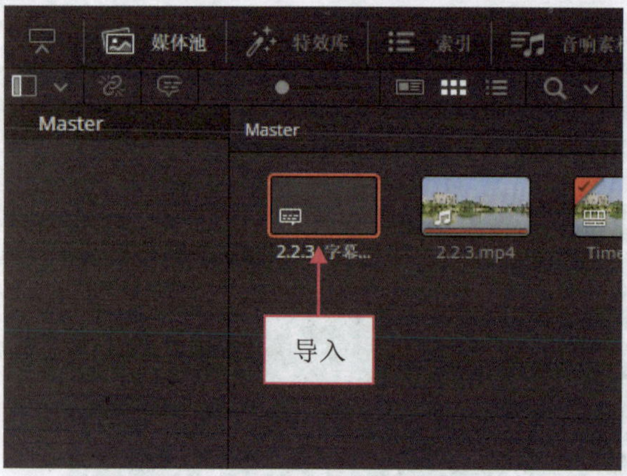

图 2-25　导入“媒体池”面板中

图 2-26　选择“添加字幕轨道”选项

Step 06 执行操作后，即可添加一条字幕轨道，如图 2-27 所示。

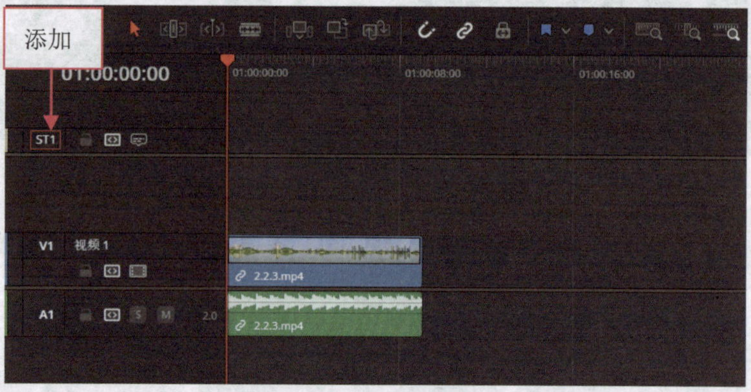

图 2-27　添加一条字幕轨道

Step 07 选择“媒体池”面板中的字幕素材，按住鼠标左键将其拖曳至“时间线”面板的字幕轨道中，如图 2-28 所示。

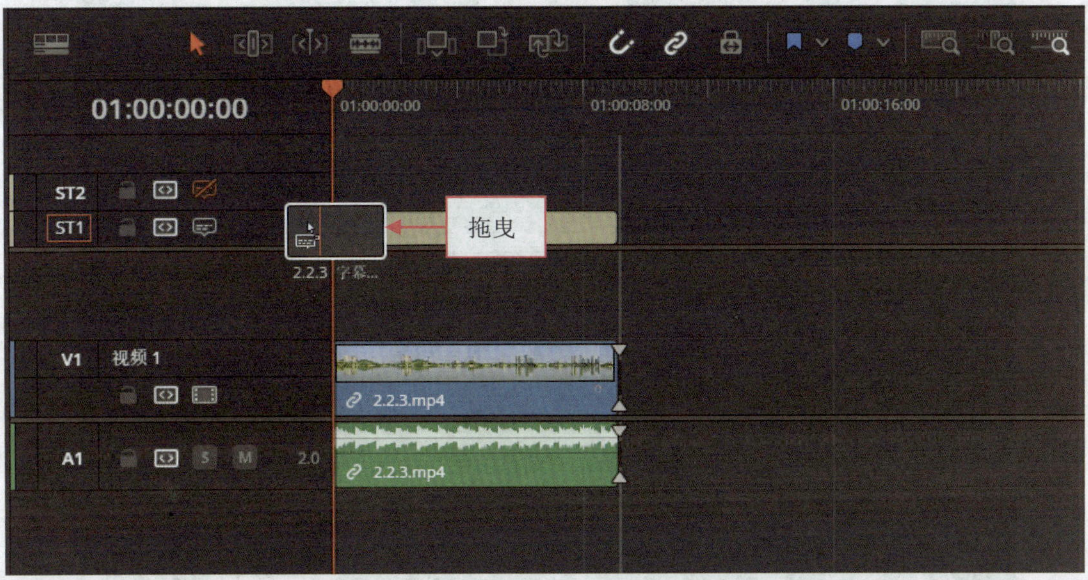

图 2-28　拖曳至“时间线”面板的字幕轨道中

Step 08 调整字体大小和位置。在预览窗口中，单击“播放”按钮▶，可以查看添加的字幕素材效果，前后效果对比展示如图 2-29 所示。

图 2-29　前后效果对比展示

2.2.4　导入图片

导入图片

在 DaVinci Resolve 18.5 中，通过拖曳的方式，可以将图片素材导入“媒体池”面板中，并将媒体素材添加到时间线中。下面通过案例介绍具体的操作方法。

Step 01 打开 DaVinci Resolve 18.5 软件，在“本地”面板中，单击“新建项目”按钮，如图 2-30 所示。

Step 02 弹出“新建项目”对话框，输入相应名称，单击“创建”按钮，如图 2-31 所示。

图 2-30　单击“新建项目”按钮

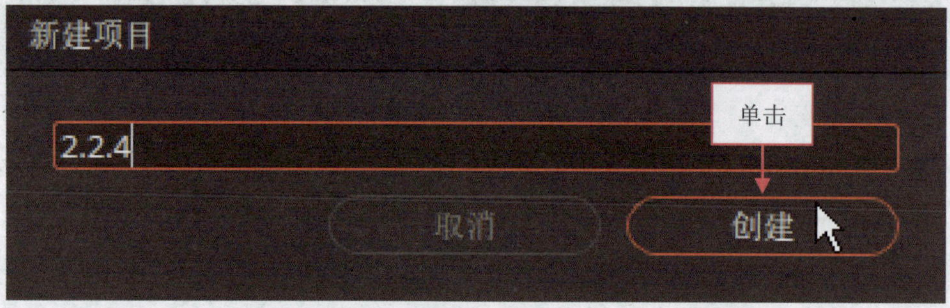

图 2-31　单击“创建”按钮

Step 03 进入达芬奇界面，单击“文件”|“导入”|“媒体”命令，如图 2-32 所示。

Step 04 弹出“导入媒体”对话框，选择相应图片素材，如图 2-33 所示。

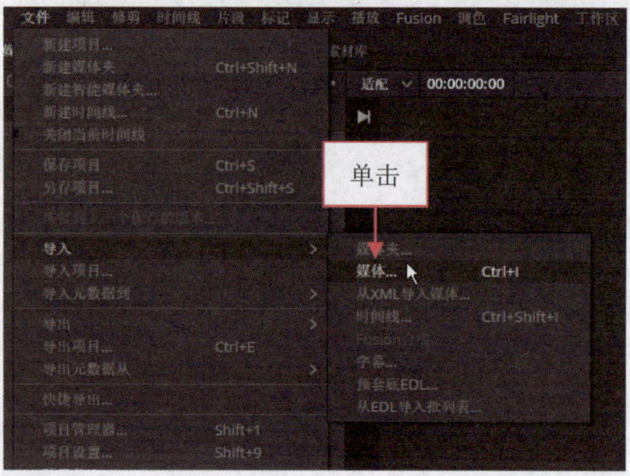

图 2-32　单击“媒体”命令

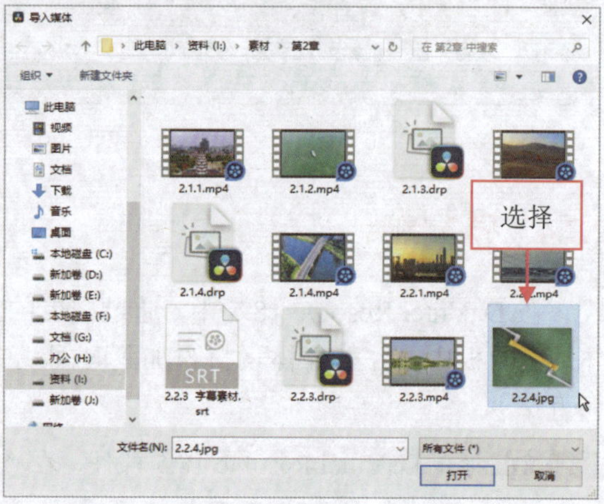

图 2-33　选择相应图片素材

Step 05 单击“打开”按钮，即可在“媒体池”面板中导入一张图片素材，如图 2-34 所示。

Step 06 选择“媒体池”面板中的图片素材，将其拖曳至“时间线”面板的视频轨中，如图 2-35 所示，即可导入一张图片效果。

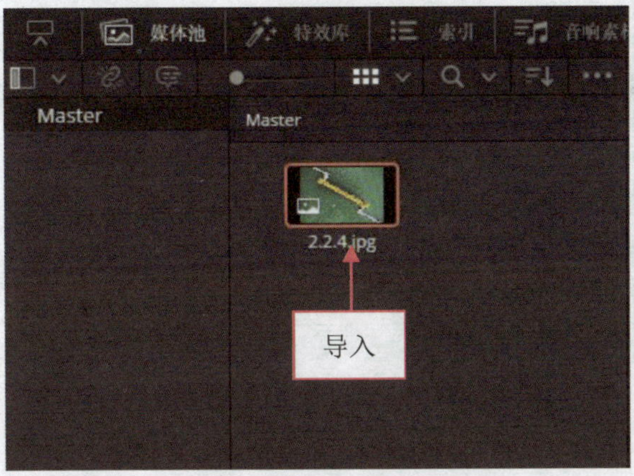

图 2-34　导入一张图片素材

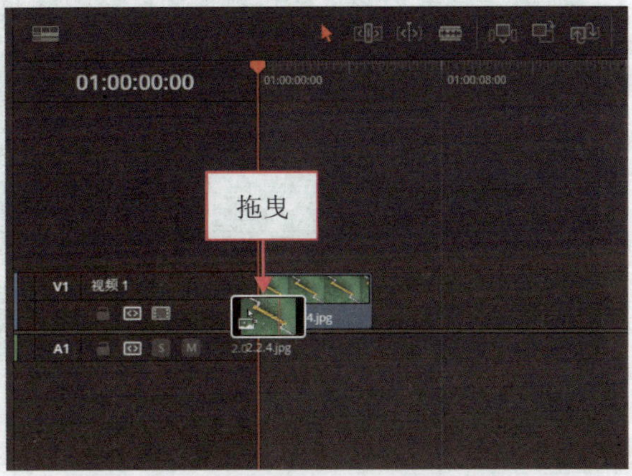

图 2-35　拖曳至“时间线”面板的视频轨中

Step 07 在预览窗口中，单击“播放”按钮▶，查看导入的图片效果，如图 2-36 所示。

图 2-36　查看导入的图片效果

2.2.5　导入音频

在 DaVinci Resolve 18.5 中，通过菜单选项可以将音频素材导入媒体池面板中，并将媒体素材添加到时间线中。下面介绍具体操作步骤。

导入音频

Step 01 新建一个项目文件，进入“剪辑”步骤面板，单击“文件”|“导入”|“媒体”命令，如图 2-37 所示。

Step 02 弹出“导入媒体”对话框，在文件夹中选择需要导入的音频素材文件，如图 2-38 所示。

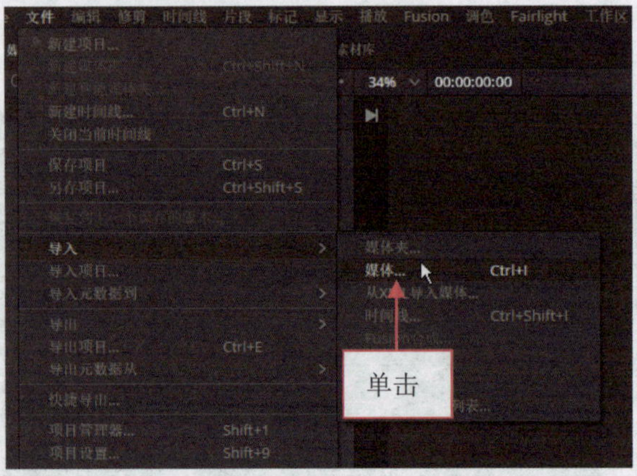

图 2-37　单击“媒体”命令

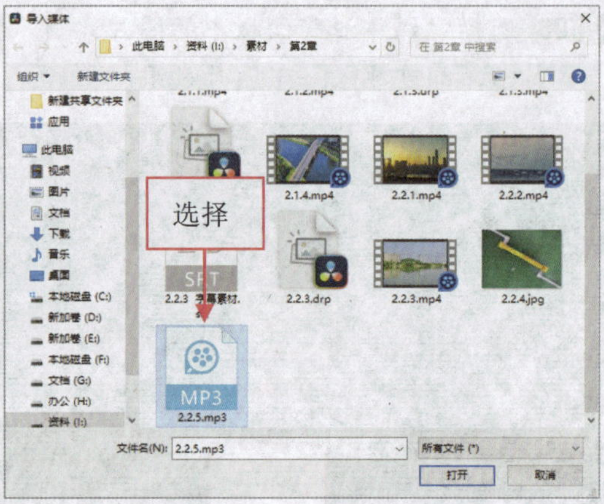

图 2-38　选择需要导入的音频素材文件

Step 03 单击“打开”按钮，即可将音频素材导入“媒体池”面板中，如图 2-39 所示。

Step 04 选择“媒体池”面板中的音频素材，将其拖曳至“时间线”面板的音频轨上，如图 2-40 所示。执行操作后，即可完成导入音频素材的操作。

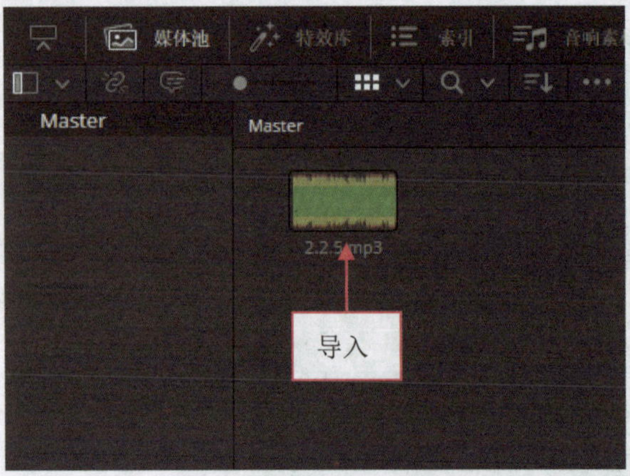

图 2-39　导入音频素材

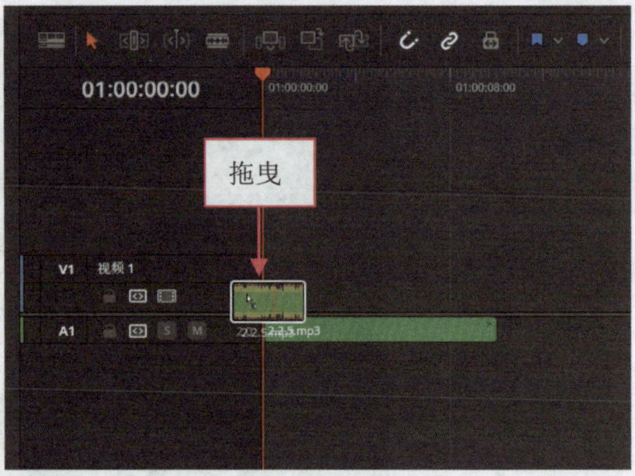

图 2-40　拖曳音频至音频轨中

2.3　素材的基本操作方法

在达芬奇中，需要了解并掌握素材文件的基本操作，包括复制粘贴素材、插入新素材、自动吸附新素材、标记素材位置、覆盖素材片段、填充空白素材、替换媒体素材以及取消链接素材等内容。

2.3.1　复制粘贴素材

在达芬奇中编辑视频效果时，如果一个素材需要使用多次，这时可以使用“复制”和“粘贴”选项来实现。下面介绍复制粘贴素材的具体操作方法。

复制粘贴素材

Step 01 打开一个项目文件，进入“剪辑”步骤面板，在“时间线”面板中，选中视频素材，如图 2-41 所示。

Step 02 在菜单栏中，单击“编辑”|“复制”命令，如图 2-42 所示。

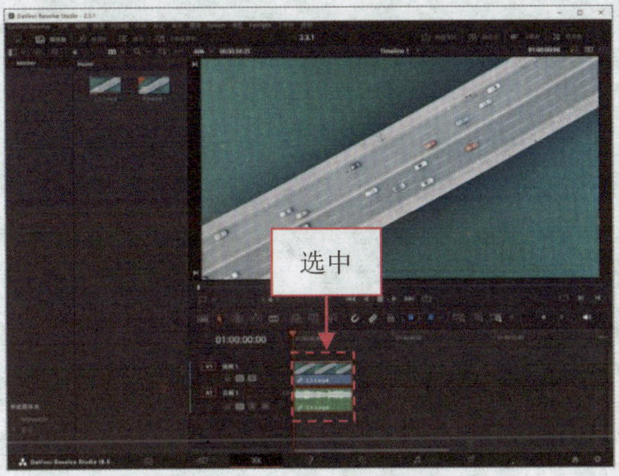

图 2-41　选中视频素材

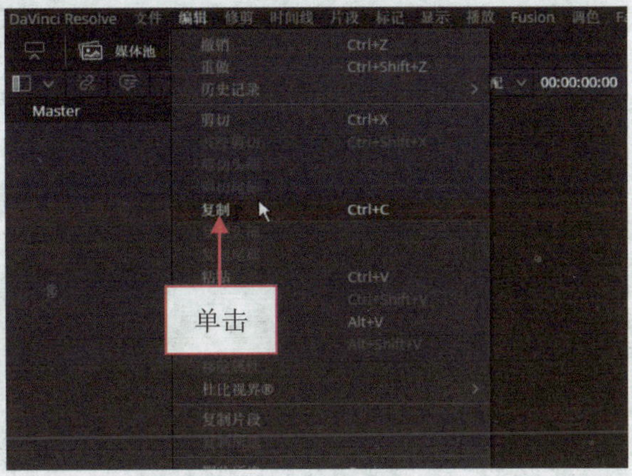

图 2-42　单击“复制”命令

Step 03 在“时间线”面板中，拖曳“时间指示器”至相应位置，如图 2-43 所示。

Step 04 在菜单栏中，单击“编辑”|“粘贴”命令，如图 2-44 所示。

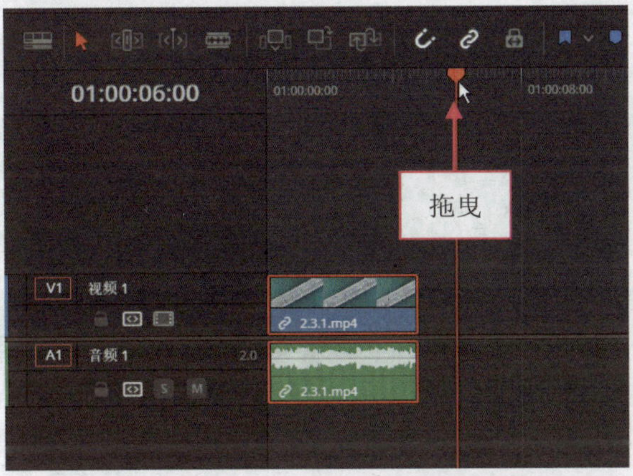

图 2-43　拖曳“时间指示器”

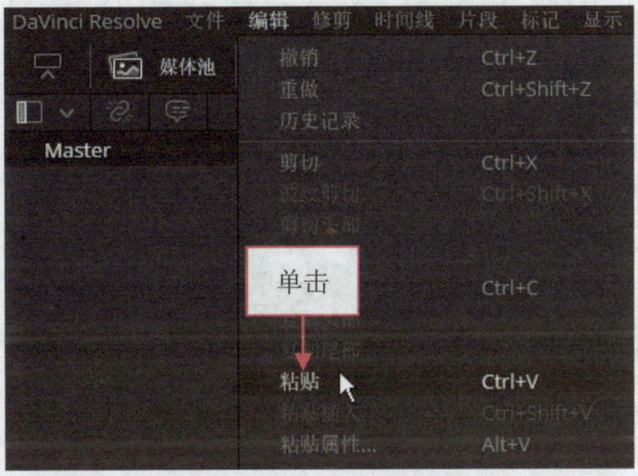

图 2-44　单击“粘贴”命令

> **▶ 知识扩展**
>
> 用户还可以通过以下两种方式复制素材文件。
>
> ➢ **快捷键：** 选择时间线面板中的素材，按【Ctrl + C】组合键，复制素材后，移动时间指示器至合适位置，按【Ctrl + V】组合键，即可粘贴复制的素材。
>
> ➢ **快捷菜单：** 选择“时间线”面板中的素材，单击鼠标右键，在弹出的快捷菜单中，选择“复制”选项，即可复制素材，然后移动时间指示器至合适位置，在空白位置处单击鼠标右键，在弹出的快捷菜单中，选择“粘贴”选项，即可粘贴复制的素材。

Step 05 执行操作后，在“时间线”面板中的时间指示器位置，粘贴复制的视频素材，此时时间指示器会自动移至粘贴素材的片尾位置，如图 2-45 所示。

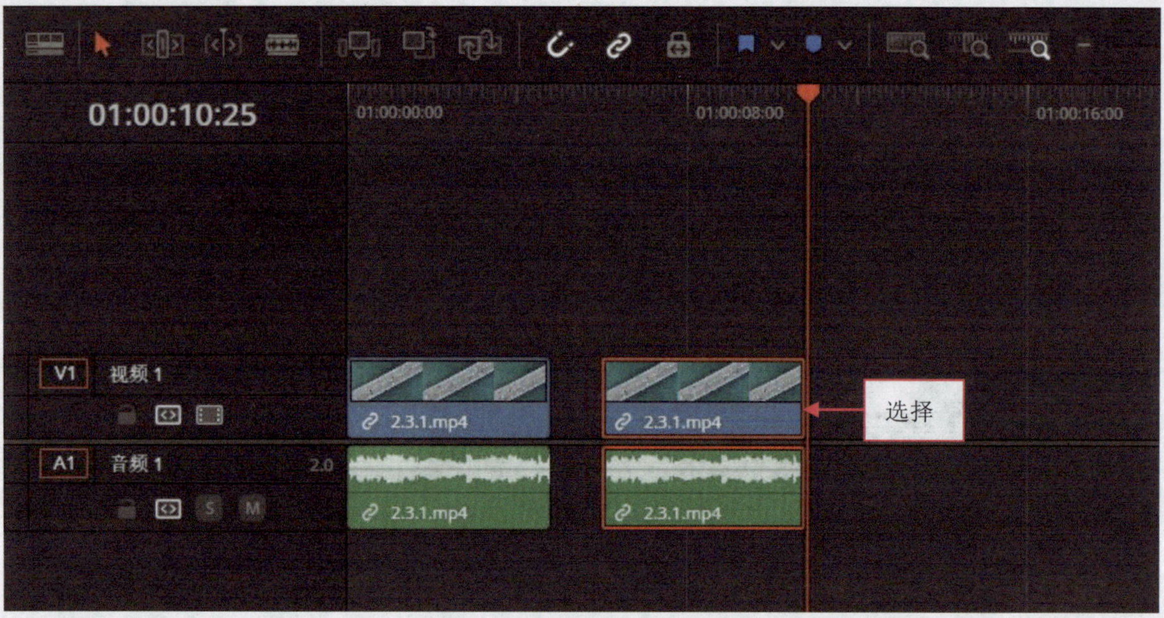

图 2-45 粘贴复制的视频素材

Step06 在预览窗口中，单击“播放”按钮▶，可以查看复制粘贴的素材效果，如图 2-46 所示。

图 2-46 复制粘贴素材效果

2.3.2 插入新素材

插入新素材

在达芬奇中，首先选择要插入新素材的片段，然后在时间线中直接将新素材拖曳到目标位置即可。下面介绍插入新素材的具体操作方法。

Step01 打开一个项目文件，进入“剪辑”步骤面板，如图 2-47 所示。

Step02 拖曳“时间指示器”至 01:00:01:17 的位置处，如图 2-48 所示。

Step03 在“媒体池”面板中，选择相应视频素材，如图 2-49 所示。

Step04 在“时间线”面板上方的工具栏中，单击“插入片段”按钮，如图 2-50 所示。

Step05 执行操作后，即可将“媒体池”面板中的视频素材插入“时间线”面板的时间指示器位置处，如图 2-51 所示。

图 2-47　打开一个项目文件

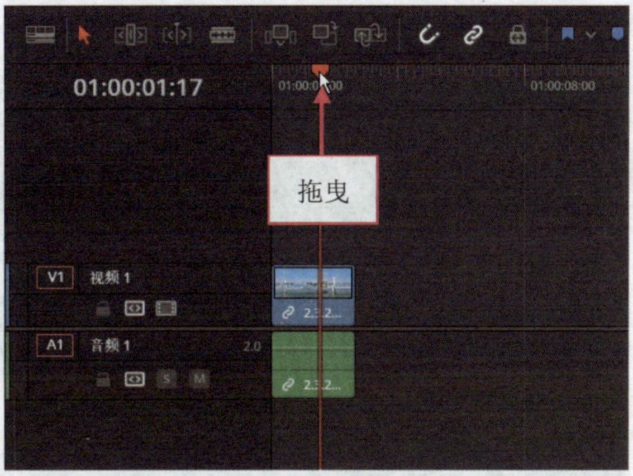

图 2-48　拖曳“时间指示器”

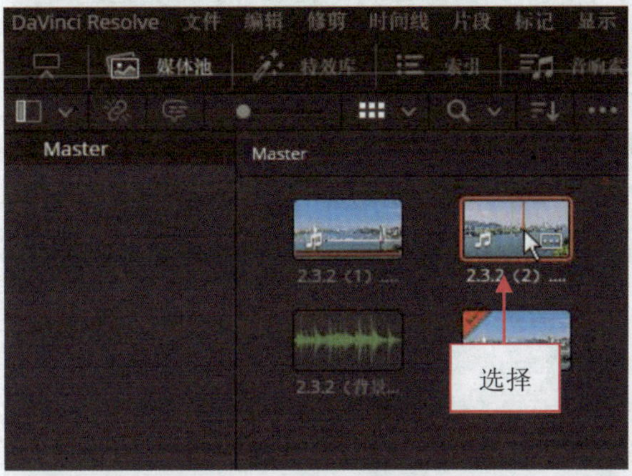

图 2-49　选择相应视频素材

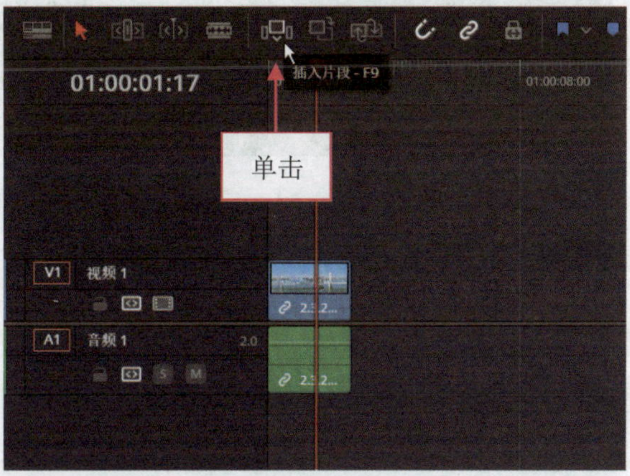

图 2-50　单击“插入片段”按钮

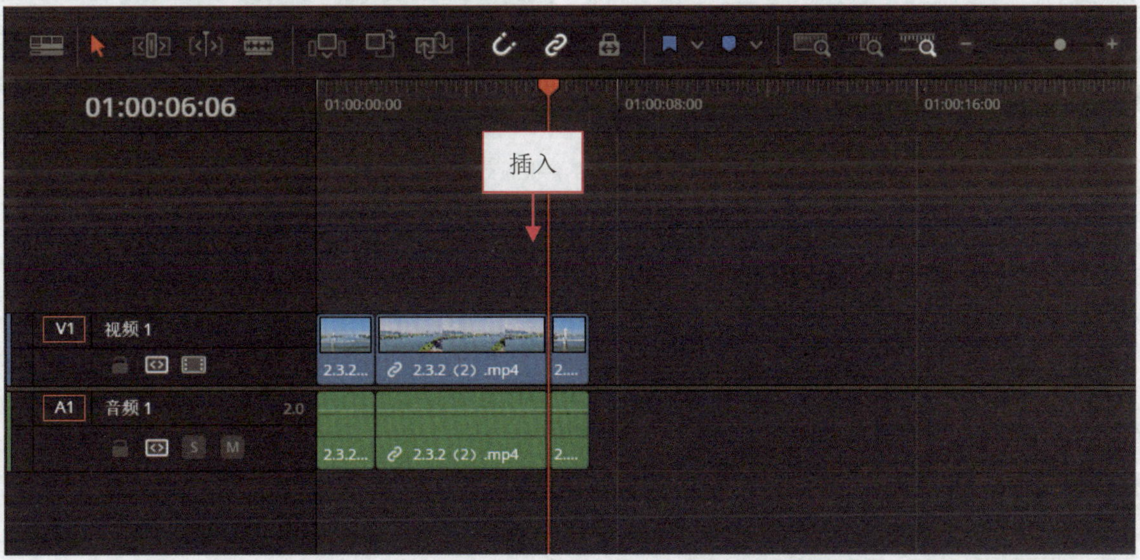

图 2-51　插入“时间线”面板的时间指示器位置处

Step 06 执行操作后，添加背景音乐并调整音乐时长，如图 2-52 所示。

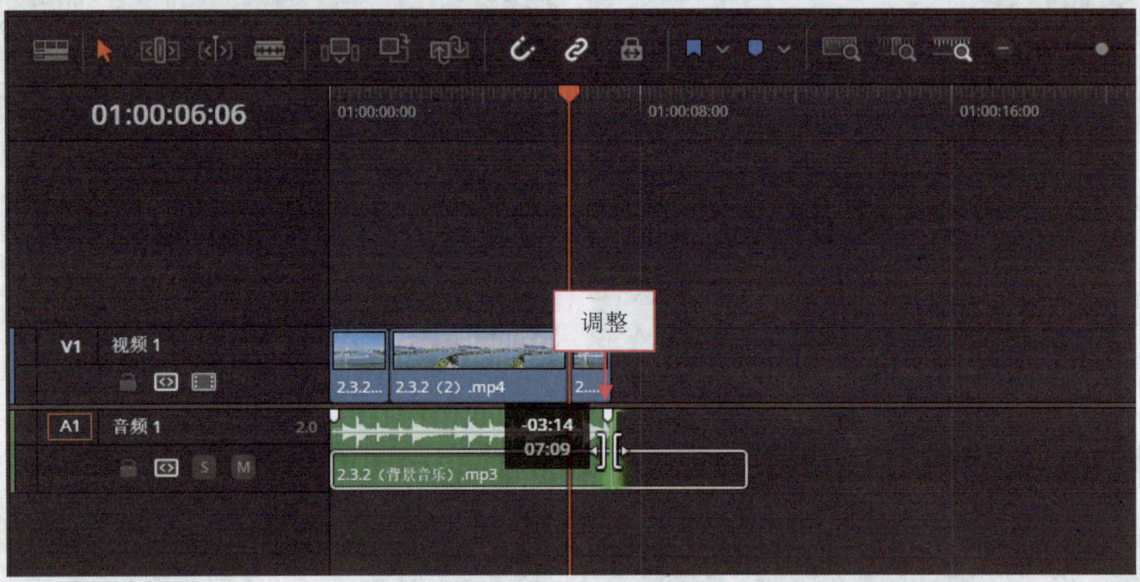

图 2-52　调整音乐时长

Step 07 将“时间指示器”移动至视频轨的开始位置处，在预览窗口中，单击“播放”按钮▶，查看视频效果，如图 2-53 所示。

图 2-53　查看视频效果

2.3.3　自动吸附新素材

在达芬奇中，通常都是通过拖曳的方式在“时间线”面板中添加素材文件，也可以在“时间线”面板中单击“附加到时间线末端”命令，直接自动吸附新素材。下面介绍自动吸附新素材的具体操作方法。

自动吸附新素材

Step 01 打开一个项目文件，进入“剪辑”步骤面板，如图 2-54 所示。

Step 02 在“媒体池”面板中，选择相应视频素材，如图 2-55 所示。

图 2-54　打开一个项目文件

图 2-55　选择相应视频素材

Step 03 在菜单栏中单击“编辑”|“附加到时间线末端”命令，如图 2-56 所示。

Step 04 执行操作后，即可将所选素材自动添加到时间线末端位置，如图 2-57 所示。

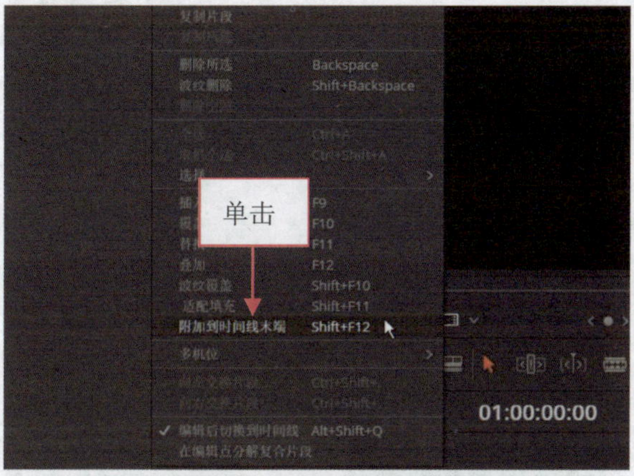

图 2-56　单击“附加到时间线末端”命令

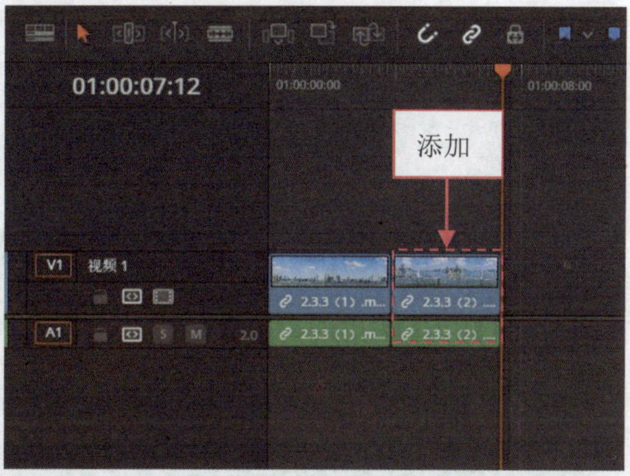

图 2-57　自动添加到时间线末端位置

Step 05 执行操作后，添加背景音乐并调整音乐时长，如图 2-58 所示。

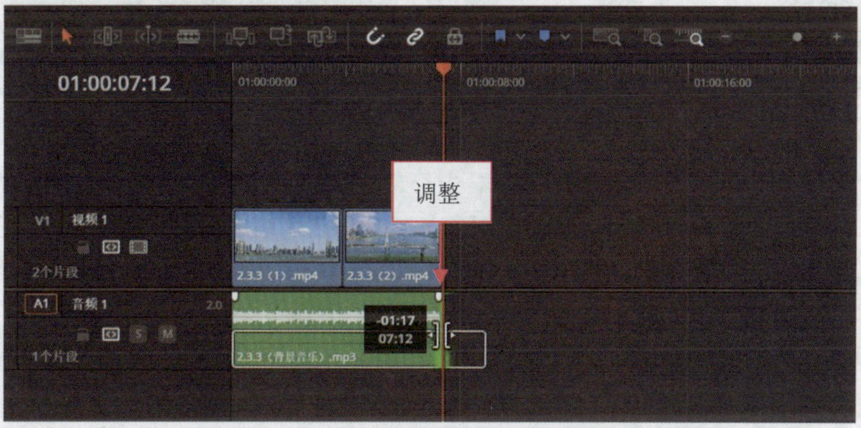

图 2-58　调整音乐时长

Step 06 在预览窗口中，单击“播放”按钮，查看自动吸附新素材的效果，如图 2-59 所示。

图 2-59　自动吸附新素材的效果

2.3.4　标记素材位置

在达芬奇“剪辑”步骤面板中，标记主要用来记录视频中的某个画面，可以更加方便地对视频进行编辑。下面介绍标记素材位置的具体操作方法。

标记素材位置

Step 01 打开一个项目文件，进入“剪辑”步骤面板，如图 2-60 所示。

Step 02 拖曳“时间指示器”至 01:00:03:00 的位置处，如图 2-61 所示。

图 2-60　打开一个项目文件

图 2-61　拖曳“时间指示器”（1）

Step 03 在“时间线”面板的工具栏中，单击“标记”下拉按钮，在弹出的列表框中，选择“绿色”选项，如图 2-62 所示，可以用颜色标记自己想要编辑的地方。

Step 04 执行操作后，即可在 01:00:03:00 的位置处，添加一个绿色标记，如图 2-63 所示。

Step 05 拖曳“时间指示器”至 01:00:08:25 的位置处，如图 2-64 所示。

Step 06 用与上同样的方法，在 01:00:08:25 的位置处，再次添加一个绿色标记，如图 2-65 所示。

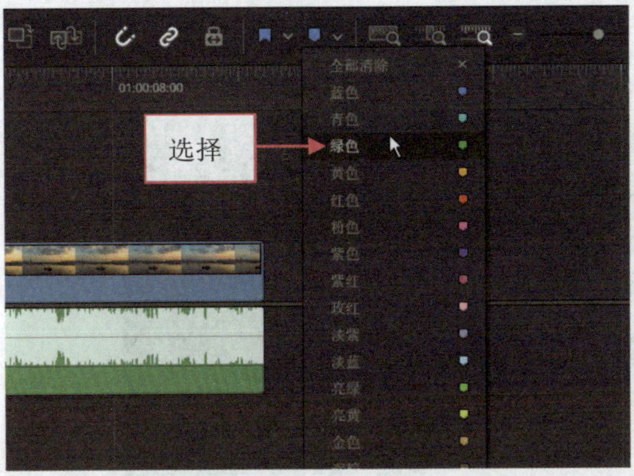

图 2-62　选择“绿色”选项

图 2-63　添加一个绿色标记

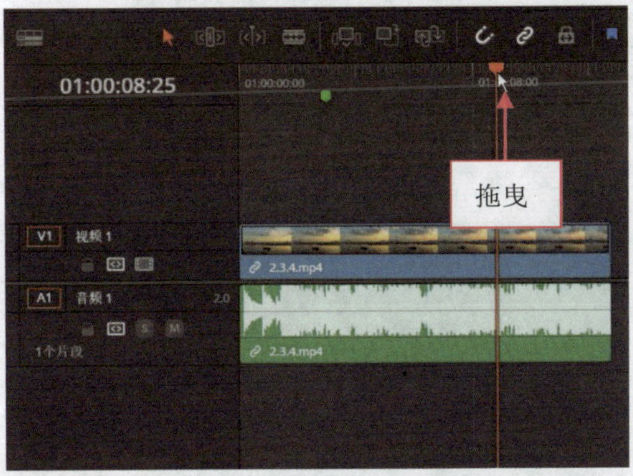

图 2-64　拖曳“时间指示器”（2）

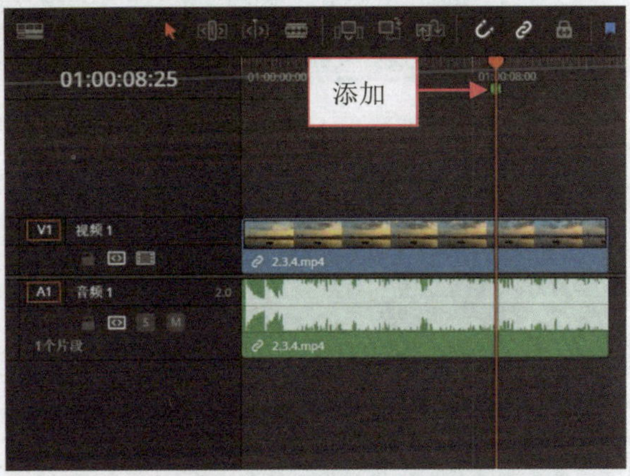

图 2-65　再次添加一个绿色标记

Step 07 将“时间指示器”移动至开始位置处，在时间标尺的任意位置处，单击鼠标右键，弹出快捷菜单，选择“跳到下一个标记”选项，如图 2-66 所示。

Step 08 执行操作后，即可切换至第一个素材标记处，如图 2-67 所示，在预览窗口中，即可查看第一个标记处的素材画面。

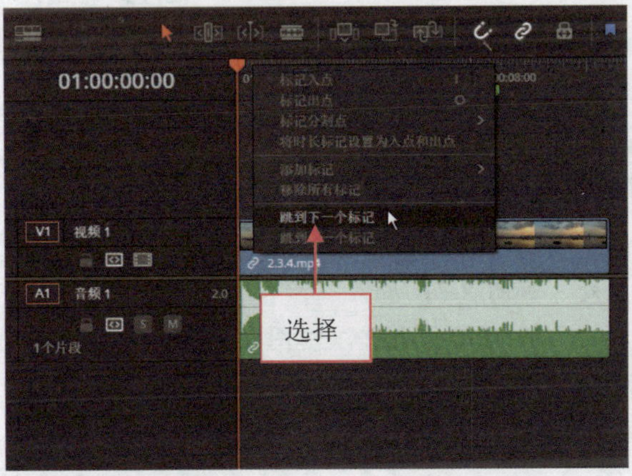

图 2-66　选择“跳到下一个标记”选项

图 2-67　切换至第一个素材标记处

Step 09 用与上同样的方法，切换至第二个标记，如图 2-68 所示，即可查看第二个标记处的素材画面，这样方便快速找到自己想要标记的位置。

图 2-68　切换至第二个标记

Step 10 在预览窗口中，单击“播放”按钮▶，查看标记处的素材画面效果，如图 2-69 所示。

图 2-69　查看标记处的素材画面效果

2.3.5　覆盖素材片段

覆盖素材片段

当原视频素材中有部分视频片段不需要时，可以使用达芬奇的“覆盖片段”功能，用一段新的视频素材覆盖原素材中不需要的部分，不需要剪辑删除，也不需要替换，就能轻松处理。下面介绍覆盖素材片段的具体操作方法。

Step 01 打开一个项目文件，进入“剪辑”步骤面板，如图 2-70 所示。

Step 02 拖曳“时间指示器”至 01:00:02:17 的位置处，如图 2-71 所示。

Step 03 在“媒体池”面板中，选择一个视频素材文件（此处用户也可以用图片素材，主要根据用户的制作需求来进行剪辑），如图 2-72 所示。

Step 04 执行操作后，在“时间线”面板的工具栏中，单击“覆盖片段”按钮，如图 2-73 所示。

图 2-70　打开一个项目文件

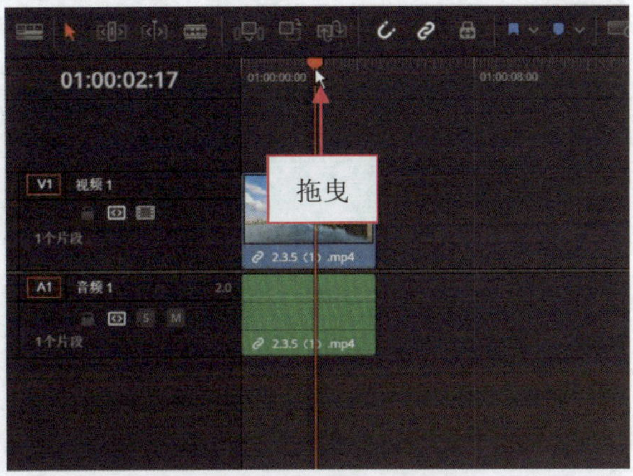

图 2-71　拖曳“时间指示器”

图 2-72　选择一个视频素材文件

图 2-73　单击“覆盖片段”按钮

Step 05 执行操作后，即可在视频轨中插入所选的视频素材，如图 2-74 所示。

Step 06 执行操作后，添加背景音乐并调整音乐时长，如图 2-75 所示，即可完成对视频轨中原素材部分视频片段的覆盖效果。

图 2-74　插入所选的图像素材

图 2-75　添加背景音乐并调整音乐时长

Step 07 在预览窗口中，单击“播放”按钮▶，查看覆盖素材片段的画面效果，如图 2-76 所示。

图 2-76　查看覆盖素材片段的画面效果

2.3.6　填充空白素材

填充空白素材

在“时间线”面板中，当将几段视频中的某一段视频素材删除后，需要将一段新的视频素材置入被删的空白位置处时，可能会出现素材时长不匹配的问题。

此时，可以使用适配填充功能，将视频自动变速，拉长或压缩视频时长，填充至空白位置处。下面介绍填充空白素材的具体操作方法。

Step 01 打开一个项目文件，进入“剪辑”步骤面板，如图 2-77 所示。

Step 02 拖曳“时间指示器”至第 1 段视频的结束位置处，如图 2-78 所示。

图 2-77　打开一个项目文件

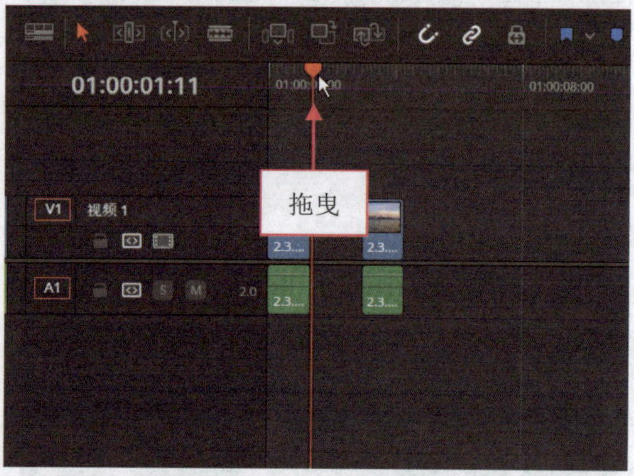

图 2-78　拖曳“时间指示器”

Step 03 在“媒体池”面板中，选择需要填充的视频素材，如图 2-79 所示。

Step 04 在菜单栏中，单击“编辑”|“适配填充”命令，如图 2-80 所示。

Step 05 执行操作后，即可在视频轨中的空白位置处适配填充所选视频，如图 2-81 所示。

Step 06 添加合适的背景音乐，并调整音乐时长，如图 2-82 所示。

图 2-79　选择需要填充的视频素材

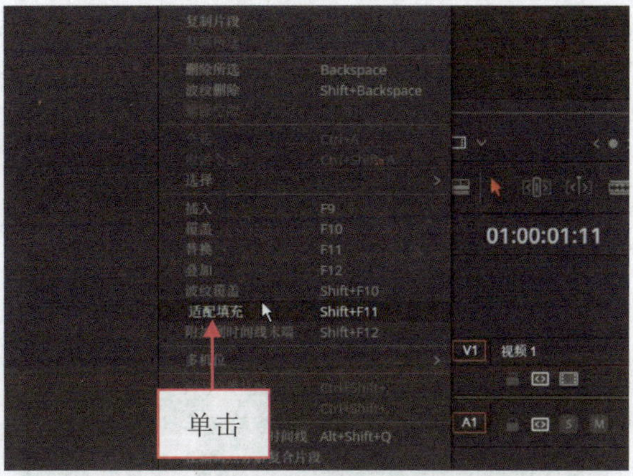

图 2-80　单击“适配填充”命令

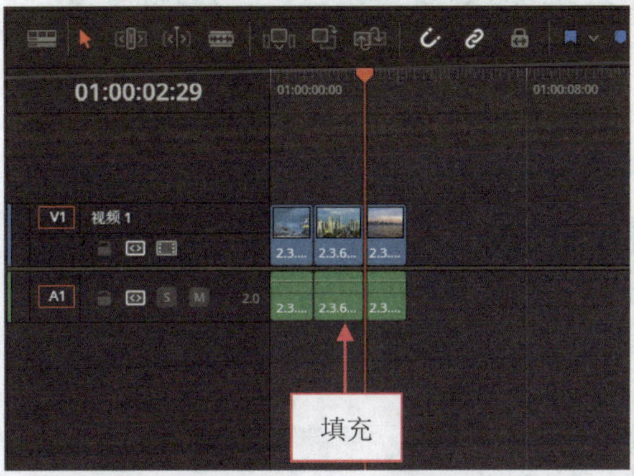

图 2-81　适配填充所选视频

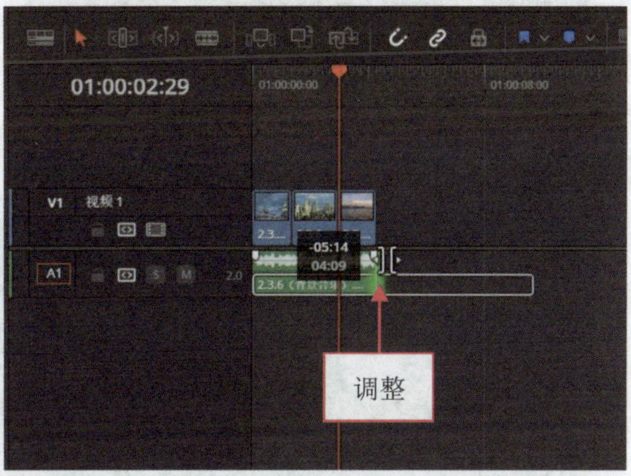

图 2-82　调整音乐时长

Step 07 在预览窗口中，单击“播放”按钮▶，可以查看填充后的视频画面效果，如图 2-83 所示。

图 2-83　查看填充后的视频画面效果

2.3.7　替换媒体素材

在 DaVinci Resolve 18.5“剪辑”步骤面板中编辑视频时，可以根据需要对素材文件进行替换操作，使制作的视频更加符合需求。下面介绍替换媒体素材的操作方法。

替换媒体素材

Step 01 打开一个项目文件，进入“剪辑”步骤面板，如图 2-84 所示。

Step 02 在“媒体池”面板中，选择需要替换的素材文件，如图 2-85 所示。

图 2-84　打开一个项目文件

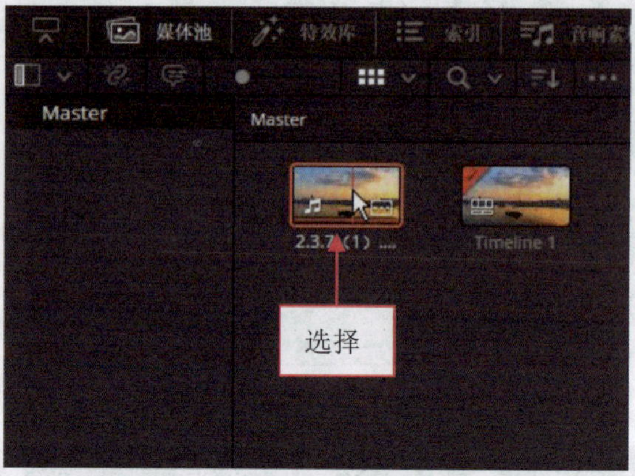

图 2-85　选择需要替换的素材文件

Step 03 单击鼠标右键，弹出快捷菜单，选择“替换所选片段”选项，如图 2-86 所示。

Step 04 弹出“替换所选片段”对话框，在其中选择需要替换的视频素材，如图 2-87 所示。

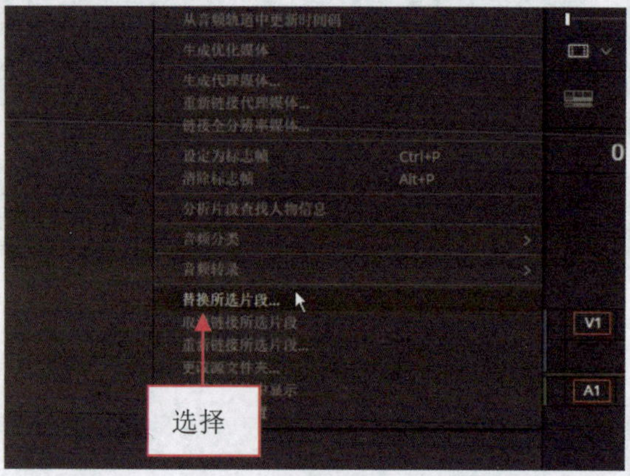

图 2-86　选择“替换所选片段”选项

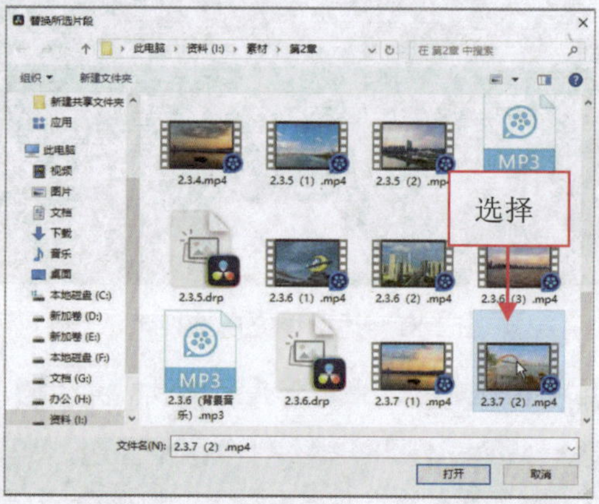

图 2-87　选择需要替换的视频素材

Step 05 双击鼠标左键或单击“打开”按钮，即可替换“时间线”面板中的视频文件，如图 2-88 所示，替换素材画面效果。

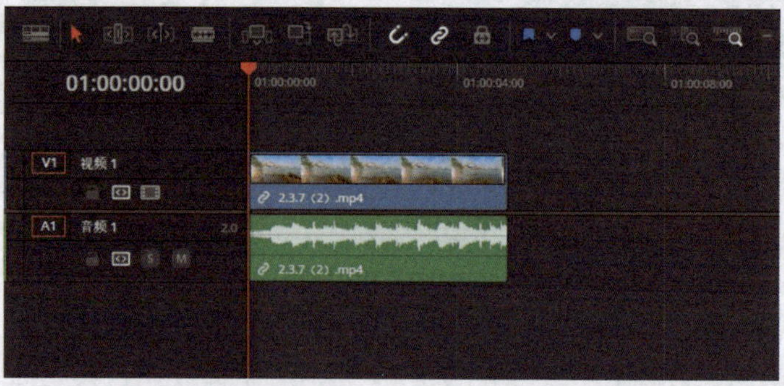

图 2-88　替换“时间线”面板中的视频文件

Step 06 在预览窗口中，单击“播放”按钮▶，即可查看替换后的画面效果，如图 2-89 所示。

图 2-89 查看替换后的画面效果

2.3.8 取消链接素材

在 DaVinci Resolve 18.5“剪辑”步骤面板中，还可以离线处理选择的视频素材。下面介绍取消链接素材的具体操作方法。

取消链接素材

Step 01 打开一个项目文件，进入“剪辑”步骤面板，如图 2-90 所示，在预览窗口中查看素材效果。

Step 02 在“媒体池”面板中，选择需要离线处理的素材，如图 2-91 所示。

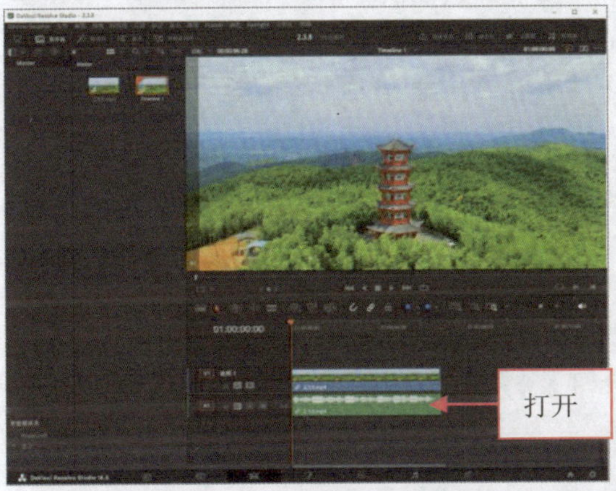

图 2-90 打开一个项目文件

图 2-91 选择需要离线处理的素材

Step 03 单击鼠标右键，弹出快捷菜单，选择“取消链接所选片段”选项，如图 2-92 所示。

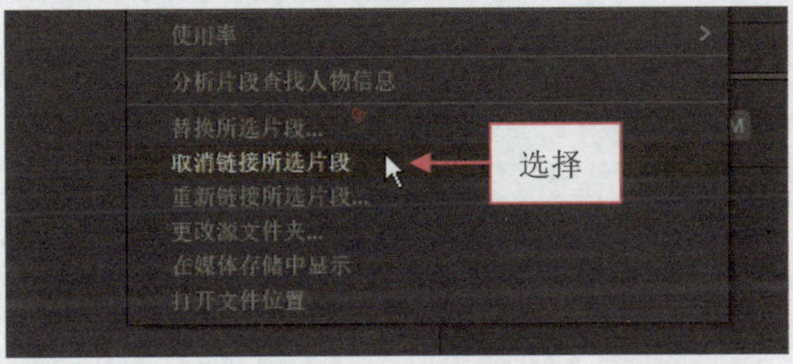

图 2-92 选择“取消链接所选片段”选项

Step 04 执行操作后，即可离线处理视频轨中的素材，在预览窗口中，会显示“离线媒体”的警示文字，如图 2-93 所示。

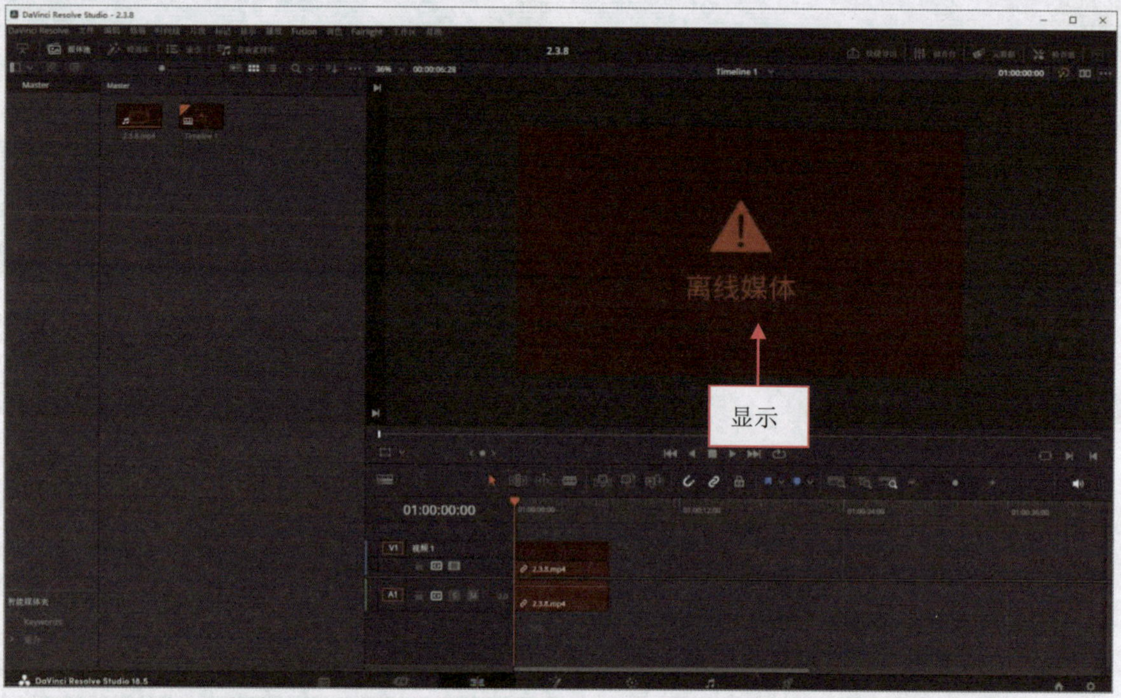

图 2-93 显示“离线媒体”的警示文字

2.4 剪辑视频素材的技巧

为了尽快掌握达芬奇中的修剪模式，下面主要介绍达芬奇“剪辑”步骤面板中的选择剪辑视频素材、修剪编辑素材、动态滑移素材、刀片分割素材、更改视频时长以及更改变速处理等方法。

2.4.1 选择剪辑视频素材

选择剪辑视频素材

在“时间线”面板的工具栏中，应用“选择模式”工具可以修剪素材文件的时长区间。下面介绍通过选择模式剪辑视频素材的操作方法。

Step 01 打开一个项目文件，进入“剪辑”步骤面板，如图 2-94 所示。

Step 02 在“时间线”面板中，单击“选择模式”按钮，移动鼠标至素材的结束位置处，如图 2-95 所示。

Step 03 当光标呈修剪形状时，按住鼠标左键并向左拖曳，如图 2-96 所示，至合适位置处释放鼠标左键，即可完成修剪视频时长区间的操作。

图 2-94　打开一个项目文件

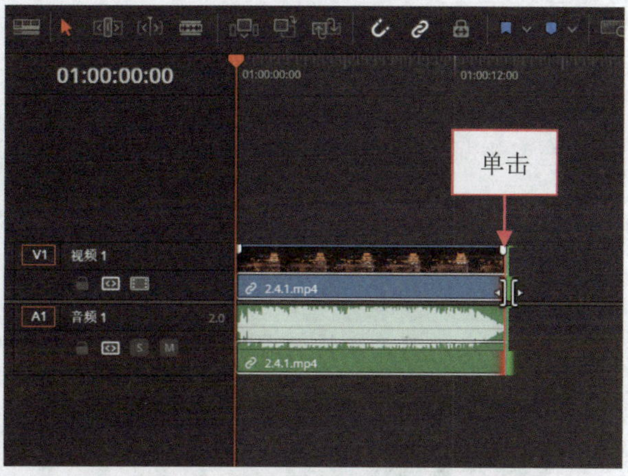

图 2-95　移动鼠标至素材的结束位置处

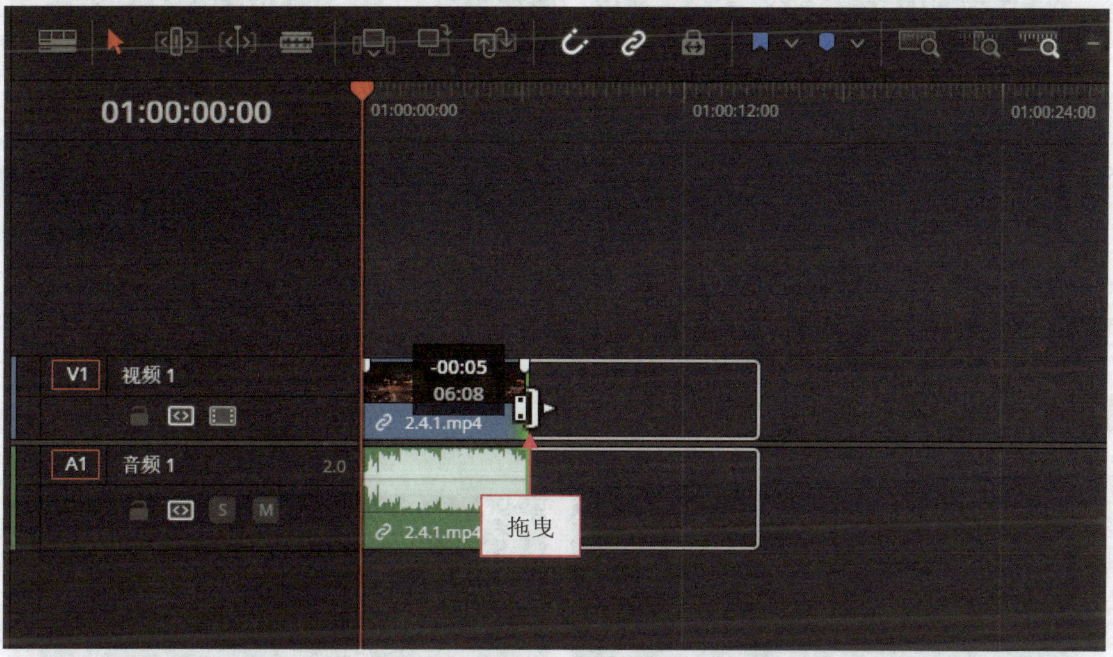

图 2-96　向左拖曳

Step 04 在预览窗口中，单击“播放”按钮▶，查看修剪剪辑视频素材的效果，如图 2-97 所示。

图 2-97　查看修剪剪辑视频素材的效果

2.4.2 修剪编辑素材

修剪编辑素材

在达芬奇中，修剪编辑模式在剪辑视频时非常实用，可以在固定的时长中，通过拖曳视频素材，更改视频素材的起点和结束点，选取其中的一段视频片段。例如，固定时长为 2 秒，完整视频时长为 10 秒，可以截取其中任意 2 秒视频片段作为保留素材。下面通过案例介绍具体的操作方法。

Step 01 打开一个项目文件，进入“剪辑”步骤面板，如图 2-98 所示。

Step 02 单击“刀片编辑模式”按钮，如图 2-99 所示。

图 2-98 打开一个项目文件

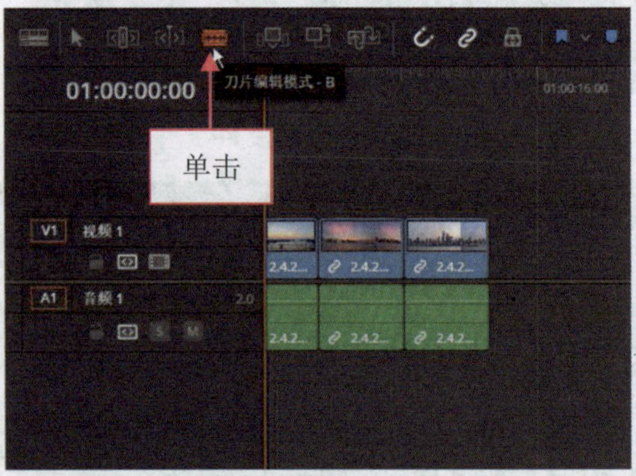

图 2-99 单击“刀片编辑模式”按钮

Step 03 在视频轨中，应用刀片工具，在视频素材上的合适位置处，单击鼠标左键，即可将视频素材分割成两段视频，如图 2-100 所示。

Step 04 再次在其他合适的位置处单击鼠标左键，即可将视频素材分割成多个视频片段，如图 2-101 所示。

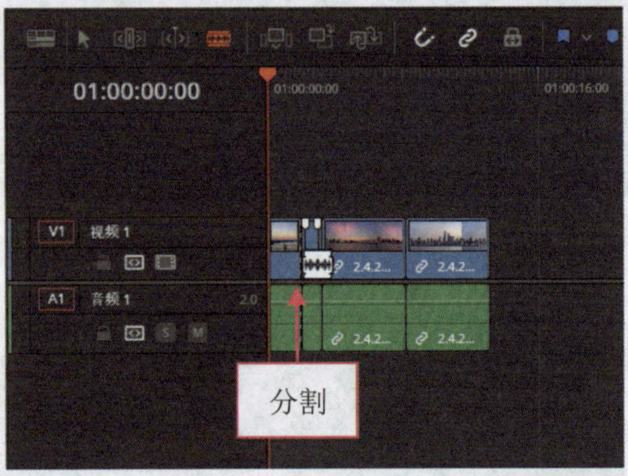

图 2-100 分割视频

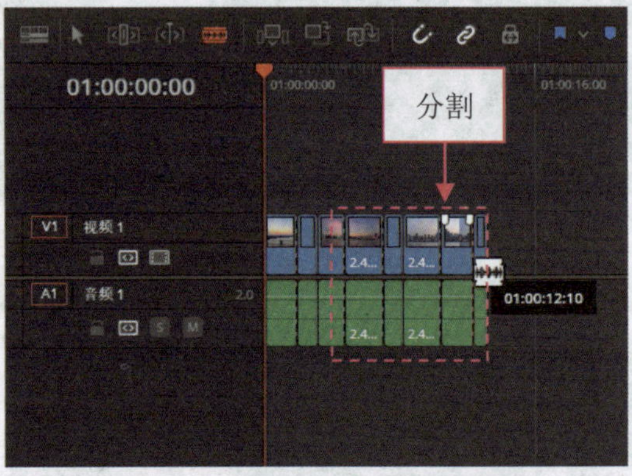

图 2-101 分割成多个视频片段

Step 05 选择需要删除的视频片段，如图 2-102 所示。

Step 06 执行操作后，按【Delete】键删除所选择的视频片段，即可在“时间线”面板中查看删除的视频效果，如图 2-103 所示。

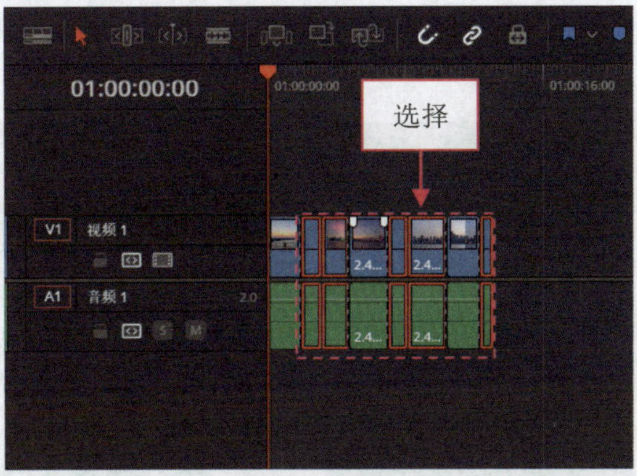

图 2-102 选择需要删除的视频片段

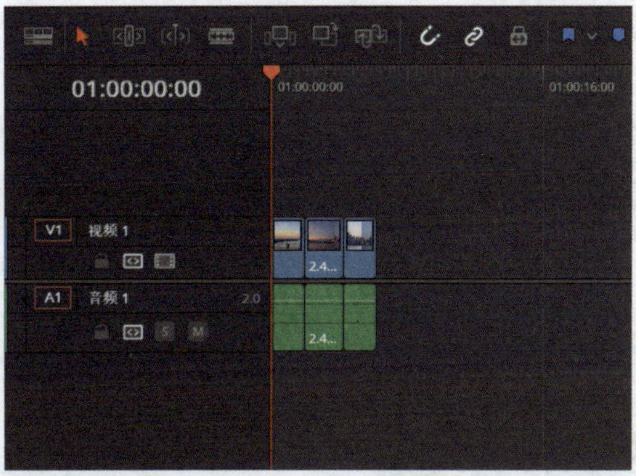

图 2-103 查看删除的视频

Step 07 执行操作后，添加背景音乐，如图 2-104 所示，可以看出音乐已经超出了视频的长度。

Step 08 选中背景音乐，并调整音乐时长至合适位置，如图 2-105 所示，这样音乐和视频时长一致。

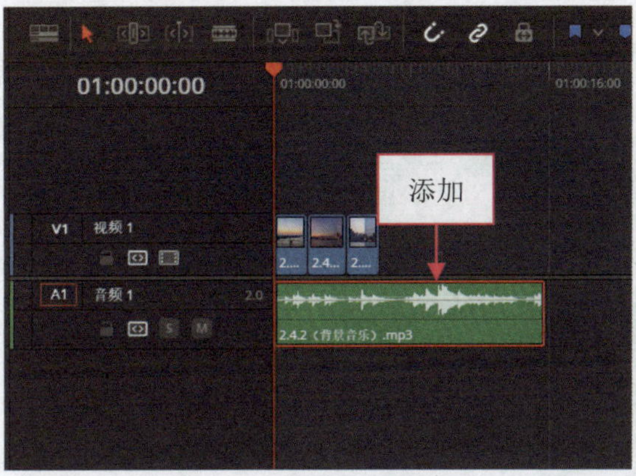

图 2-104 添加背景音乐

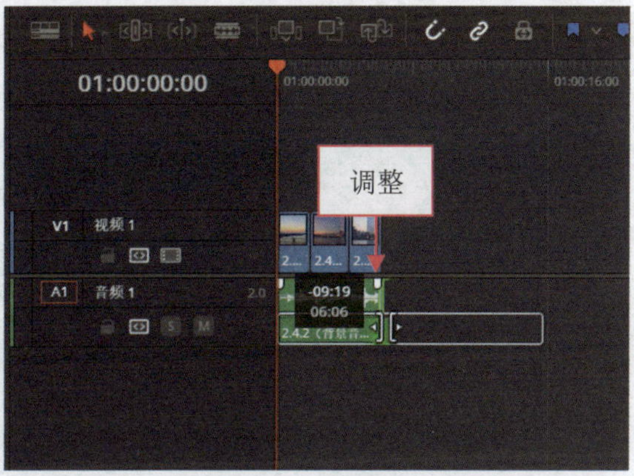

图 2-105 调整音乐时长

Step 09 执行操作后，单击“修剪编辑模式”按钮，如图 2-106 所示。

Step 10 将光标移至第 2 段视频素材的图像显示区，此时光标呈修剪状态，如图 2-107 所示。

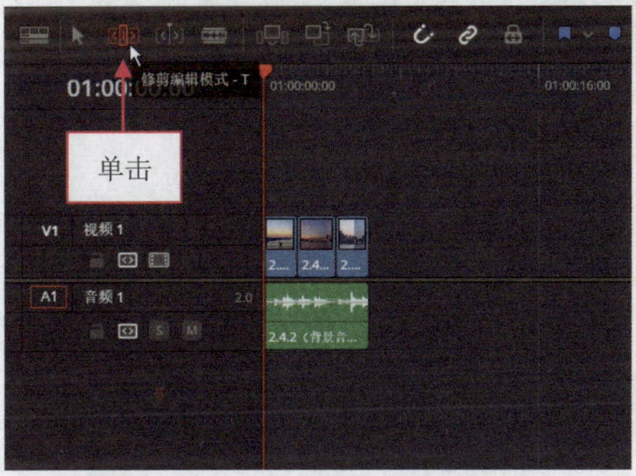

图 2-106 单击“修剪编辑模式”按钮

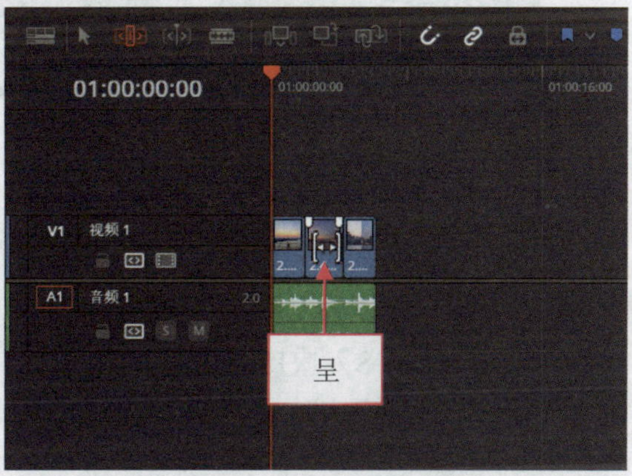

图 2-107 呈修剪状态

Step 11 单击鼠标左键，如图 2-108 所示，在轨道上会出现一个白色方框，表示视频素材的原时长。

Step 12 根据需要向左或向右拖曳视频素材，这里向右拖曳，如图 2-109 所示，在红色方框内会显示视频内容图像。

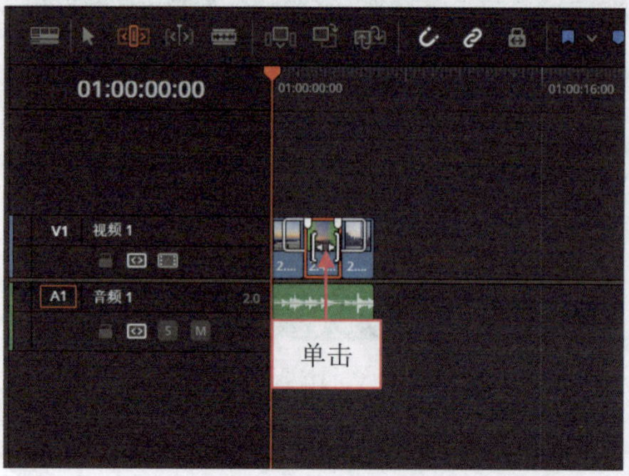

图 2-108　单击鼠标左键

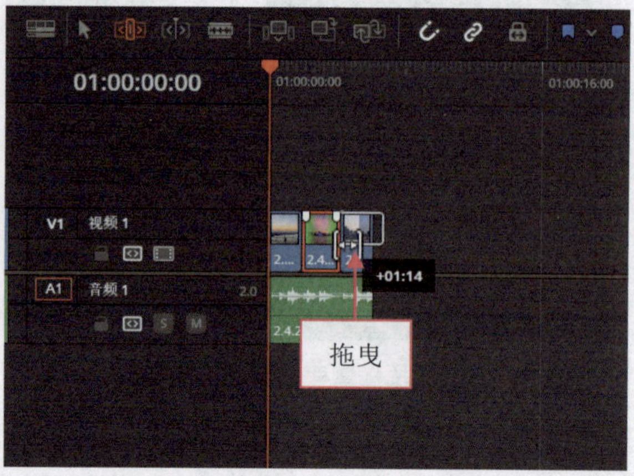

图 2-109　向右拖曳

Step 13 同时，预览窗口中也会根据修剪片段显示视频起点和终点图像，效果如图 2-110 所示，待释放鼠标左键后，即可截取满意的视频素材。

图 2-110　显示视频起点和终点图像效果

2.4.3　动态滑移素材

动态滑移素材

在达芬奇中，动态修剪模式有两种操作方法，分别是滑移和滑动两种剪辑方式，可以通过按【S】快捷键进行切换。滑移功能的作用与修剪编辑模式中所讲一样，这里不再详述。下面主要介绍滑动的操作方法。

在学习如何使用达芬奇中的动态修剪模式前，首先需要了解一下预览窗口中倒放、停止、正放的快捷键，分别是【J】、【K】、【L】键，用户在操作时，如果快捷键失效，建议打开英文大写功能再按。下面介绍具体的操作方法。

Step 01 打开一个项目文件，进入“剪辑”步骤面板，如图 2-111 所示。

Step 02 在“时间线”面板的工具栏中，单击“动态修剪模式（滑动）”按钮，如图 2-112 所示，此时时间指示器显示为黄色。

图 2-111　打开一个项目文件

图 2-112　单击“动态修剪模式（滑动）”按钮

Step 03 在按钮上，单击鼠标右键，在弹出的列表框中，选择“滑移”选项，如图 2-113 所示。

Step 04 在视频轨中选中第 2 段视频素材，如图 2-114 所示。

图 2-113　选择“滑移”选项

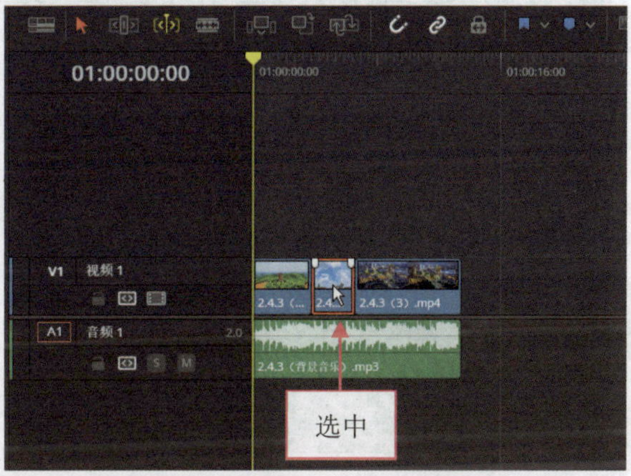

图 2-114　选中第 2 段视频素材

> ▶ **知识扩展**
>
> 用户需要单击“修剪编辑模式”按钮，才能在红色固定区间内左右移动视频片段。如果没有选中就不能在红色固定区间内左右移动视频片段，而是在外面左右移动。

Step 05 按倒放快捷键【J】或按正放快捷键【L】，在红色固定区间内左右移动视频片段，按停止快捷键【K】暂停，通过滑移选取视频片段，如图 2-115 所示。

Step 06 在预览窗口中，单击“播放”按钮，可以查看动态滑移素材效果，如图 2-116 所示。

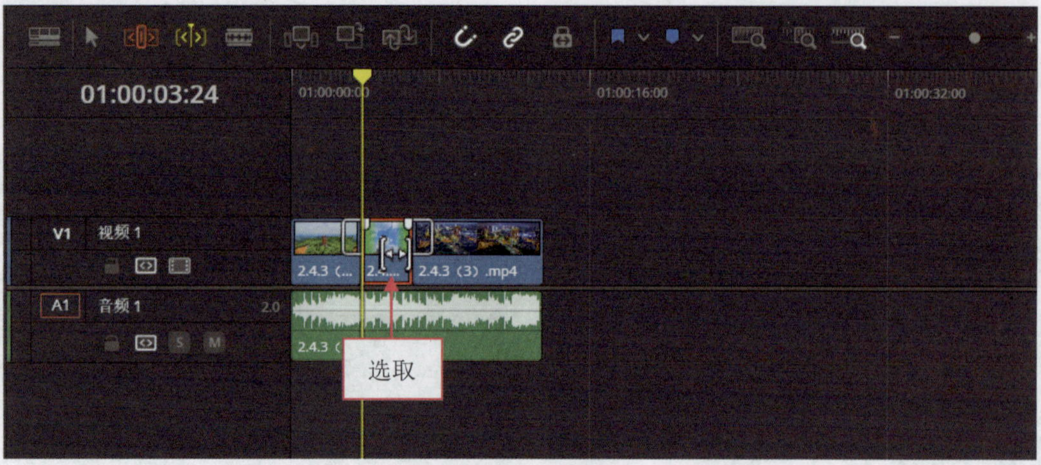

图 2-115　选取视频片段

图 2-116　查看动态滑移素材效果

2.4.4　刀片分割素材

刀片分割素材

在“时间线”面板中，用工具栏中的刀片工具，即可将素材分割成多个素材片段。下面介绍通过刀片编辑模式分割素材的具体操作方法。

Step 01 打开一个项目文件，进入“剪辑”步骤面板，如图 2-117 所示。

Step 02 在“时间线”面板中，单击“刀片编辑模式”按钮，如图 2-118 所示，此时鼠标指针变成了刀片工具图标。

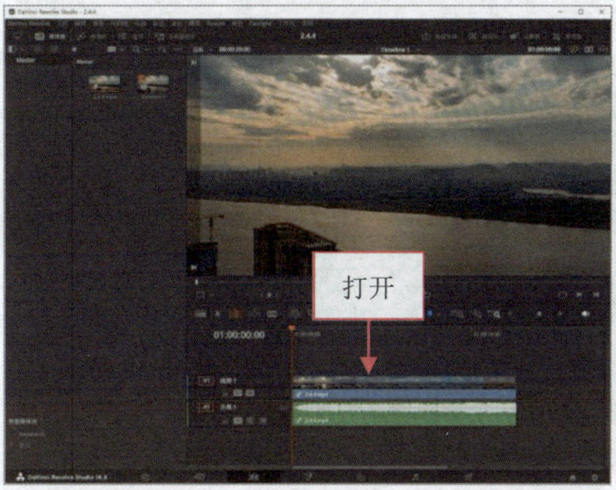

图 2-117　打开一个项目文件

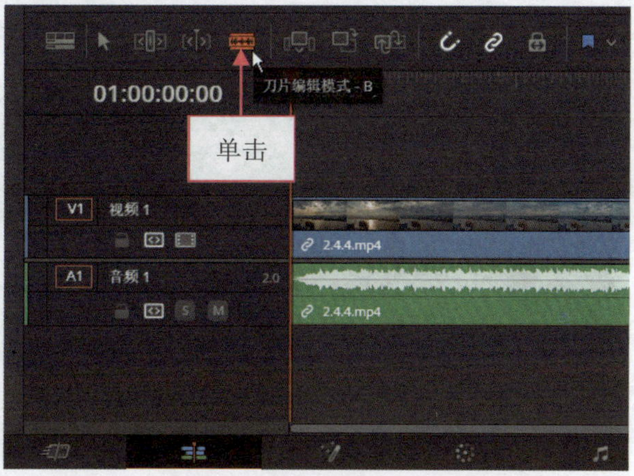

图 2-118　单击“刀片编辑模式”按钮

Step03 在视频轨中，应用刀片工具，在视频素材上的合适位置处，单击鼠标左键，即可将视频素材分割成两段视频，如图 2-119 所示。

Step04 再次在其他合适的位置处单击鼠标左键，即可将视频素材分割成多个视频片段，如图 2-120 所示。

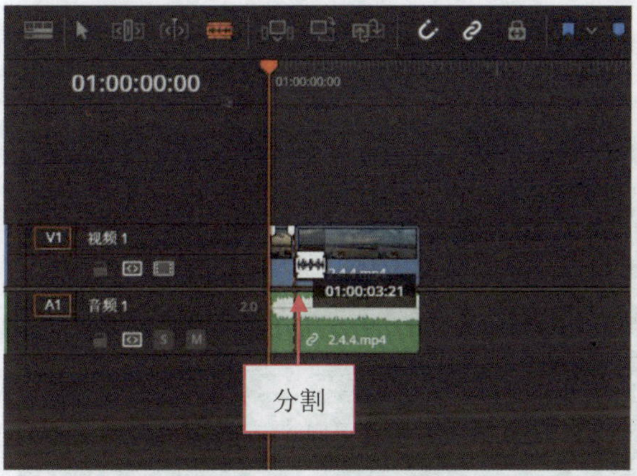

图 2-119　分割成两段视频

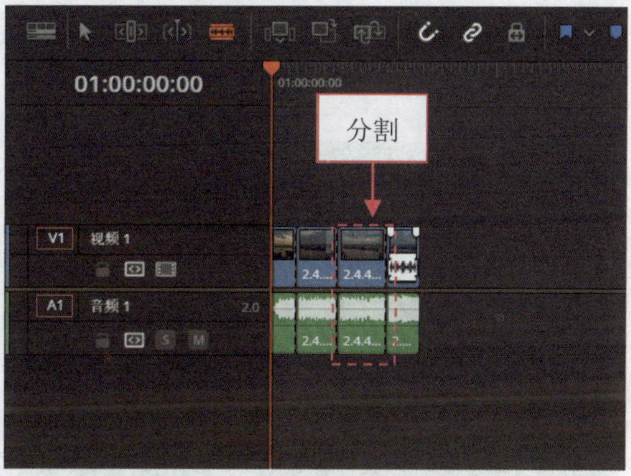

图 2-120　分割成多个视频片段

Step05 删除第 2 段和第 3 段片段，将“时间指示器”移至视频轨的开始位置处，如图 2-121 所示。

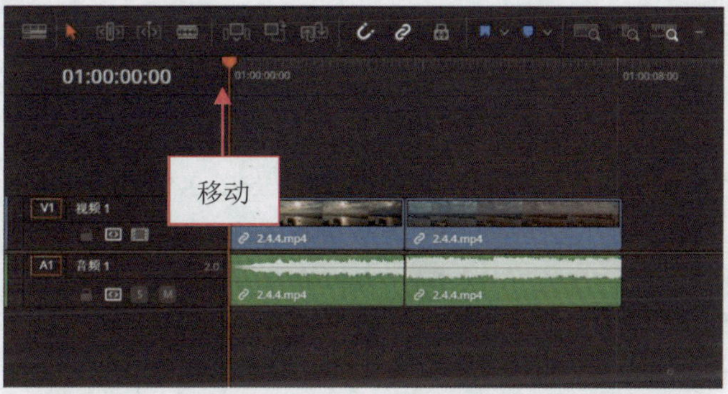

图 2-121　移至视频轨的开始位置处

Step 06 在预览窗口中，单击“播放”按钮▶，即可查看分割视频效果，如图 2-122 所示。

图 2-122 前后效果对比展示

2.4.5 更改视频时长

在达芬奇中，将素材添加到“时间线”面板中后，可以对素材的区间时长和播放速度进行相应的调整。下面通过案例介绍具体的操作方法。

更改视频时长

Step 01 打开一个项目文件，进入“剪辑”步骤面板，如图 2-123 所示。

Step 02 在“时间线”面板中，选中素材文件，单击鼠标右键，弹出快捷菜单，选择“更改片段时长”选项，如图 2-124 所示。

图 2-123 打开一个项目文件

图 2-124 选择“更改片段时长”选项

Step 03 弹出“更改片段时长”对话框，如图 2-125 所示，在“时长”文本框中显示了素材原来的区间时长。

Step 04 在“时长”文本框中修改时长为 00:00:05:00，如图 2-126 所示。

Step 05 单击“更改”按钮，即可在“时间线”面板中查看修改时长后的素材效果，如图 2-127 所示。

Step 06 在预览窗口中，单击“播放”按钮▶，即可查看更改视频时长效果，如图 2-128 所示。

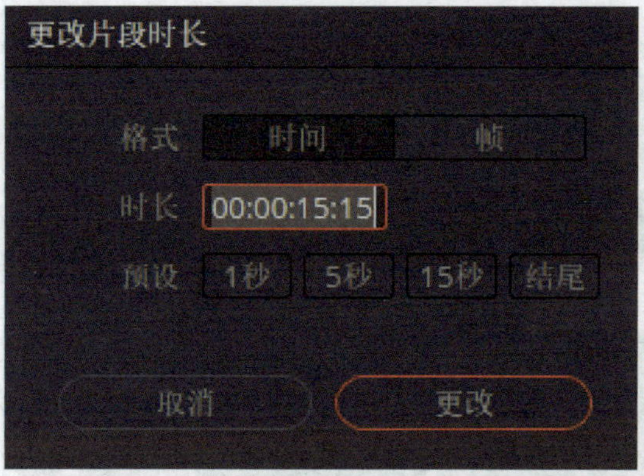

图 2-125　“更改片段时长”对话框

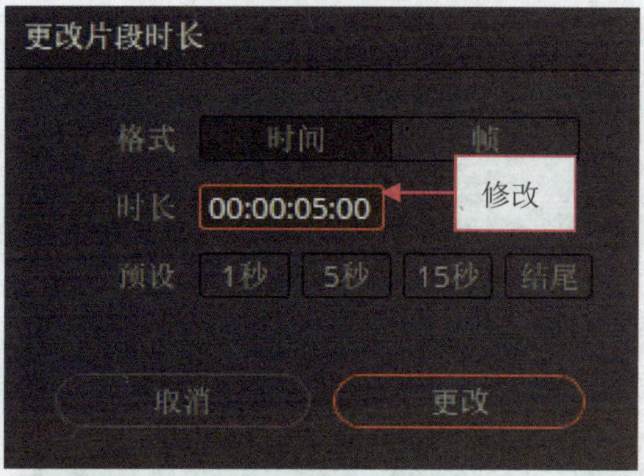

图 2-126　修改时长

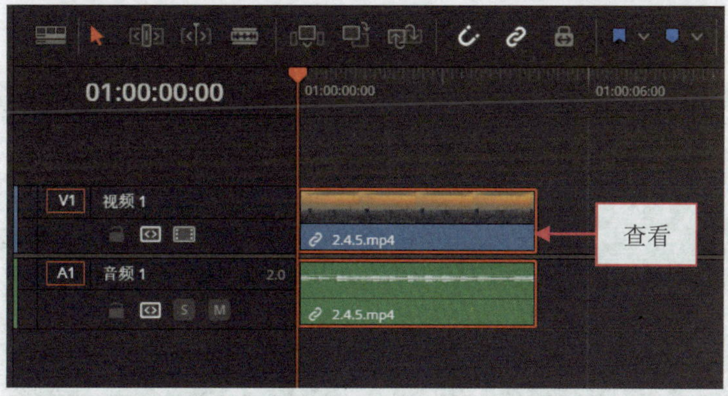

图 2-127　查看修改时长后的素材效果

图 2-128　查看更改视频时长效果

2.4.6　更改变速处理

在达芬奇中通过变速，也可以让慢视频变成快视频。下面通过案例介绍具体的操作方法。

更改变速处理

Step 01 打开一个项目文件，进入“剪辑”步骤面板，如图 2-129 所示，在预览窗口中可以查看画面效果。

Step 02 展开“检查器”|“视频”选项卡，如图 2-130 所示。

图 2-129　打开一个项目文件

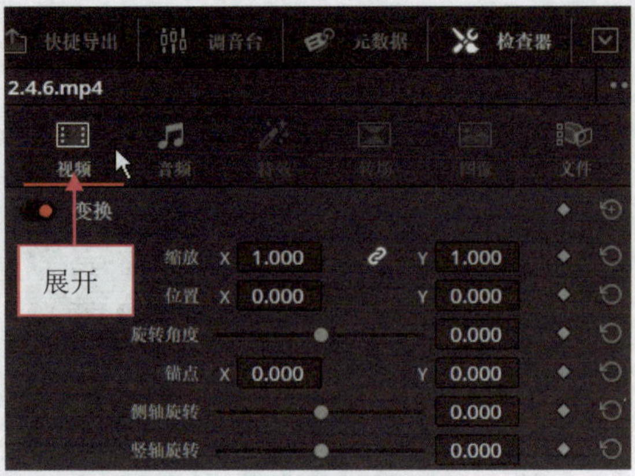

图 2-130　展开“视频”选项卡

Step 03 在“变速”选项区中，设置“速度”参数为 101.00，如图 2-131 所示，即可更改视频的时长。

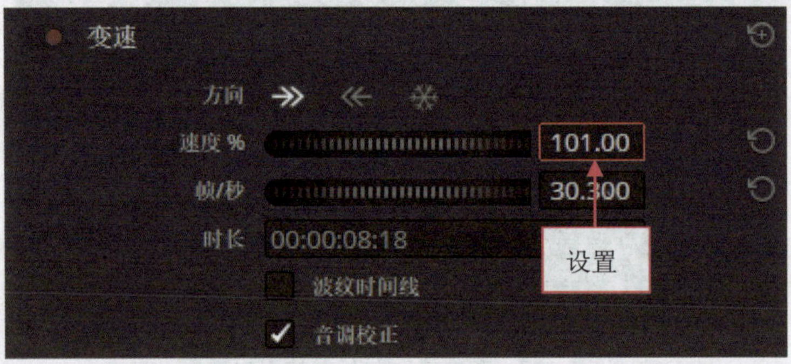

图 2-131　设置“速度”参数

本章小结

本章主要讲述了在达芬奇中剪辑视频文件的基本处理方法。首先介绍了项目文件的基本操作，包括项目文件和时间线的新建、项目文件的保存与关闭；其次介绍了导入各种媒体素材的操作方法，包括导入项目、视频、字幕、图片以及音频等内容；再次介绍了素材的基本操作方法，包括复制粘贴素材、插入和自动吸附新素材、标记素材位置、覆盖素材片段、填充空白素材、替换媒体素材、取消链接素材等；最后介绍了剪辑视频素材的技巧，包括选择剪辑视频素材、修剪编辑素材、动态滑移素材、刀片分割素材、更改视频时长、更改变速处理等。通过对本章的学习，希望读者能够熟练地掌握剪辑视频文件的基本操作。

课后习题

课后习题 1　　课后习题 2

鉴于本章知识的重要性，为了让读者能够更好地掌握所学知识，将通过上机习题进行简单的知识回顾和补充。

1. 重新链接素材

本题需要掌握在达芬奇"剪辑"步骤面板中，将视频素材离线处理后重新链接离线的视频素材，视频效果展示如图 2-132 所示。

图 2-132　视频效果展示

2. 更改播放速度

本题需要掌握在达芬奇中将素材添加到"时间线"面板中后，如果觉得视频的播放速度太慢，可以选择"更改片段速度"选项，进行变速处理，视频效果展示如图 2-133 所示。

图 2-133　视频效果展示

第 3 章 一级调色

3

达芬奇一级调色是达芬奇中的一项功能，用于调整画面的整体色调、对比度和色彩平衡。一级调色的目的是修复画面拍摄过程中的不足，如偏色、曝光不足、对比度不够等问题，以获得更加鲜明、准确和动人的色彩效果。本章将详细讲述达芬奇对视频画面进行一级调色的操作方法。

本章重点

- 了解示波器与灰阶调色
- 掌握如何校正视频画面色彩
- 熟练使用色轮调整色彩
- 熟练使用 RGB 混合器来调色
- 熟练使用运动特效对视频降噪

学习目标

- 通过学习一级调色操作，使学生能够熟练掌握数字媒体技术的基本技能，为未来的职业发展奠定基础
- 通过色彩调节、画面校正等操作，培养学生的艺术审美能力，提高学生的文化素养和综合素质

3.1　一级调色基本知识

一级调色，也被称为基础调色，是调色流程中的首要步骤，它主要关注于对图像整体色彩的基础调整，以确保图像的色彩更加自然、真实，并且色彩之间保持和谐统一。

下面是对一级调色的知识讲解。

- **主要作用：**一级调色主要是为了修复画面拍摄过程中的不足，如偏色、曝光不足、对比度不够等问题，以获得更加鲜明、准确和动人的色彩效果。
- **操作内容：**在进行调色操作前，需要对素材图像进行简单检测，检查图像是否过度曝光、灯光是否太暗、是否偏色、饱和度浓度如何、是否存在色差、色调是否统一等。
- **调整参数：**用户针对检测出的问题对素材图像进行曝光、对比度、色温等校色调整。
- **工具使用：**一级调色过程中可能会使用到示波器等工具，帮助用户更准确地进行色彩和亮度的调整。
- **重要性：**一级调色是视频调色流程中的第一步，为后续的二级调色或其他视觉效果的添加打下基础。

一级调色是确保视频素材在色彩和亮度上达到均衡的重要步骤，为后面更精细的调色工作奠定基础。

3.2　示波器与灰阶调节

示波器是一种可以将视频信号转换为可见图像的电子测量仪器，能帮助人们研究各种电现象的变化过程，观察各种不同信号幅度随时间变化的波形曲线。灰阶是指显示器黑与白、明与暗之间亮度的层次对比。下面将介绍在达芬奇中的几种示波器查看模式。

3.2.1　波形图示波器

波形图示波器

波形图示波器主要用于检测视频信号的幅度和单位时间内所有脉冲扫描图形，可以看到当前画面亮度信号的分布情况，用来分析画面的明暗和曝光情况。

波形图示波器的横坐标表示当前帧的水平位置，纵坐标在 NTSC 制式下表示图像每一列的色彩密度，单位是 IRE；在 PAL 制式下则表示视频信号的电压值。在 NTSC 制式下，以消隐电平 0.3 V 为 0IRE，将 0.3～1 V 进行 10 等分，每一等分定义为 10IRE。下面通过案例介绍具体的操作方法。

Step 01 打开一个项目文件，进入“剪辑”步骤面板，如图 3-1 所示。

Step 02 在步骤面板中，单击“调色”按钮，如图 3-2 所示，即可切换至“调色”步骤面板。

Step 03 在工具栏中，单击“示波器”按钮，如图 3-3 所示。

Step 04 执行操作后，即可切换至“示波器”显示面板，如图 3-4 所示。

图 3-1　打开一个项目文件

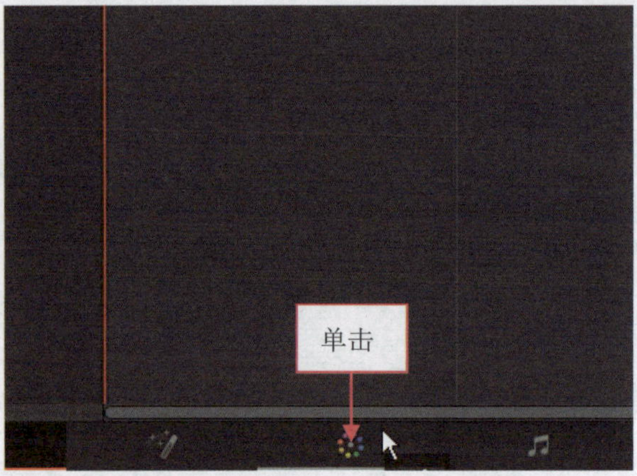

图 3-2　单击“调色”按钮

图 3-3　单击“示波器”按钮

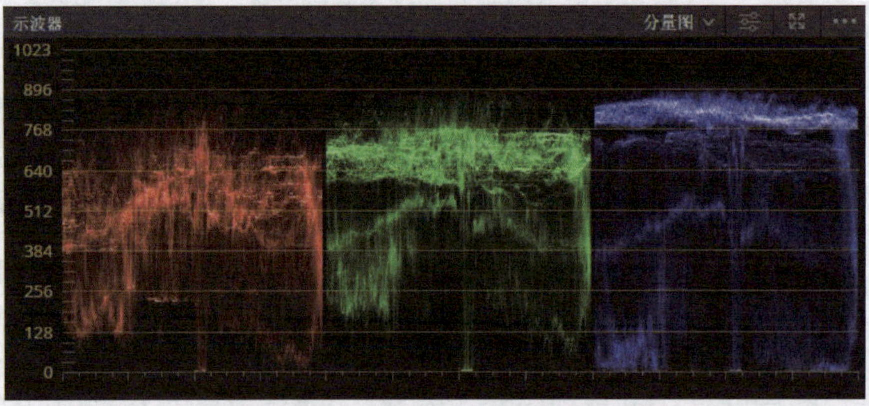

图 3-4　“示波器”显示面板

> ▶ 知识扩展
>
> 可以用同样的方法，切换不同类别的示波器，以便查看分析画面色彩的分布状况。

Step 05 在波形图示波器窗口栏的右上角，单击下拉按钮，在弹出的列表框中，选择“波形图”选项，如图 3-5 所示。

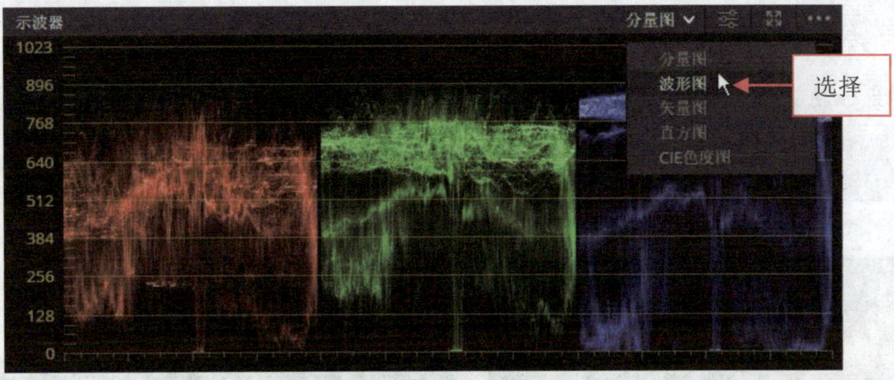

图 3-5　选择“波形图”选项

Step 06 执行操作后，即可在下方面板中查看和检测视频画面的颜色分布情况，如图 3-6 所示。

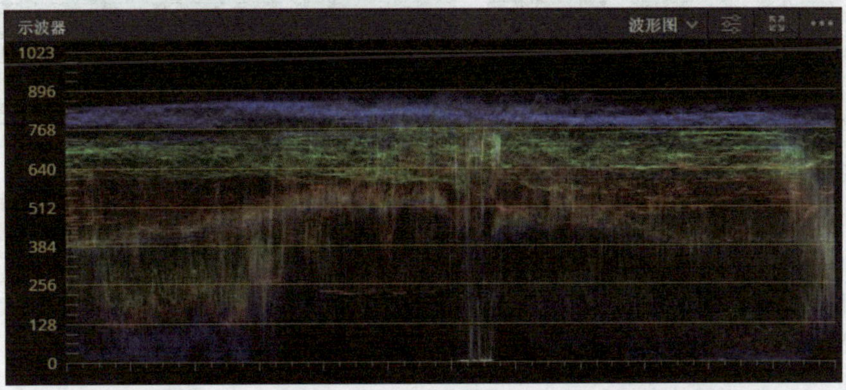

图 3-6　查看和检测视频画面的颜色分布情况素材

3.2.2　分量图示波器

分量图示波器其实就是将波形图示波器分为红绿蓝（RGB）三色通道，将画面中的色彩信息直观地展示出来。通过分量图示波器，可以分析观察图像画面的色彩是否平衡。

图 3-7 所示的右图中，下方的红色阴影位置波形明显要比绿色、蓝色阴影位置要高，而红色上方的高光位置明显要比绿色、蓝色的波形偏低，且整体波形不一，即表示图像高光位置出现色彩偏移，整体色调偏红色、绿色。

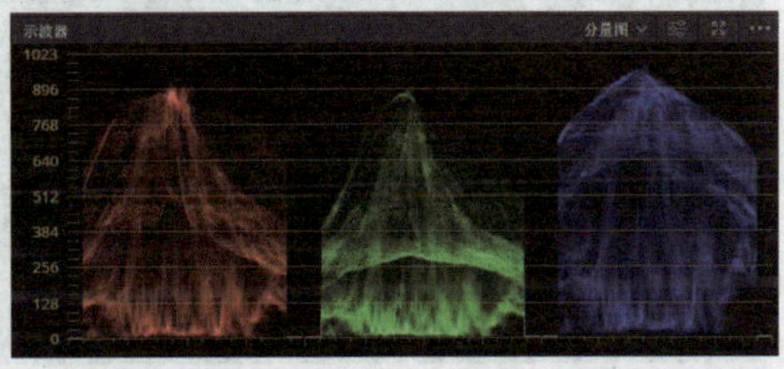

图 3-7　分量图示波器颜色分布情况

3.2.3 矢量图示波器

矢量图示波器是一种检测色相和饱和度的工具，它以坐标的方式显示视频的色度信息。矢量图示波器中矢量的大小，也就是某一点到坐标原点的距离，代表颜色饱和度。

圆心位置代表色彩饱和度为 0，因此黑白图像的色彩矢量都在圆心处；离圆心越远，饱和度越高，如图 3-8 所示。

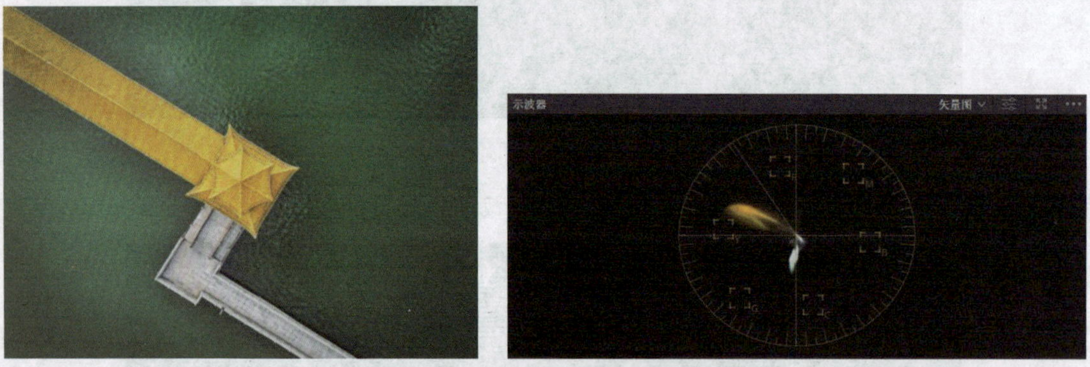

图 3-8　矢量图示波器色彩矢量分布情况

> **▶ 知识扩展**
>
> 矢量图示波器上有一些虚方格，广播标准彩条颜色都落在相应虚方格的中心。如果饱和度向外超出相应虚方格的中心，就表示饱和度超标（广播安全播出标准），必须进行调整。对于一段视频来讲，只要色彩饱和度不超过由这些虚方格围成的区域，就可认为色彩符合播出标准。

3.2.4 直方图示波器

直方图示波器中可以查看图像的亮度与结构，可以利用直方图分析图像画面中的亮度是否超标。

在达芬奇中，直方图示波器呈横、纵轴进行分布。横坐标轴表示图像画面的亮度值，左边为亮度最小值，波形的像素越高则图像画面的颜色越接近黑色；右边为亮度最大值，画面色彩更趋近于白色。纵坐标轴表示图像画面亮度值位置的像素占比。当图像画面中的黑色像素过多或亮度较低时，波形会集中分布在示波器的左边，如图 3-9 所示。

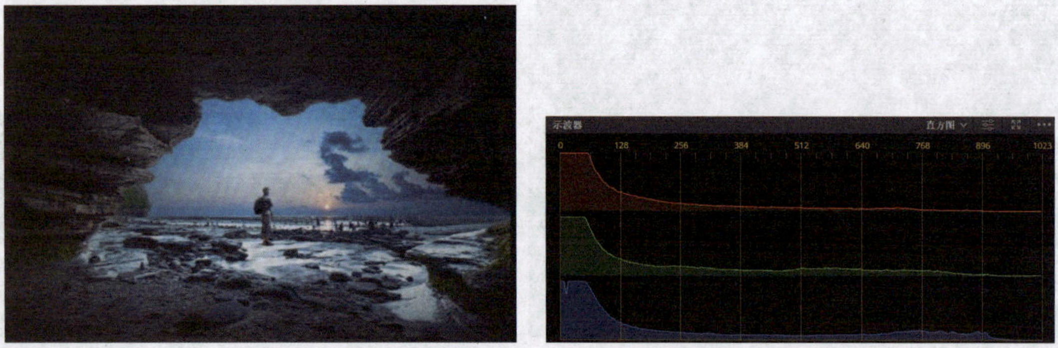

图 3-9　画面亮度过低

当图像画面中的白色像素过多或亮度较高时，波形会集中分布在示波器的右边，如图 3-10 所示。

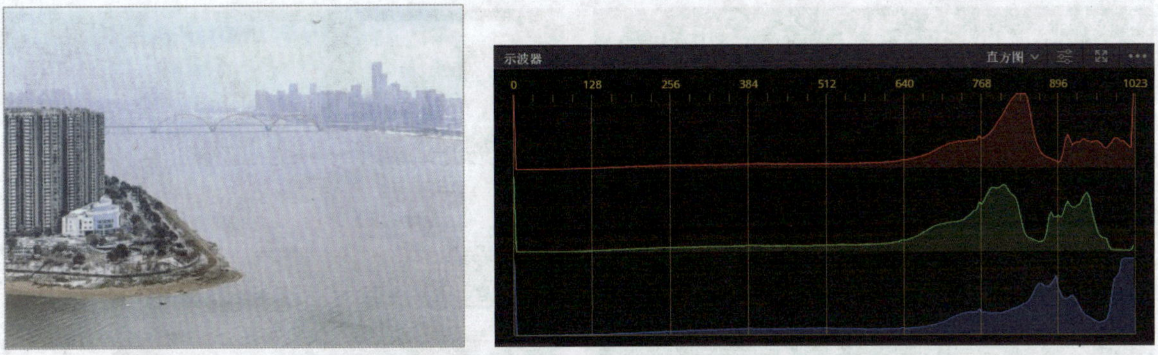

图 3-10　画面亮度超标

3.3　校正视频画面色彩

在视频制作过程中，由于电视系统能显示的亮度范围要小于计算机显示器的显示范围，一些在电脑屏幕上鲜亮的画面也许在电视机上将出现细节缺失等影响画质的问题，因此专业的制作人员必须知道应根据播出要求来控制画面的色彩。本节主要介绍运用达芬奇校正视频画面色彩的操作方法。

3.3.1　校正视频曝光

校正视频曝光

当素材亮度过暗或者太亮时，可以在达芬奇中，通过调节“亮度”参数来调整素材的曝光。下面介绍校正视频曝光的具体操作方法。

Step 01　打开一个项目文件，进入“剪辑”步骤面板，如图 3-11 所示。可以看到视频画面有点曝光过度，这里需要降低亮度。

Step 02　切换至“调色”步骤面板，单击“LUT 库”按钮，如图 3-12 所示，展开 LUT 滤镜面板，该面板中的滤镜样式可以校正画面色彩。

图 3-11　打开一个项目文件

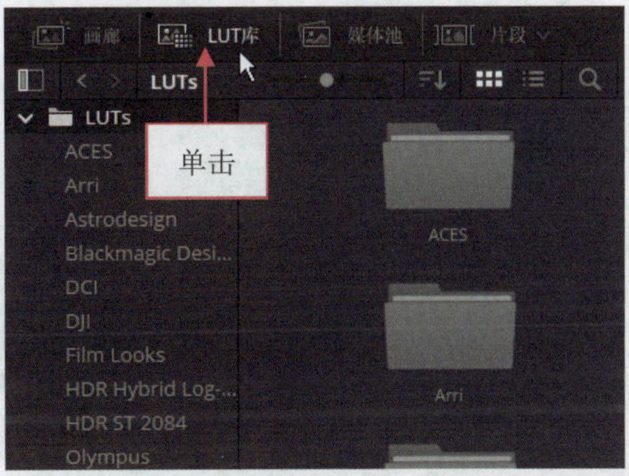

图 3-12　单击“LUT 库”按钮

Step 03 在下方的选项面板中，选择 Blackmagic Design 选项，如图 3-13 所示。

Step 04 展开相应选项卡，在其中选择相应滤镜样式，如图 3-14 所示。

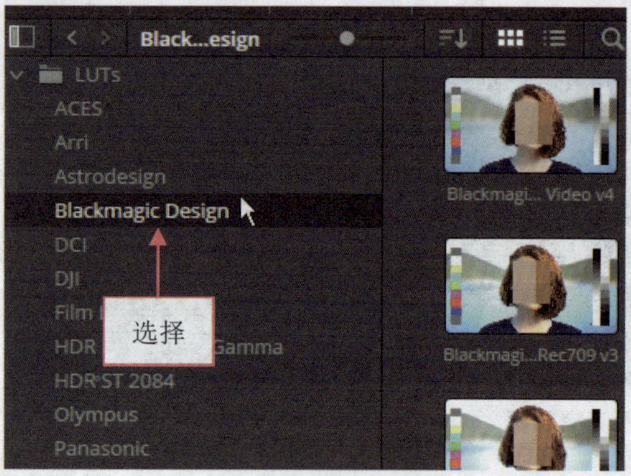

图 3-13 选择相应选项

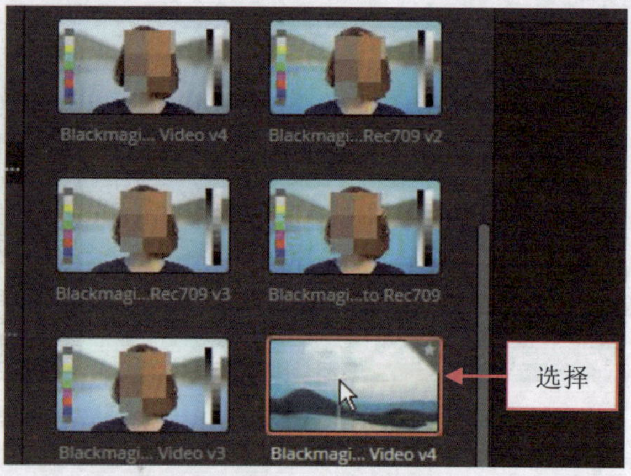

图 3-14 选择相应滤镜样式

Step 05 按住鼠标左键并拖曳至预览窗口的图像画面上，如图 3-15 所示，释放鼠标左键，即可将选择的 LUT 滤镜样式添加至视频素材上。

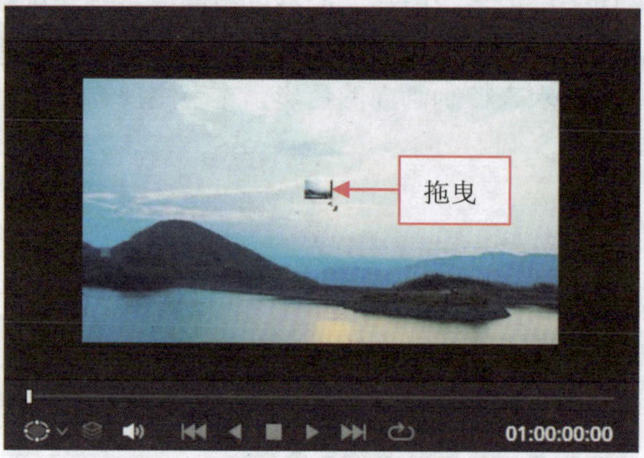

图 3-15 拖曳至预览窗口的图像画面上

Step 06 执行操作后，即可在预览窗口中查看色彩校正后的效果，如图 3-16 所示，可以看到画面亮度还是有点过曝。

图 3-16 查看色彩校正后的效果

Step07 在“时间线”面板下方的工具栏中单击“色轮”按钮，如图 3-17 所示，展开“一级-校色轮”面板。

Step08 调整“亮部”色轮的参数为 0.65、0.98、1.00、1.06，如图 3-18 所示，即可降低亮部，使画面更清晰有质感。

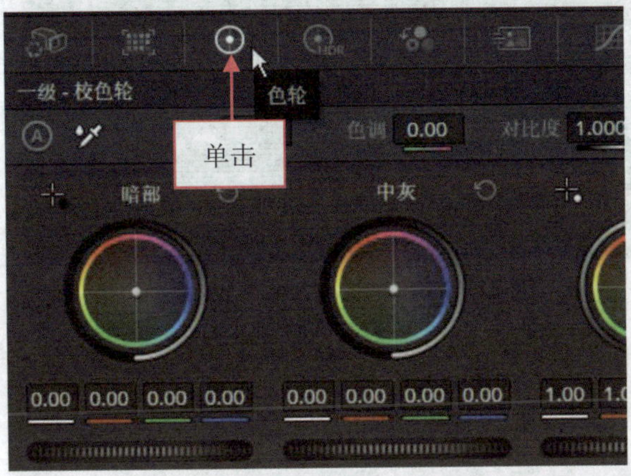

图 3-17　单击“色轮”按钮

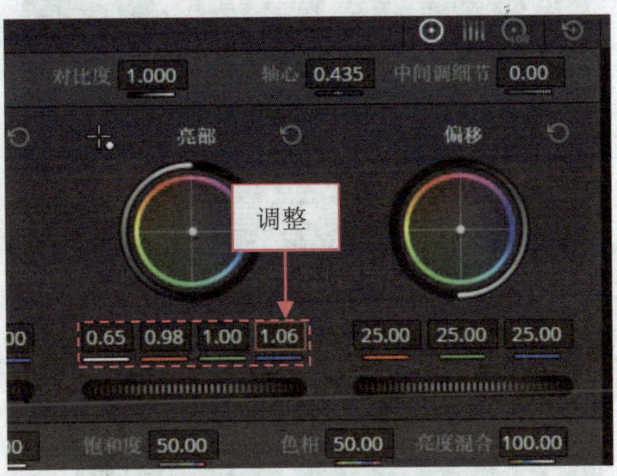

图 3-18　调整“亮部”参数

Step09 在预览窗口中，可以查看最终效果，调色前后对比展示如图 3-19 所示。

图 3-19　前后效果对比展示

3.3.2　校正色彩平衡

校正色彩平衡

当图像出现色彩不平衡的情况时，有可能是因为摄影机的白平衡参数设置错误，或者因为天气、灯光等因素造成偏色。在达芬奇中，可以根据需要应用自动平衡功能，调整图像色彩平衡。下面通过案例介绍校正色彩平衡的操作方法。

Step01 打开一个项目文件，进入“剪辑”步骤面板，如图 3-20 所示，可以看出画面有点偏暗。

Step02 切换至“调色”步骤面板，单击“色轮”按钮，如图 3-21 所示。

Step03 展开“一级-校色轮”面板，单击“自动平衡”按钮，如图 3-22 所示，即可自动调整图像色彩平衡，使画面更加有光泽。

图 3-20　打开一个项目文件

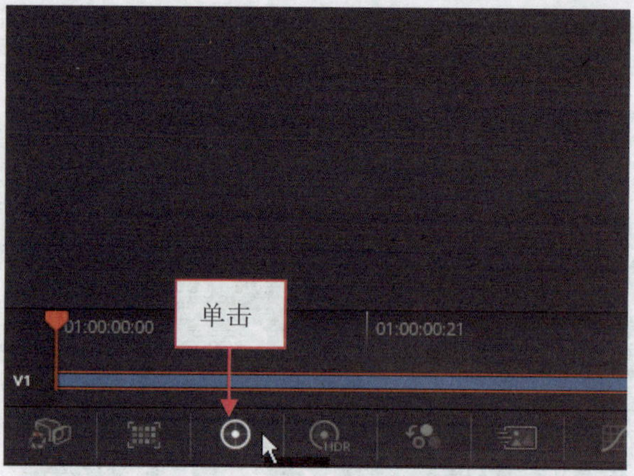

图 3-21　单击“色轮”按钮

Step 04 执行操作后，在预览窗口中查看效果，如图 3-23 所示，感觉色彩还是稍微欠缺了一点，没有到达自己想要的效果，这时还可以提升下画面饱和度。

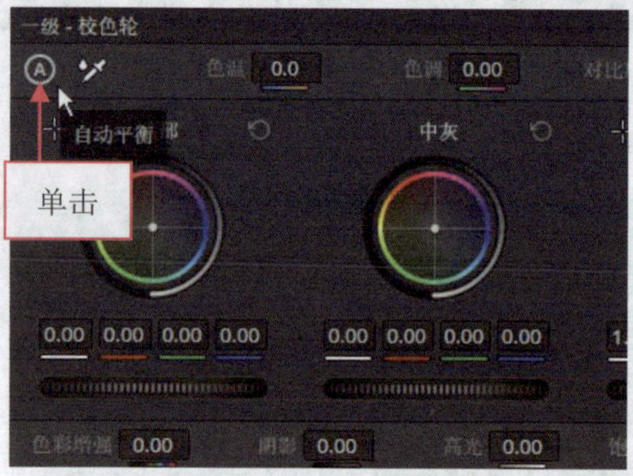

图 3-22　单击“自动平衡”按钮

图 3-23　查看效果

Step 05 展开“一级-校色轮”面板中，设置“饱和度”参数为 100.00，如图 3-24 所示，即可提升画面色彩，让画面更有活力。

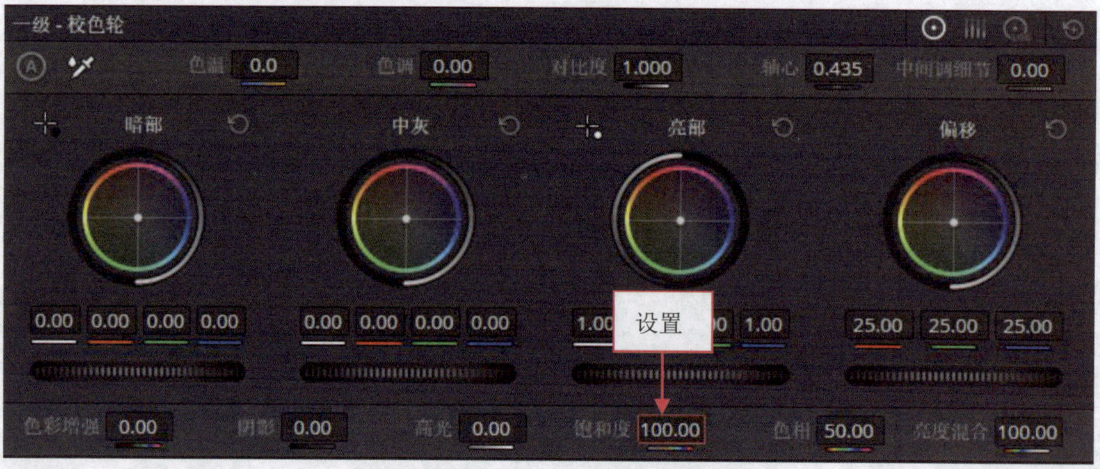

图 3-24　设置“饱和度”参数

Step 06 在预览窗口中，可以查看最终效果，前后效果对比展示如图 3-25 所示。

图 3-25　前后效果对比展示

3.3.3　校正镜头匹配

校正镜头匹配

达芬奇拥有镜头自动匹配功能，对两个片段进行色调分析，自动匹配效果较好的视频片段。镜头匹配是每一个调色师的必学基础课，也是每一个调色师经常会遇到的难题。对一个单独的视频镜头调色可能还算容易，但要对整个视频色调进行统一调色就相对较难了，这需要用到镜头匹配功能进行辅助调色。下面介绍镜头匹配调色的具体操作方法。

Step 01 打开一个项目文件，进入“剪辑”步骤面板，如图 3-26 所示，其中第 1 个视频素材画面色彩已经调整完成，可以将其作为要匹配的目标片段。

图 3-26　打开一个项目文件

Step 02 切换至“调色”步骤面板，在“片段”面板中，选择需要进行镜头匹配的第 2 个视频片段，如图 3-27 所示。

图 3-27　选择相应视频片段

Step 03 在第 1 个视频片段上，单击鼠标右键，弹出快捷菜单，选择“与此片段进行镜头匹配”选项，如图 3-28 所示，即可调整与第 1 段素材色彩相同，节约了调色时间，即可完成镜头匹配调色画面效果。

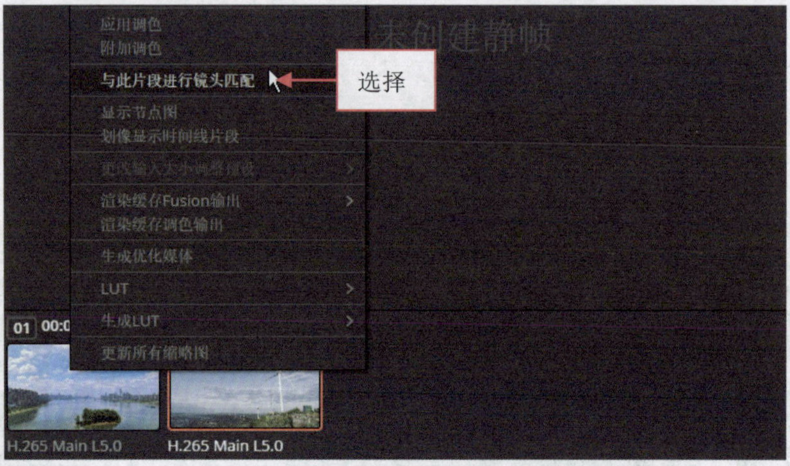

图 3-28　选择“与此片段进行镜头匹配”选项

Step 04 切换至“剪辑”步骤面板，在预览窗口中可以查看镜头匹配效果，前后效果对比展示如图 3-29 所示。

图 3-29　前后效果对比展示

3.4　使用色轮调整色彩

在达芬奇“调色”步骤面板的“色轮”面板中，有 3 个模式面板供用户调色，分别是一级校色轮、一级校色条和 Log 色轮。下面介绍这 3 种调色技巧。

3.4.1　使用一级校色轮调色

使用一级校色轮调色

在达芬奇“色轮”面板的“校色轮”选项面板中，一共有 4 个色轮，从左往右分别是暗部、中灰、亮部以及偏移，顾名思义，可以分别用来调整图像画面的阴影部分、中间灰色部分、高光部分以及色彩偏移部分。下面通过案例介绍一级校色轮的具体操作方法。

Step 01　打开一个项目文件，进入“剪辑”步骤面板，如图 3-30 所示，需要将画面中的暗部调亮，并调整整体色调偏暖色系。

图 3-30　打开一个项目文件

Step 02　切换至“调色”步骤面板，展开“色轮”|“一级-校色轮”面板，将鼠标移至“暗部”色轮下方的轮盘上，按住鼠标左键并向右拖曳，直至色轮下方的参数均显示为 0.07，如图 3-31 所示，即可提升画面暗部的色彩。

图 3-31　调整“暗部”参数

Step 03 设置“饱和度”参数为 100.00，如图 3-32 所示，即可提升整体画面色调。

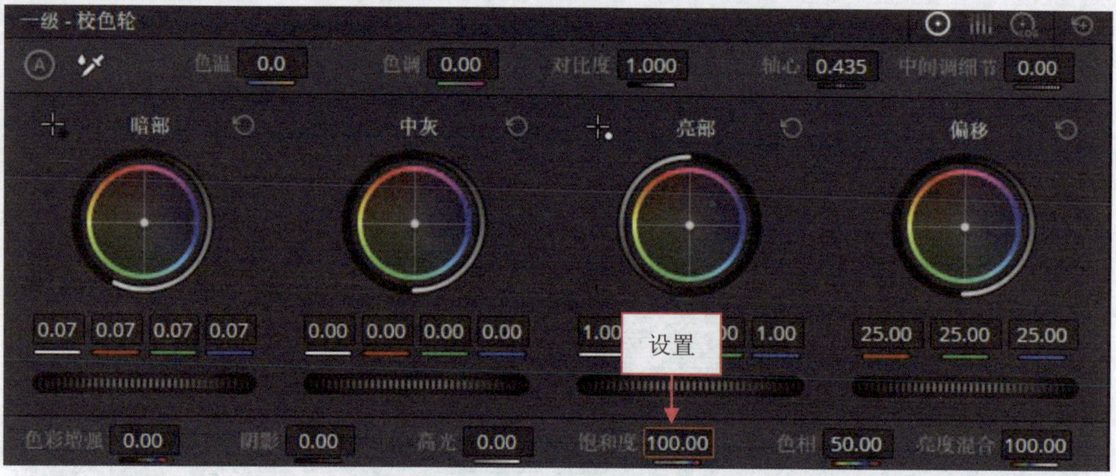

图 3-32　设置“饱和度”参数

Step 04 切换至“剪辑”步骤面板，在预览窗口中，可以查看最终效果，前后效果对比展示如图 3-33 所示。

图 3-33　前后效果对比展示

3.4.2　使用一级校色条调色

使用一级校色条调色

在达芬奇“色轮”面板的“校色条”选项面板中，一共有 4 组色条，其作用与“校色轮”选项面板中的色轮作用是一样的，并且与色轮是联动关系；当用户调整色轮中的参数时，色条参数也会随之改变；反过来也是一样，当调整色条参数时，色轮下方的参数也会随之改变。下面通过案例介绍一级校色条的具体操作方法。

Step 01 打开一个项目文件，进入“剪辑”步骤面板，如图 3-34 所示，需要将画面中的落日调亮，并使画面偏暖色调。

Step 02 切换至“调色”步骤面板，在“色轮”面板中，单击“校色条”按钮，如图 3-35 所示。

图 3-34　打开一个项目文件

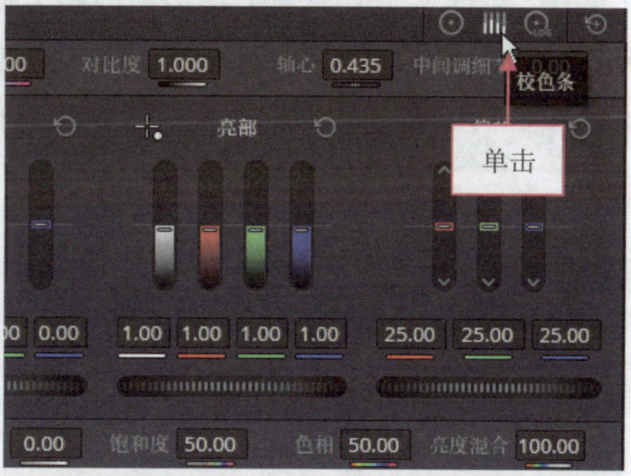

图 3-35　单击“校色条”按钮

Step 03 将鼠标移至“暗部”色条中的通道上，按住鼠标左键并拖曳，直至参数均显示为 0.02，如图 3-36 所示，即可提升暗部画面。

Step 04 将鼠标移至“亮部”色条中的通道上，按住鼠标左键并拖曳，直至参数均显示为 1.02，如图 3-37 所示，即可提升整体亮部。

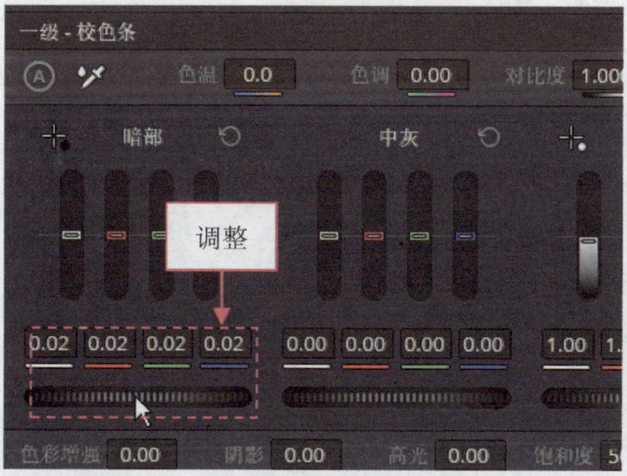

图 3-36　调整“暗部”参数

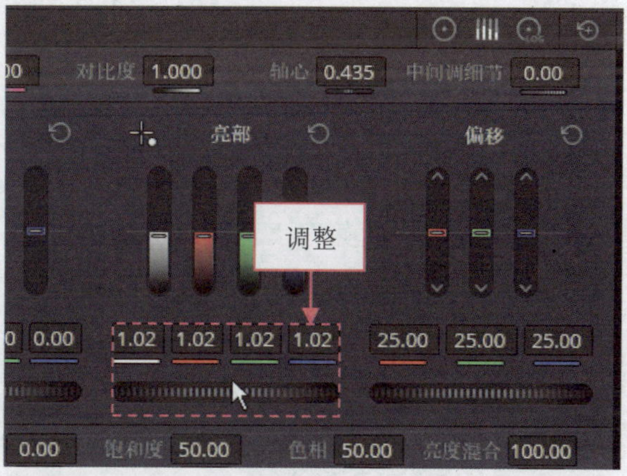

图 3-37　调整“亮部”参数

Step 05 执行操作后，设置“饱和度”参数为 85.80，如图 3-38 所示，即可提升画面的饱和度，使整体的画面呈暖色调。

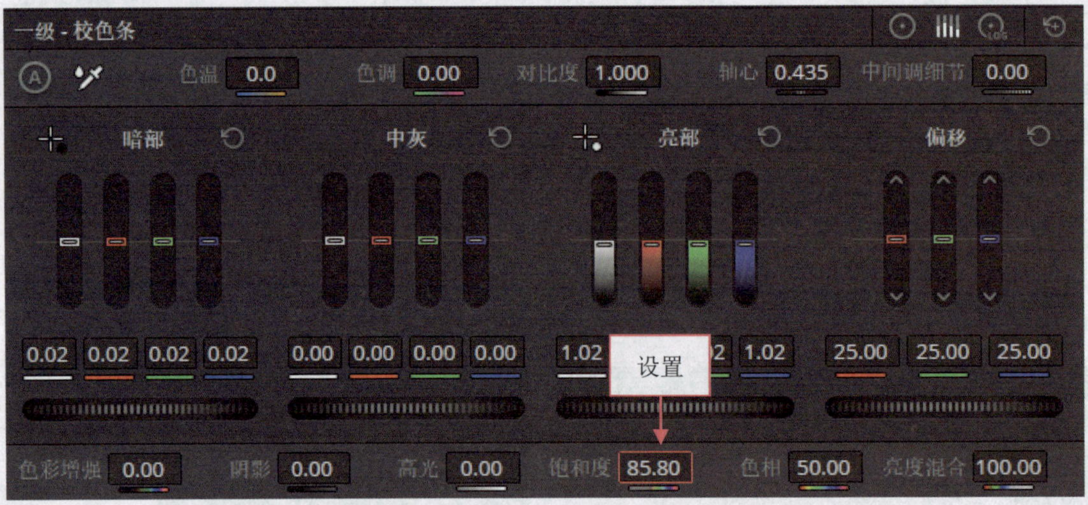

图 3-38　设置“饱和度”参数

Step 06 切换至“剪辑”步骤面板，在预览窗口中可以查看最终效果，前后效果对比展示如图 3-39 所示。

图 3-39　前后效果对比展示

3.4.3　使用 Log 色轮调色

Log 色轮可以保留图像画面中暗部和亮部的细节，为用户后期调色提供了很大的空间。在达芬奇“色轮”面板的 Log 色轮选项面板中，一共有 4 个色轮，分别是阴影、中间调、高光以及偏移。在应用 Log 色轮调色时，可以展开示波器面板查看图像波形状况，配合示波器对图像素材进行调色处理。下面通过实例介绍使用 Log 色轮调色的操作方法。

使用 Log 色轮调色

Step 01 打开一个项目文件，进入“剪辑”步骤面板，如图 3-40 所示，需要将画面中的阴影调亮，并使画面偏蓝色调。

Step 02 切换至“调色”步骤面板，展开“分量图”示波器面板，在其中可以查看图像的波形状况，如图 3-41 所示，可以看到蓝色波形比较偏低。

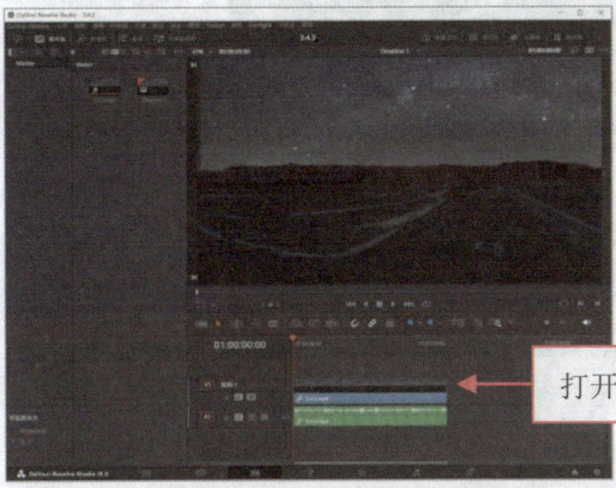

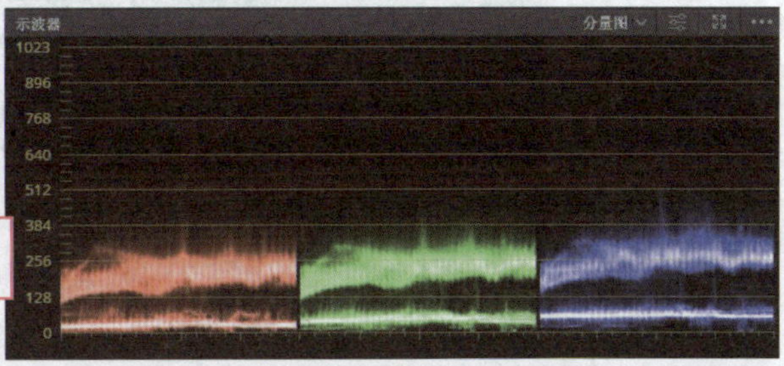

图 3-40　打开一个项目文件　　　　图 3-41　查看图像的波形状况

Step 03 在“色轮”面板中，单击“Log 色轮”按钮，如图 3-42 所示，即可展开“一级-Log 色轮”选项面板。

Step 04 将鼠标移至“阴影”色轮下方的轮盘上，按住鼠标左键并向右拖曳，直至色轮下方的参数均显示为 0.12，如图 3-43 所示，提升阴影部分，使画面更清晰。

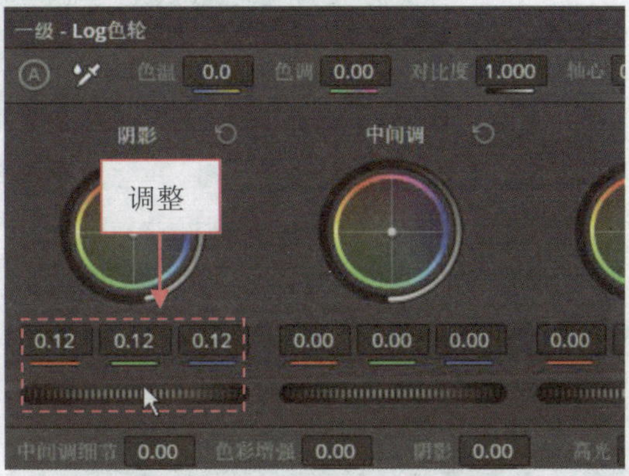

图 3-42　单击“Log 色轮”按钮　　　　图 3-43　调整“阴影”参数

Step 05 调整高光部分的光线，将鼠标移至“高光”色轮下方的轮盘上，按住鼠标左键并向右拖曳，直至色轮下方的参数均显示为 3.55，如图 4-44 所示，提高整体亮度。

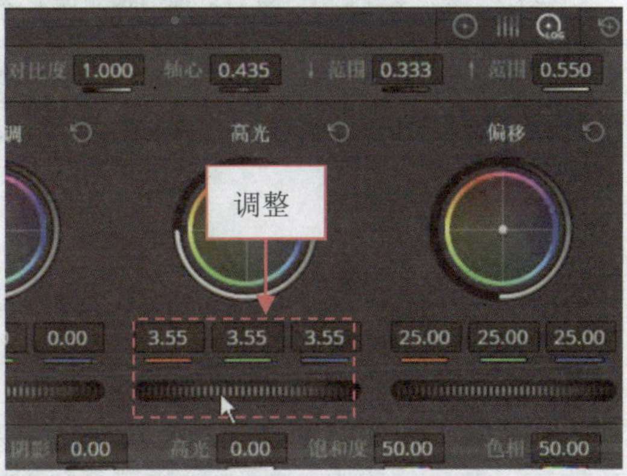

图 3-44　调整“高光”参数

Step 06 执行操作后，设置“饱和度”参数为 63.80，如图 3-45 所示，使整体画面偏移蓝色调。

图 3-45　设置“饱和度”参数

Step 07 执行操作后，查看示波器中的分量图蓝色波形明显提升，如图 3-46 所示。

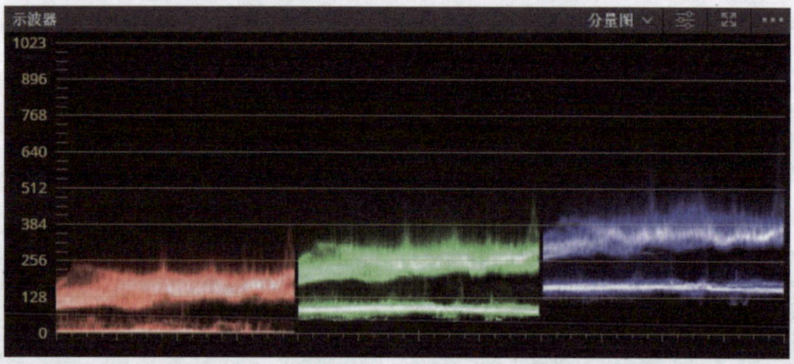

图 3-46　查看调整后显示的波形状况

Step 08 切换至“剪辑”步骤面板，在预览窗口中可以查看最终效果，前后效果对比展示如图 3-47 所示。

图 3-47　前后效果对比展示

3.5　使用 RGB 混合器来调色

在“调色”步骤面板中，RGB 混合器非常实用。在 RGB 混合器面板中，有红色输出、绿色输出以及蓝色输出 3 组颜色通道，每组颜色通道都有 3 个滑块控制条，可以针对图像画面中的某一个颜色准确调节时不影响画面中的其他颜色。

RGB 混合器还具有为黑白的单色图像调整 RGB 比例参数的功能，并且在默认状态下，会自动开启“保留亮度”功能。保持颜色通道调节时，亮度值不变，为后期调色提供了很大的创作空间。

3.5.1　红色输出

红色输出

在 RGB 混合器中，红色输出颜色通道的 3 个滑块控制条的默认比例为 1:0:0。当增加红色滑块控制条时，面板中绿色和蓝色滑块控制条的参数并不会发生变化，但可以在示波器中看到绿色和蓝色的波形等比例混合下降。下面通过实例介绍红色输出的具体操作方法。

Step 01 打开一个项目文件，进入“剪辑”步骤面板，如图 3-48 所示，需要加重图像画面中的红色色调。

图 3-48　打开一个项目文件

Step 02 切换至“调色”步骤面板，在示波器中查看图像波形状况，如图 3-49 所示，可以看到红色、绿色以及蓝色波形基本持平。

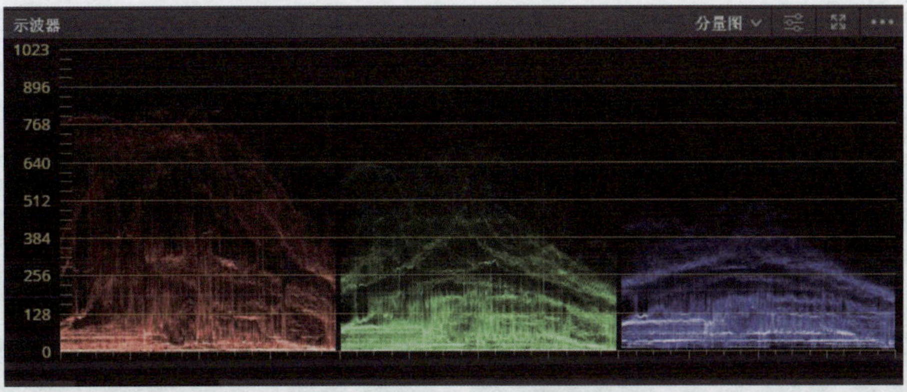

图 3-49　查看图像的波形状况

Step 03 在时间线下方面板中，单击“RGB 混合器”按钮，如图 3-50 所示，切换至“RGB 混合器”面板。

Step 04 将鼠标移至“红色输出”颜色通道红色控制条的滑块上，按住鼠标左键并向上拖曳直至参数显示为 1.47，如图 3-51 所示，即可提升整体画面中的红色。

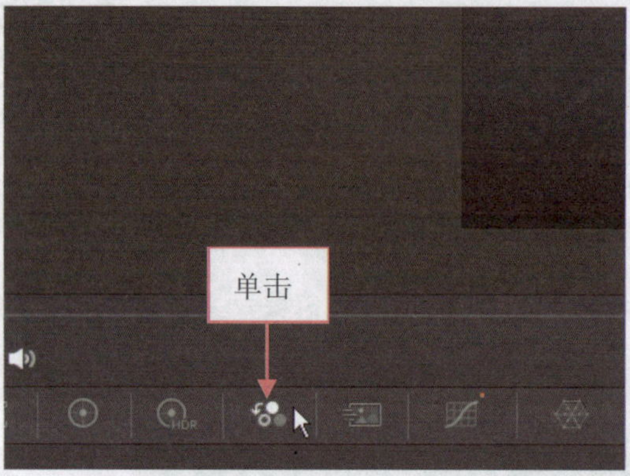

图 3-50 单击“RGB 混合器”按钮

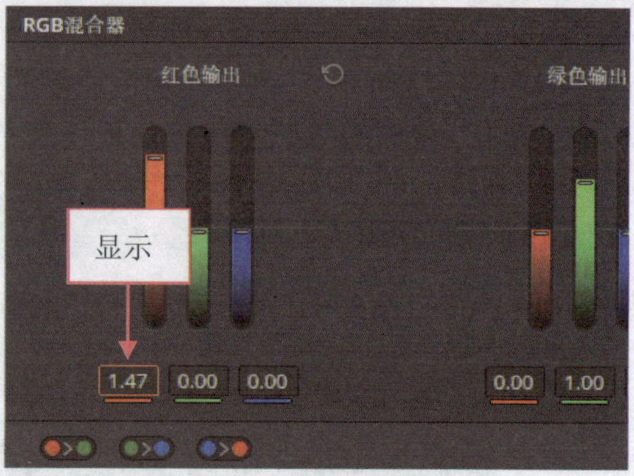

图 3-51 显示相应参数

Step 05 执行操作后，在示波器中，可以查看红色波形波峰上升后，绿色和蓝色波形波峰基本持平，如图 3-52 所示。

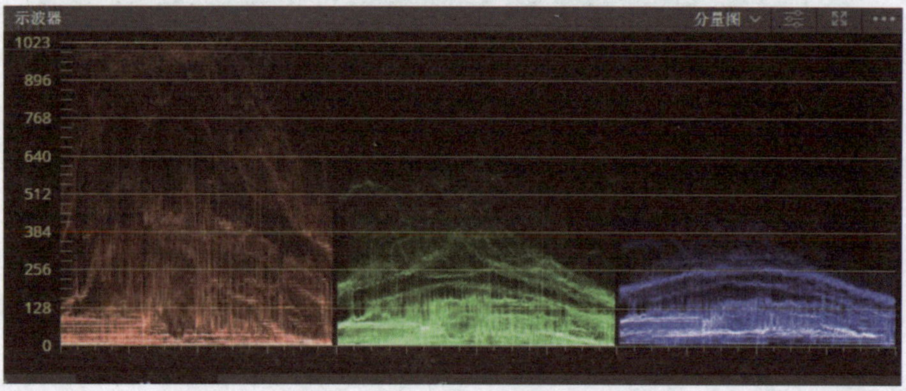

图 3-52 查看图像的波形状况

Step 06 切换至“剪辑”步骤面板，在预览窗口中可以查看最终效果，前后效果对比展示如图 3-53 所示。

图 3-53 前后效果对比展示

3.5.2　绿色输出

绿色输出

在 RGB 混合器中，绿色输出颜色通道的 3 个滑块控制条的默认比例为 0:1:0。当图像画面中的绿色成分过多或需要在画面中增加绿色色彩时，便可以通过 RGB 混合器中的绿色输出通道来调节图像画面色彩。下面通过实例介绍绿色输出颜色通道的操作方法。

Step 01　打开一个项目文件，进入“剪辑”步骤面板，如图 3-54 所示，图像画面中绿色的成分过少，需要增加绿色输出。

图 3-54　打开一个项目文件

Step 02　切换至“调色”步骤面板，在示波器面板中可以查看图像波形状况，如图 3-55 所示，可以看到绿色波形比较集中，且红色与绿色波形波峰基本持平，蓝色波峰最低。

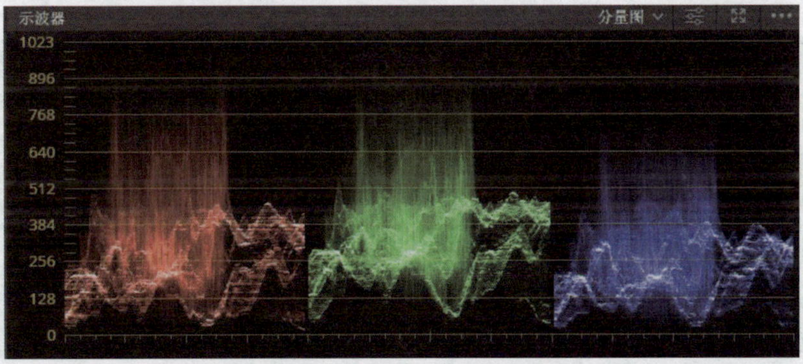

图 3-55　查看图像的波形状况

Step 03　切换至“RGB 混合器”面板，将鼠标移至“绿色输出”颜色通道绿色控制条的滑块上，按住鼠标左键并向上拖曳，直至参数显示为 1.27，如图 3-56 所示，即可提高整体画面中的绿色部分。

Step 04　执行操作后，在示波器面板中可以查看图像波形状况，如图 3-57 所示，可以看到在增加绿色值后，红色和蓝色波形明显降低。

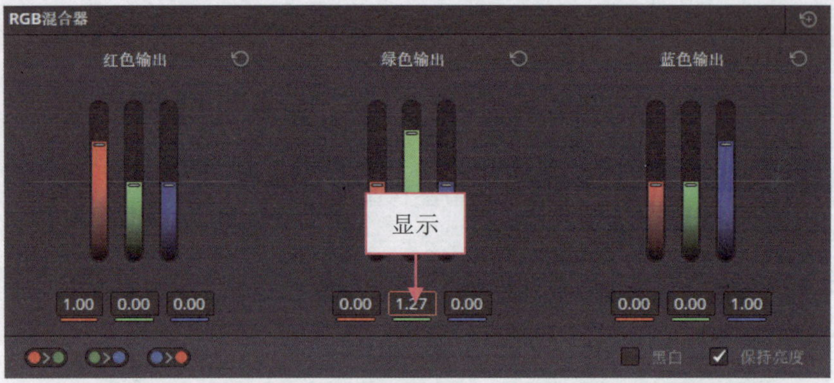

图 3-56　显示相应参数

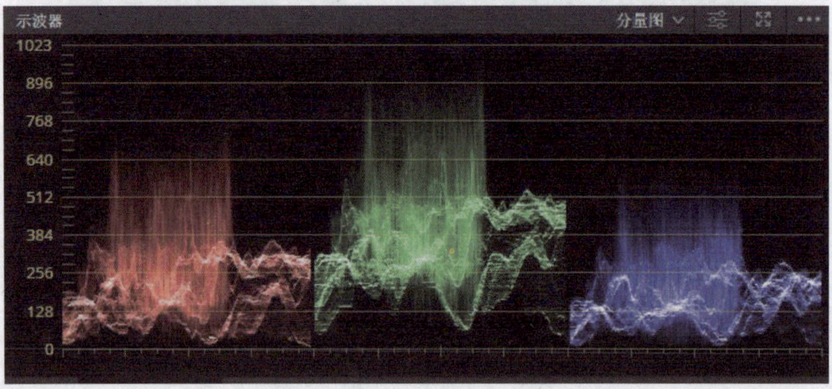

图 3-57　查看图像的波形状况

Step 05 切换至“剪辑”步骤面板，在预览窗口中可以查看最终效果，前后效果对比展示如图 3-58 所示。

图 3-58　前后效果对比展示

3.6　使用运动特效对视频降噪

噪点是图像中的凸起粒子，是比较粗糙的部分像素。在感光度过高、曝光时间太长等情况下会使图像画面产生噪点，要获得干净的图像画面，可以使用后期软件中的降噪工具进行处理。

在达芬奇中，可以通过“运动特效”功能来进行降噪，该功能主要基于 GPU（单芯片处理器）来进行分析运算。图 3-59 为“运动特效”面板。在“运动特效”面板中，降噪功能主要分为“时域降噪”和“空域降噪”两部分。本节将主要介绍“运动特效”功能面板及其使用方法。

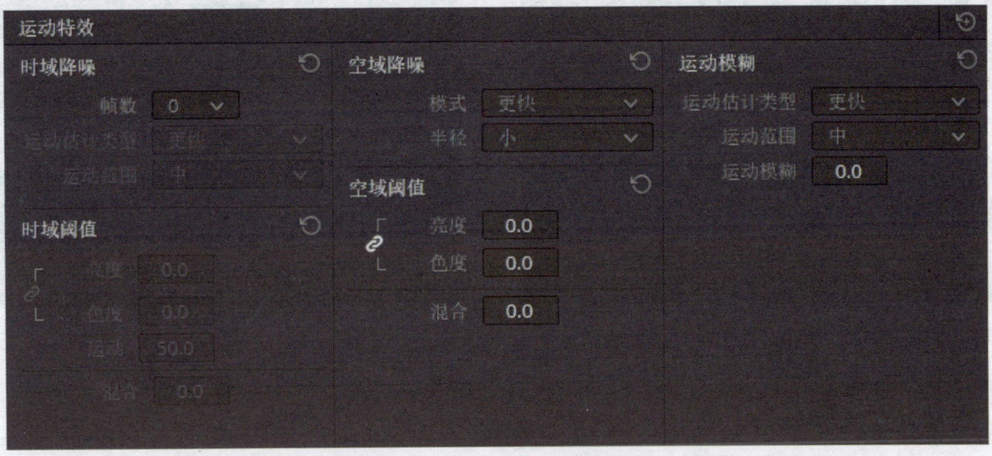

图 3-59　“运动特效”面板

3.6.1　时域降噪处理

时域降噪处理

时域降噪主要根据时间帧进行降噪分析，调整“时域阈值”选项区下方的相应参数，在分析当前帧的噪点时，还会分析前后帧的噪点，对噪点进行统一处理，消除帧与帧之间的噪点。下面通过案例介绍应用时域降噪处理的操作方法。

Step 01 打开一个项目文件，进入“剪辑”步骤面板，如图 3-60 所示，需要提升下画面色彩和降低画面噪点。

Step 02 切换至“调色”步骤面板，单击“色轮”按钮，如图 3-61 所示。

图 3-60　打开一个项目文件

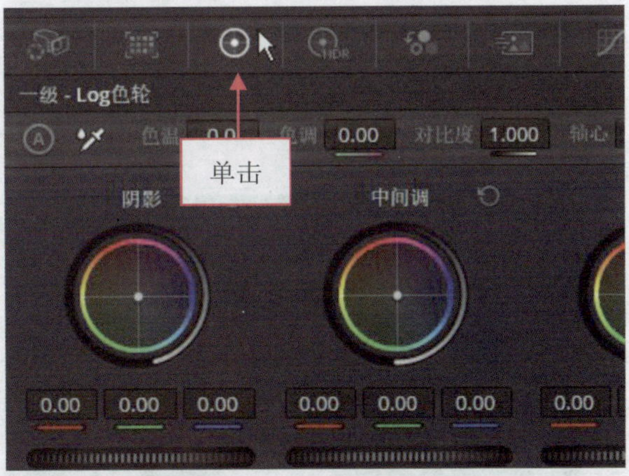

图 3-61　单击“色轮”按钮

Step 03 展开“色轮”面板，单击“校色轮”按钮，如图 3-62 所示。

Step 04 设置“亮部”参数均显示为 1.12，如图 3-63 所示，提升整体画面亮度。

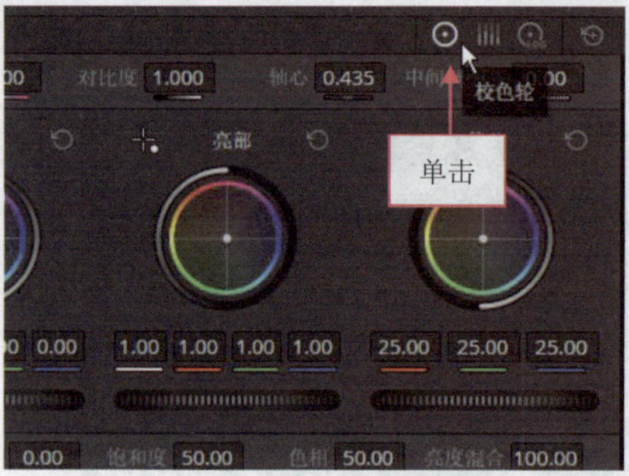

图 3-62　单击“校色轮”按钮

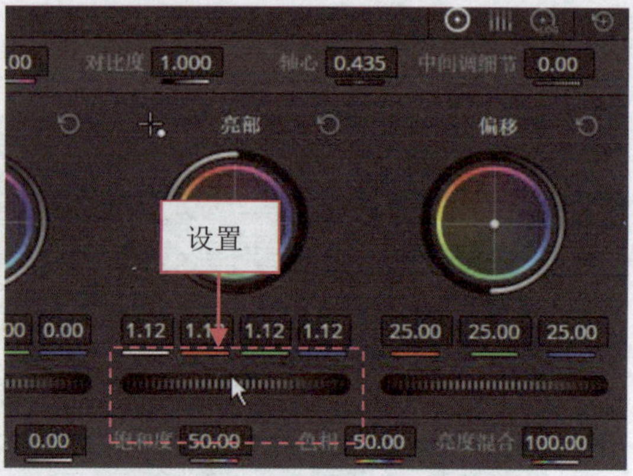

图 3-63　设置“亮部”参数

Step 05 设置“饱和度”参数为 100.00，如图 3-64 所示，使画面色彩更鲜艳。

Step 06 执行操作后，单击“运动特效”按钮，如图 3-65 所示，展开“运动特效”面板。

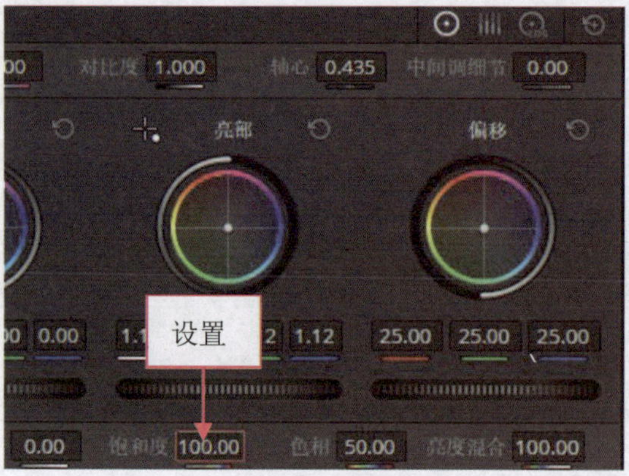

图 3-64　设置“饱和度”参数

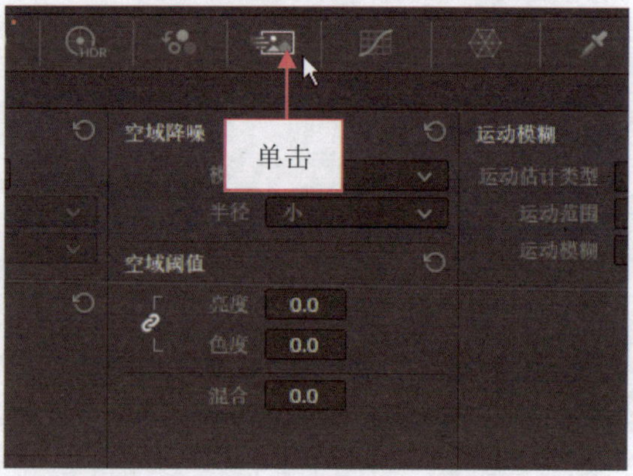

图 3-65　单击“运动特效”按钮

Step 07 在“时域降噪”选项区中，单击“帧数”右侧的下拉按钮，弹出列表框，在其中选择 5 选项，如图 7-66 所示。

Step 08 在“时域阈值”选项区中，设置“亮度”“色度”以及“运动”参数均显示为 100.0，如图 3-67 所示。

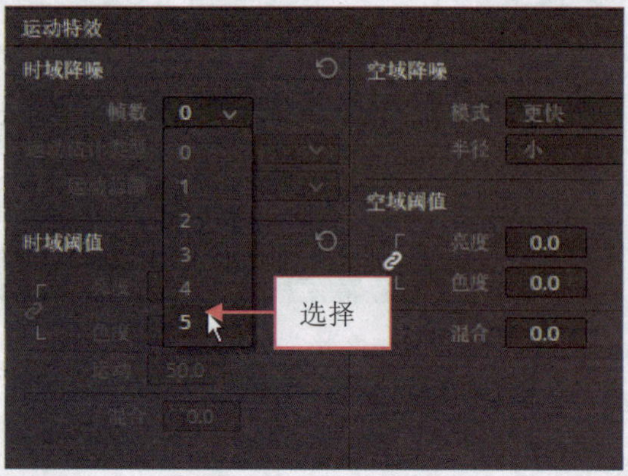

图 3-66　选择 5 选项

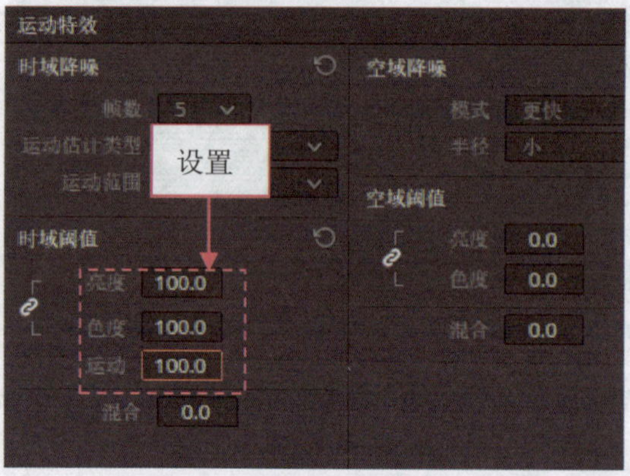

图 3-67　设置相应参数

▶ 知识扩展

这里需要注意的是，“亮度”和“色度”为联动链接状态，当修改二者其中一个参数值时，另一个的参数也会修改为一样的参数值。只有单击按钮，断开链接，才能单独设置“亮度”和“色度”的参数值。

Step 09 切换至“剪辑”步骤面板，在预览窗口中可以查看最终效果，前后效果对比展示如图 3-68 所示。

图 3-68　前后效果对比展示

3.6.2　空域降噪处理

空域降噪处理

空域降噪主要是对画面空间进行降噪分析，不同于时域降噪会根据时间对一整段素材画面进行统一处理，空域降噪只对当前画面进行降噪，当下一帧画面播放时，再对下一帧进行降噪。下面通过案例介绍应用空域降噪处理的操作方法。

Step 01 打开一个项目文件，进入“剪辑”步骤面板，如图 3-69 所示，可以看到画面中出现了很多噪点，画面色彩也不够漂亮。

图 3-69　打开一个项目文件

Step02 切换至“调色”步骤面板，单击“运动特效”按钮，如图 3-70 所示。

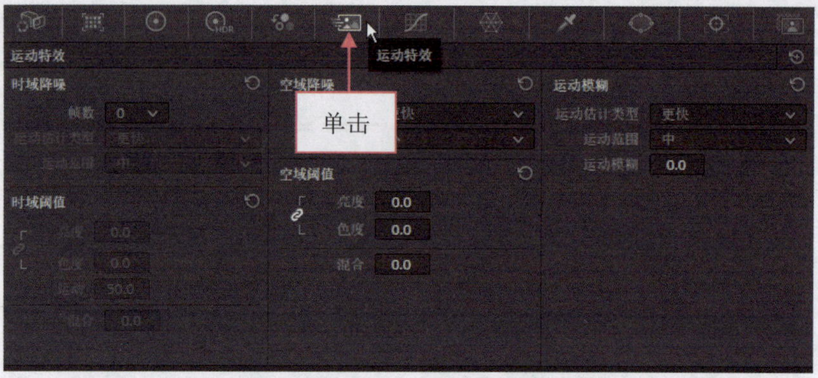

图 3-70　单击“运动特效”按钮

Step03 展开“运动特效”面板，在“空域降噪”选项区中，单击“模式”右侧的下拉按钮，弹出列表框，在其中选择“更强”选项，如图 3-71 所示。

Step04 在“空域降噪”选项区中，单击“半径”右侧的下拉按钮，弹出列表框，在其中选择“大”选项，如图 3-72 所示，即可增强降噪画面大小区域。

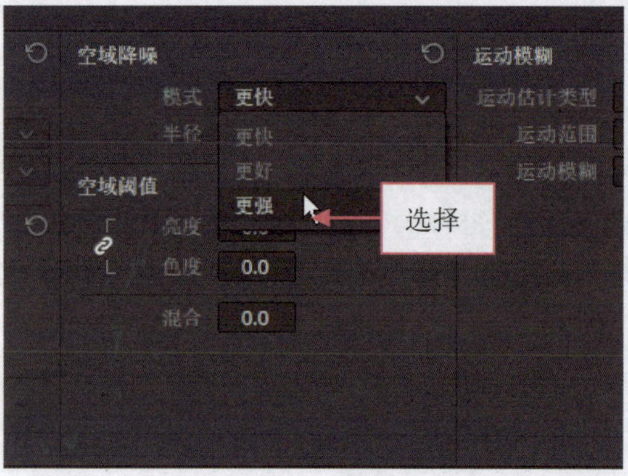

图 3-71　选择“更强”选项

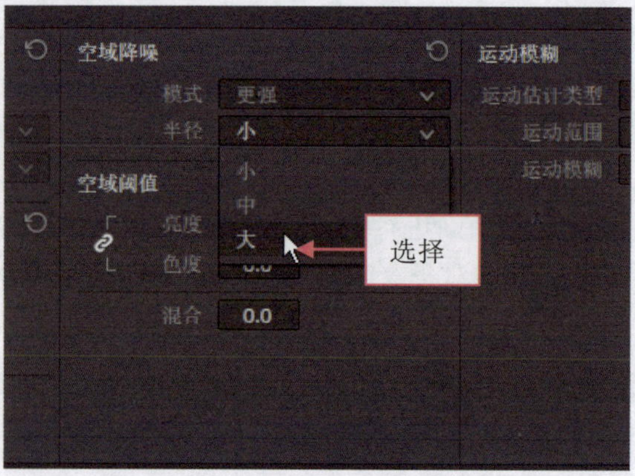

图 3-72　选择“大”选项

Step05 在“空域阈值”选项区下方的“亮度”和“色度”数值框中，输入参数均为 100.0，如图 3-73 所示，即可消除画面中的噪点。

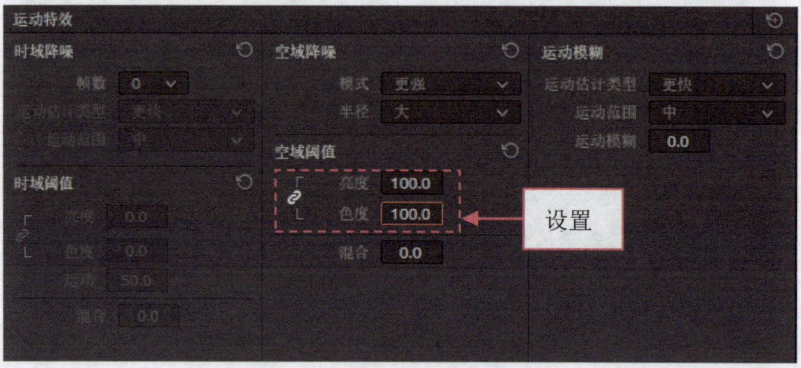

图 3-73　设置相应参数

Step06 展开“色轮”|“一级-校色轮”面板，单击“校色轮”按钮，如图 3-74 所示。

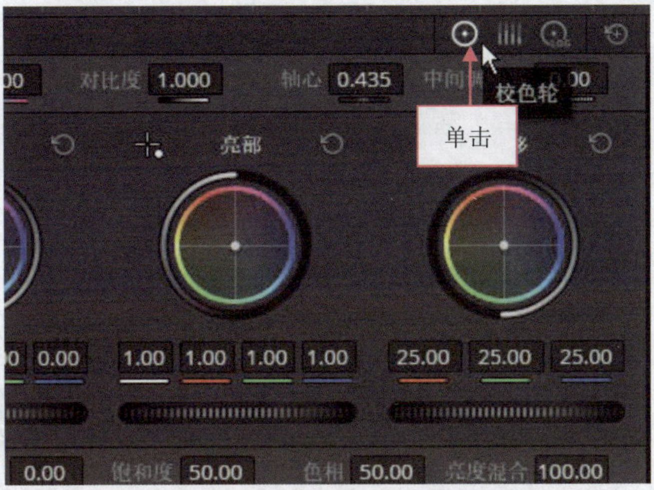

图 3-74　单击“校色轮”按钮

Step07 设置“饱和度”参数为 100.00，如图 3-75 所示，提升整体画面饱和度，使画面更生动。

图 3-75　设置“饱和度”参数

Step08 切换至“剪辑”步骤面板，在预览窗口中可以查看最终效果，前后效果对比展示如图 3-76 所示。

图 3-76　前后效果对比展示

本章小结

本章主要讲述了达芬奇中一级调色的相关操作。首先介绍了示波器与灰阶调节的方法，包括波形图示波器、分量图示波器、矢量图示波器和直方图示波器；接着介绍了校正视频画面色彩以及使用色轮调整色彩的技巧等；然后介绍了 RGB 混合调色的操作方法，包括红色输出以及绿色输出等内容；最后介绍了使用运动特效对视频降噪的操作方法，包括时域降噪处理和空域降噪处理。通过对本章的学习，希望读者能熟练掌握达芬奇一级调色的操作并举一反三、学以致用。

课后习题

课后习题 1　　课后习题 2

鉴于本章知识的重要性，为了让读者能够更好地掌握所学知识，将通过上机习题进行简单的知识回顾和补充。

1．蓝色输出

本题需要掌握在 RGB 混合器中，蓝色输出颜色通道的 5 个滑块控制条的默认比例为 0:0:1。红绿蓝三色，不同的颜色搭配可以调配出多种自然色彩，例如红绿搭配会变成黄色。若想降低黄色浓度，可以适当提高蓝色色调混合整体色调。调色前后对比展示如图 3-77 所示。

图 3-77　调色前后对比展示

2．对人像视频进行降噪

本题需要掌握在达芬奇中，对视频进行降噪处理是一项重要的技术，可以获得更加清晰和自然的画面效果。通过降噪处理，可以有效地减少视频中的噪点和颗粒感，提高画面的整体质量。调色前后对比展示如图 3-78 所示。

图 3-78　调色前后对比展示

第 4 章 二级调色

4

二级调色是对画面限定的区域进行细节性的调色，也就是局部的调色，对视频画面进行个性化、风格化的调色，则称为二级调色。本章将主要讲述对素材图像的局部画面进行二级调色，相对一级调色来说，二级调色更注重画面中的细节处理。

本章重点

- 熟练使用曲线功能调色
- 掌握二级调色的基本方法
- 掌握使用“模糊”功能虚化视频画面的方法

学习目标

- 通过学习二级调色的多种方法，鼓励学生发挥创新思维，探索不同的色彩搭配和调色效果，提高审美水平
- 通过具体的操作练习，使学生掌握达芬奇中的曲线调色和二级调色技巧，提高视频处理的实践能力

4.1　二级调色的基本知识

二级调色是在一级校色的基础上对视频画面的局部进行更细致的调整，它允许用户对画面的特定区域或对象进行选择性的色温和色彩平衡调整。与一级调色不同，二级调色更注重细节处理，可以针对视频中的局部画面进行个性化和风格化的调整。

下面是二级调色的知识讲解。

- **局部调整**：二级调色专注于对画面的局部区域进行二次调整，这包括对分离出来的选区或通道进行调整。
- **工具使用**：二级调色涉及多种工具和功能，如曲线、限定器、窗口、跟踪器、神奇遮罩、模糊和键等子板块，每个板块都对应不同的工作方式和功能。
- **曲线功能**：达芬奇的“曲线”面板中有多种调色曲线模式，包括自定义模式和基于色相、饱和度、亮度的调整模式。
- **限定器工具**：使用限定器工具，如 HSL 限定器、RGB 限定器、亮度限定器和 3D 限定器，可以帮助创建选区，并对不同亮度和色调的部分进行分离和调整。
- **形状窗口工具**：应用形状工具在图像上绘制选区，并根据需要调整蒙版尺寸、位置和形状。
- **跟踪器工具**：使用跟踪器工具锁定跟踪对象的运动变化，以确保蒙版遮罩或抠像随目标对象的移动而移动。
- **稳定工具**：虽然主要是调色软件，但是达芬奇还具有稳定器功能，可以稳定抖动的视频画面。
- **模糊与锐化**：调整“模糊”功能虚化视频画面的特定部分，或使用“锐化”功能提高图像的锐度。
- **创意控制**：二级调色允许用户进行创意控制，用户可以利用各种工具和技术对视频画面进行个性化和风格化的调整，以达到特定的视觉效果或情感表达。
- **重要性**：二级调色对于创造视觉冲击力强、情感表达丰富的影像至关重要，它为视频后期制作提供了更高的灵活性和艺术性。

通过二级调色，用户能够实现更加精细和有创意的视觉效果，从而提升了最终视频作品的质量。

4.2　使用曲线功能调色

达芬奇的“曲线”面板中共有 7 种调色曲线模式，如图 4-1 所示。其中“曲线-自定义”模式可以在图像色调的基础上进行调节，而另外 4 种曲线调色模式则主要通过“曲线-色相 对 色相”“曲线-色相 对 饱和度”“曲线-色相 对 亮度”3 种元素来进行调节。

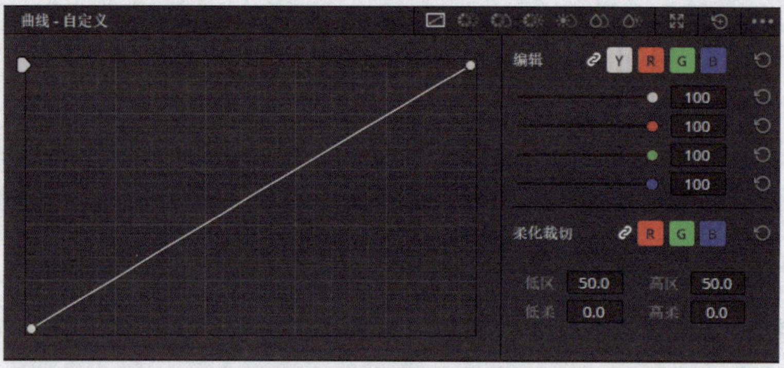

“曲线-自定义”模式面板

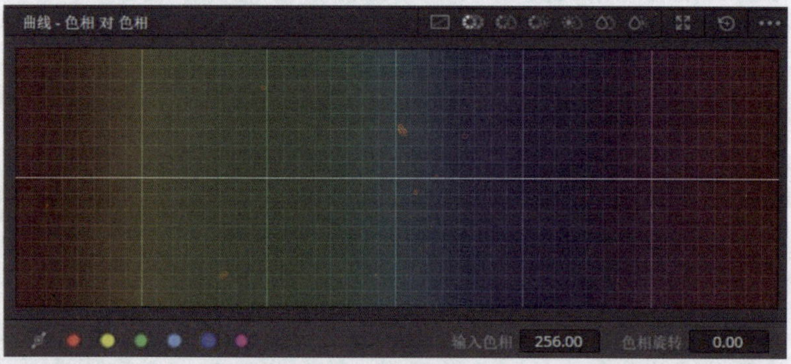

“曲线-色相 对 色相”模式面板

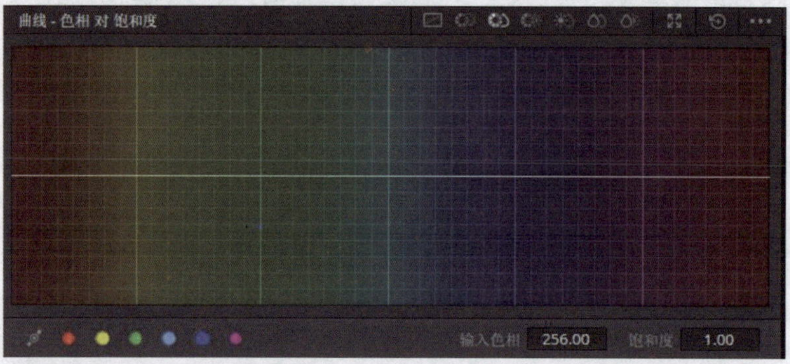

“曲线-色相 对 饱和度”模式面板

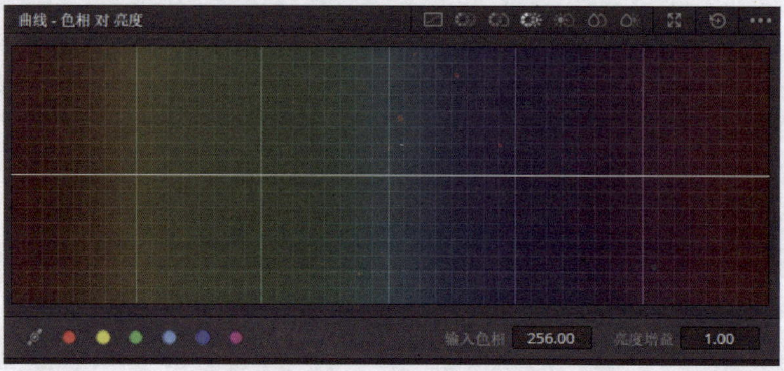

“曲线-色相 对 亮度”模式面板

“曲线-亮度 对 饱和度”模式面板

“曲线-饱和度 对 饱和度”模式面板

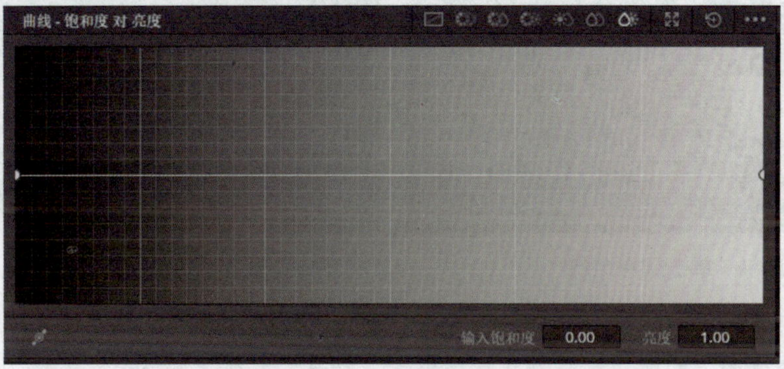

“曲线-饱和度 对 亮度”模式面板

图 4-1　7 个模式面板

4.2.1　使用色相对色相调色

使用色相对色相调色

在“色相 对 色相”面板中，曲线为横向水平线，从左到右的色彩范围为红、绿、蓝、红，曲线左右两端相连为同一色相，可以通过调节控制点，将素材图像画面中的色相改变成另一种色相。下面通过案例介绍具体的操作方法。

Step 01 打开一个项目文件，进入“剪辑”步骤面板，如图 4-2 所示，画面中的树木比较暗淡，需要提升画面。

Step 02 切换至“调色”步骤面板，在“曲线”面板中，单击“色相 对 色相”按钮，如图 4-3 所示。

图 4-2　打开一个项目文件

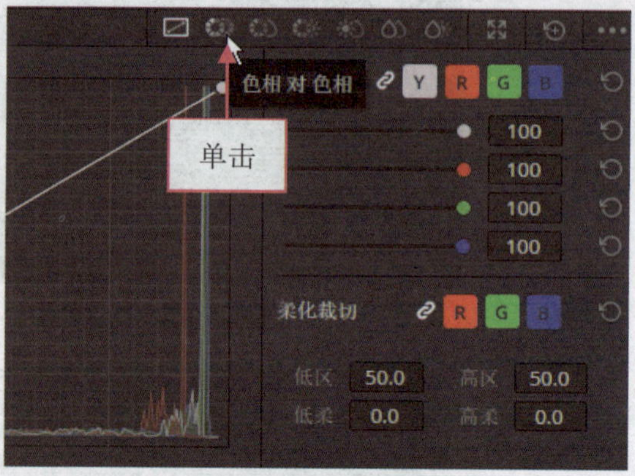

图 4-3　单击“色相 对 色相”按钮

Step 03 展开“曲线-色相 对 色相”面板，在面板下方，单击绿色色块，如图 4-4 所示。

Step 04 执行操作后，即可在编辑器中的曲线上添加 3 个控制点，选中第 2 个控制点，如图 4-5 所示。

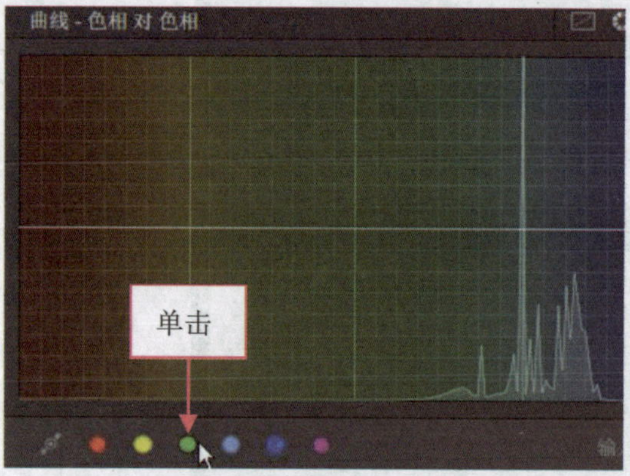

图 4-4　单击绿色色块

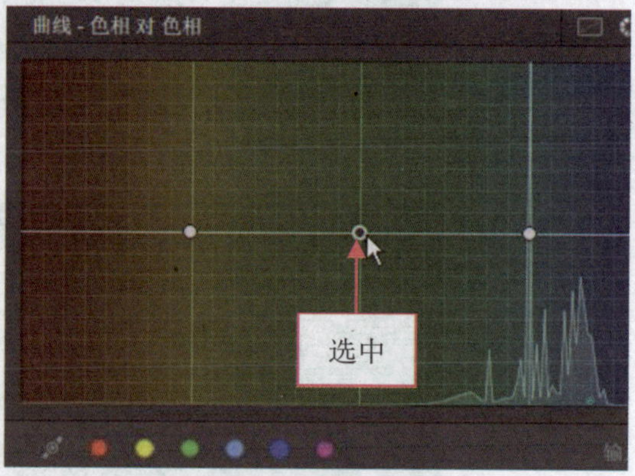

图 4-5　选中第 2 个控制点

Step 05 长按鼠标左键并向上拖曳选中的控制点，至合适位置后释放鼠标左键，如图 4-6 所示，即可改变图像画面中的色相，在预览窗口中，可以查看色相转变效果。

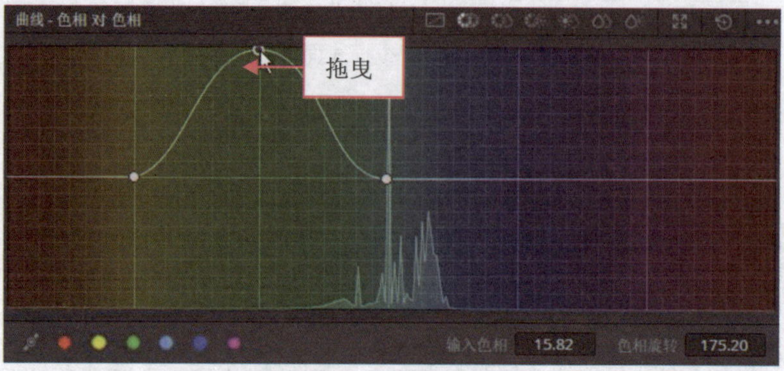

图 4-6　向上拖曳控制点

Step 06 设置“饱和度”参数为 100.00，如图 4-7 所示，即可提升整体画面色彩。

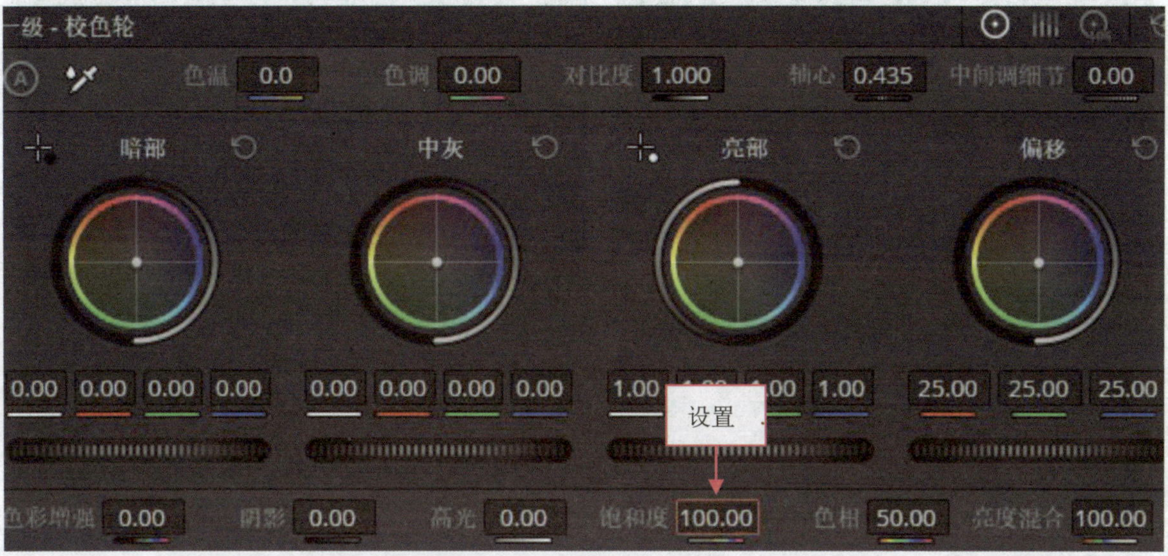

图 4-7　设置“饱和度”参数

Step 07 在预览窗口中，可以查看最终效果，调色前后对比展示如图 4-8 所示。

图 4-8　前后效果对比展示

4.2.2　使用色相对饱和度调色

“色相 对 饱和度”曲线模式的面板与“色相 对 色相”曲线模式相差不大，但制作的效果却是不一样，“色相 对 饱和度”曲线模式可以校正图像画面中色相过度饱和或欠缺饱和度的状况。下面通过案例介绍具体的操作方法。

使用色相对饱和度调色

Step 01 打开一个项目文件，进入“剪辑”步骤面板，如图 4-9 所示，需要将画面中高光部分的饱和度提高。

Step 02 切换至“调色”步骤面板，在“曲线”面板中，单击“色相 对 饱和度”按钮，如图 4-10 所示。

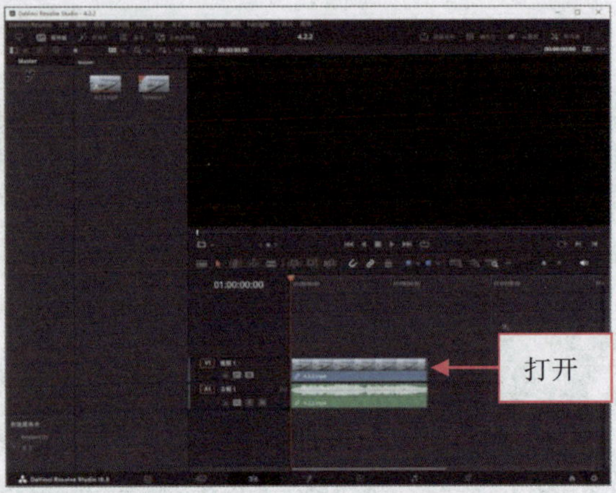

图 4-9　打开一个项目文件

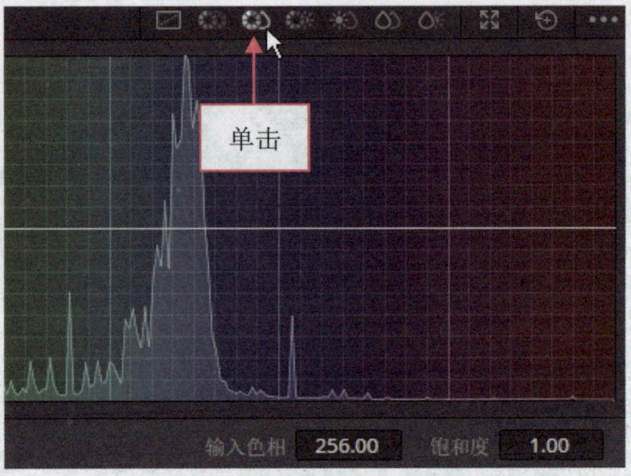

图 4-10　单击“色相 对 饱和度”按钮

Step 03 展开“曲线-色相 对 饱和度”面板，在面板下方单击蓝色色块，如图 4-11 所示。

Step 04 执行上述操作后，即可在编辑器中的曲线上添加 3 个控制点，选中第 2 个控制点，如图 4-12 所示。

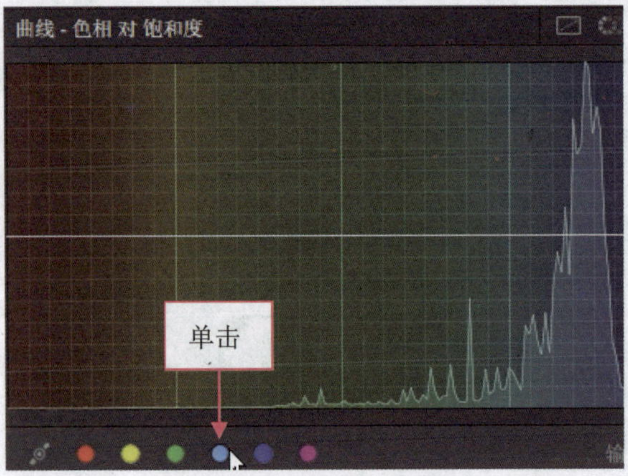

图 4-11　单击蓝色色块

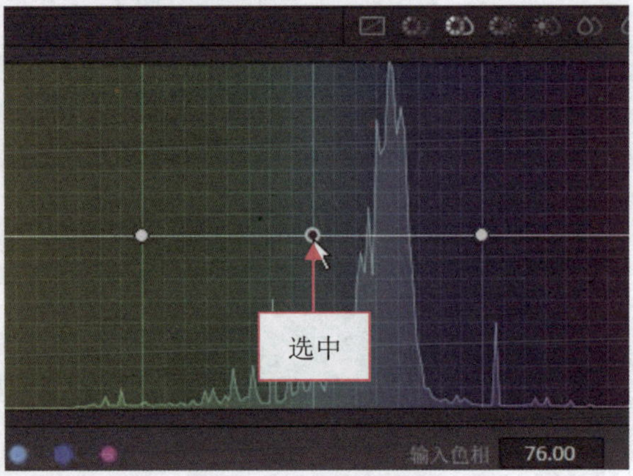

图 4-12　选中第 2 个控制点

Step 05 长按鼠标左键并向上拖曳选中的控制点，如图 4-13 所示，至合适位置后释放鼠标左键，即可提升蓝色饱和度，使画面更加鲜明。

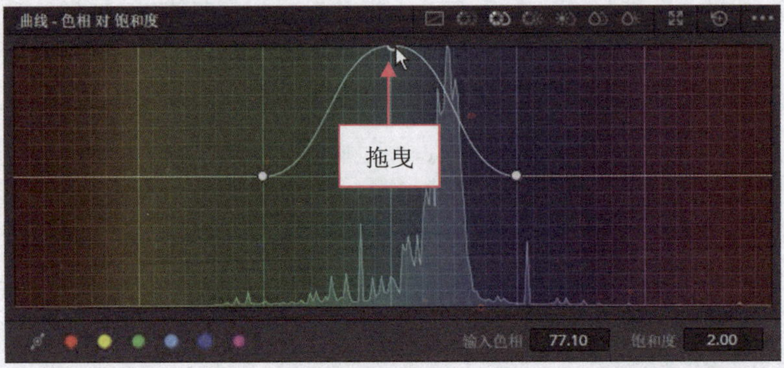

图 4-13　向上拖曳控制点

Step 06 执行操作后，在预览窗口中，可以查看使用色相对饱和度的效果，前后效果对比展示如图 4-14 所示。

图 4-14　调色前后效果对比展示

4.2.3　使用亮度对饱和度调色

使用亮度对饱和度调色

“亮度 对 饱和度”曲线模式主要是在图像原本的色调基础上进行调整，而不是在色相范围的基础上调整。在“亮度 对 饱和度”面板中，横轴的左边为黑色，表示图像画面的阴影部分；横轴的右边为白色，表示图像画面的高光位置。以水平曲线为界，上下拖曳曲线上的控制点，可以降低或提高指定位置的饱和度。使用“亮度 对 饱和度”曲线模式调色，可以根据需求在画面的阴影处或明亮处调整饱和度。下面介绍使用亮度对饱和度调色的具体操作方法。

Step 01 打开一个项目文件，进入“剪辑”步骤面板，如图 4-15 所示，需要将画面中高光部分的饱和度提高。

图 4-15　打开一个项目文件

Step 02 切换至“调色”步骤面板，展开“曲线-亮度 对 饱和度”模式面板，在水平曲线上单击鼠标左键添加一个控制点，如图 4-16 所示。

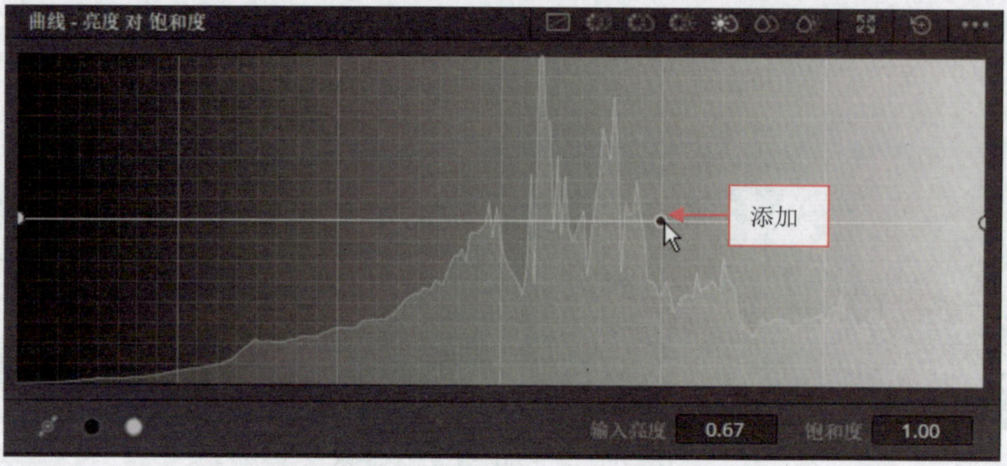

图 4-16　添加一个控制点

Step 03 选中添加的控制点并向上拖曳，如图 4-17 所示，直至下方面板中“输入亮度”参数显示为 0.67、“饱和度”参数显示为 2.00，即可提高画面饱和度色彩。

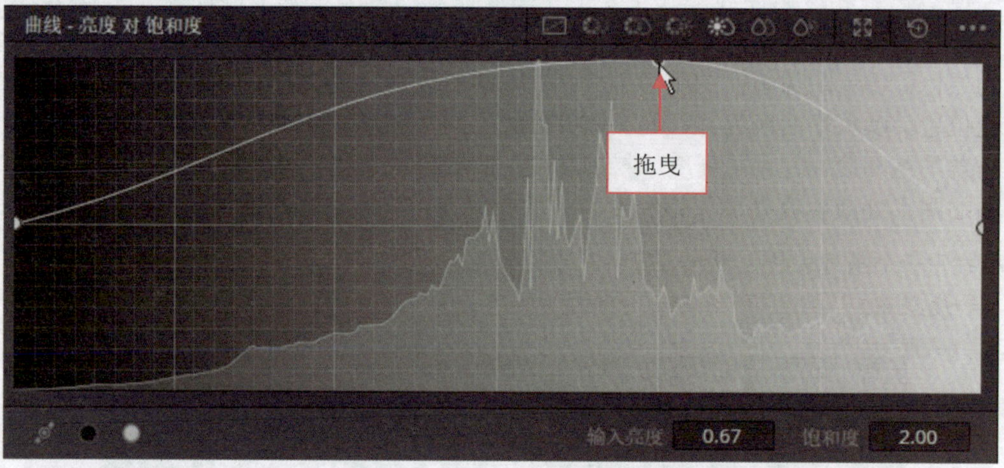

图 4-17　向上拖曳

Step 04 切换至“剪辑”步骤面板，在预览窗口中，可以查看最终效果，前后效果对比展示如图 4-18 所示。

图 4-18　调色前后效果对比展示

4.2.4 使用饱和度对饱和度调色

使用饱和度对饱和度调色

"饱和度 对 饱和度"曲线模式也是在图像原本的色调基础上进行调整，主要用于调节图像画面中过度饱和或者饱和度不够的区域。在"饱和度 对 饱和度"面板中，横轴的左边为图像画面中低饱和区，横轴的右边为画面中的高饱和区。以水平曲线为界，上下拖曳曲线上的控制点，可以降低或提高指定区域的饱和度。下面介绍使用饱和度对饱和度调色的具体操作方法。

Step 01 打开一个项目文件，进入"剪辑"步骤面板，如图 4-19 所示，可以查看画面中的风景色彩不够鲜明，这里需要提高一下画面中的饱和度。

图 4-19 打开一个项目文件

Step 02 切换至"调色"步骤面板，展开"曲线-饱和度 对 饱和度"模式面板，添加相应控制点，以第 4 个控制点为分界点，左边为低饱和区，右边为高饱和区，如图 4-20 所示。

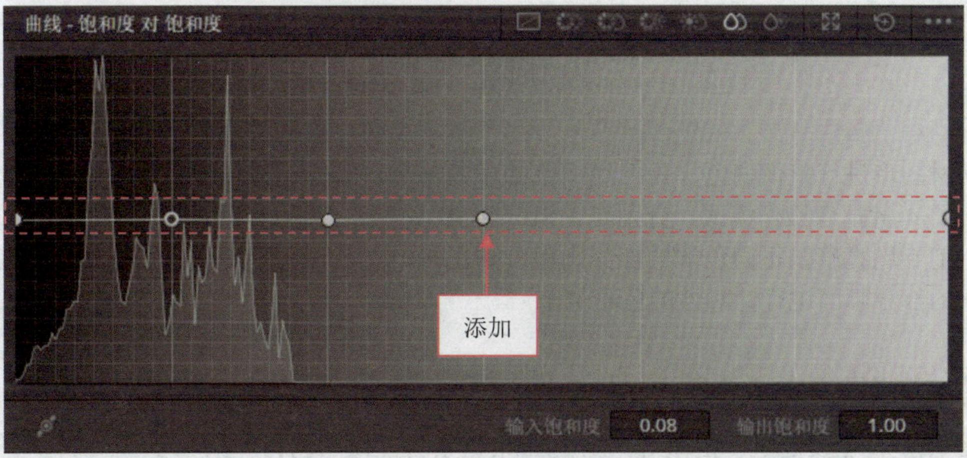

图 4-20 添加相应控制点

Step 03 选中第 2 个控制点并向上拖曳，如图 4-21 所示，直至下方面板中“输入饱和度”参数显示为 0.08、“输出饱和度”参数显示为 2.00，即可提高整体画面的饱和度，使画面更加光彩夺目。

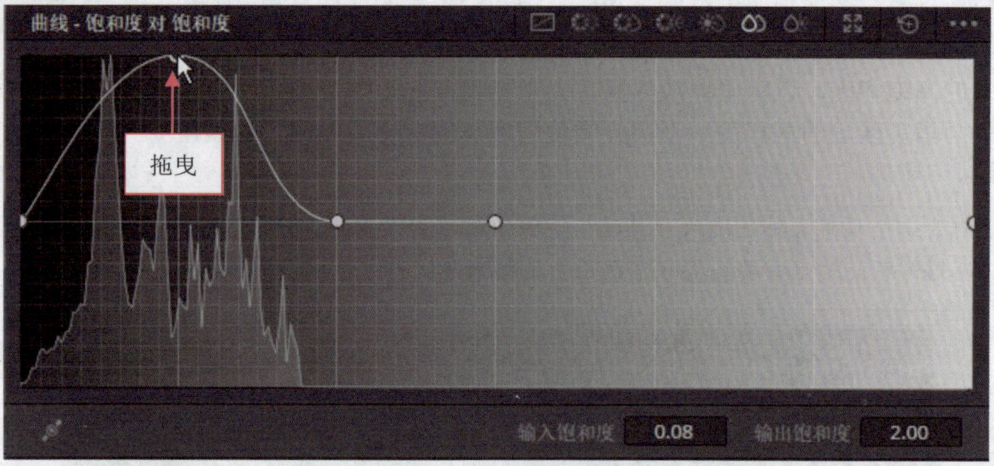

图 4-21　向上拖曳控制点

Step 04 切换至“剪辑”步骤面板，在预览窗口中，单击“播放”按钮▶，可以查看最终效果，前后效果对比展示如图 4-22 所示。

图 4-22　调色前后效果对比展示

4.3　二级调色的基本方法

对素材图形进行抠像调色，是二级调色必学的一个环节。达芬奇提供了限定器功能面板，其中包含了 4 种抠像操作模式，分别是 HSL、RGB、亮度以及 3D 限定器，可以对素材图像创建选区，把不同亮度、不同色调的部分画面分离出来，然后根据亮度、风格、色调等需求，对分离出来的部分画面进行针对性的色彩调节。

4.3.1　使用 HSL 限定器工具调色

使用 HSL 限定器工具调色

HSL 限定器主要通过“拾取器”工具根据素材图像的色相、饱和度以及亮度来进行抠像。当使用“拾取器”工具在图像上进行色彩取样时，

HSL 限定器会自动对选取部分的色相、饱和度以及亮度进行综合分析。下面通过实例操作介绍使用 HSL 限定器工具调色的操作方法。

Step 01 打开一个项目文件，进入“剪辑”步骤面板，如图 4-23 所示，需要在不改变画面中其他部分的情况下，将绿色背景改成黄色背景。

Step 02 切换至“调色”步骤面板，单击“限定器”按钮，如图 4-24 所示，展开“限定器-HSL”面板。

图 4-23　打开一个项目文件

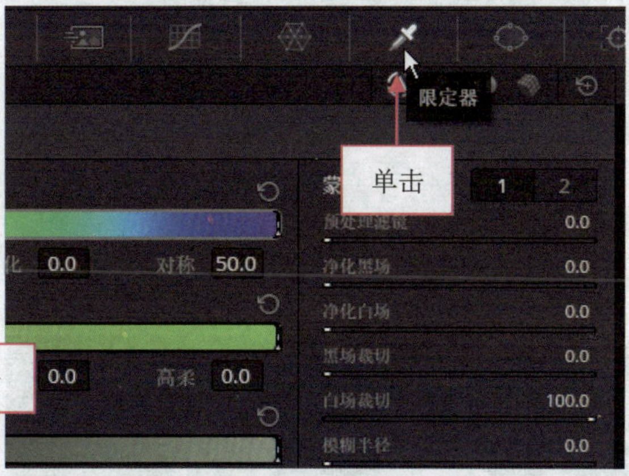

图 4-24　单击“限定器”按钮

Step 03 在“限定器-HSL”选项区中，单击“拾取器”按钮，如图 4-25 所示。执行操作后，光标随即转换为滴管工具。

Step 04 移动光标至“检视器”面板，单击“突出显示”按钮，如图 4-26 所示。此按钮可以使被选取的抠像区域突出显示在画面中，未被选取的区域将会呈灰色显示。

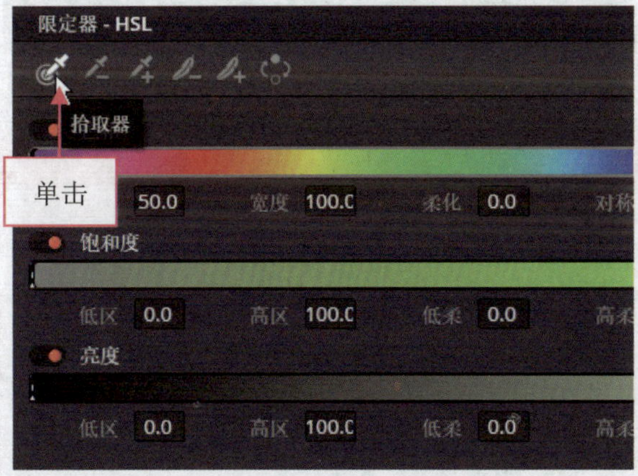

图 4-25　单击“拾取器”按钮

图 4-26　单击“突出显示”按钮

Step 05 在预览窗口中按住鼠标左键，拖曳光标选取绿色区域，如图 4-27 所示，未被选取的区域画面呈灰色显示。

Step 06 展开“限定器”|“蒙版优化 2”选项区中，设置“降噪”参数为 5.6，如图 4-28 所示，即可降低画面中的噪点。

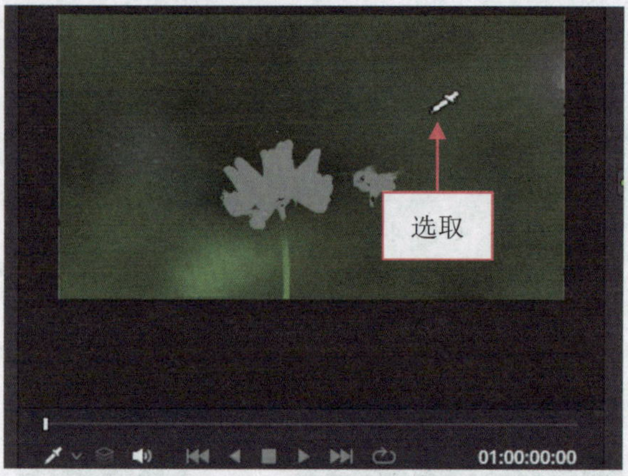

图 4-27　选取绿色区域

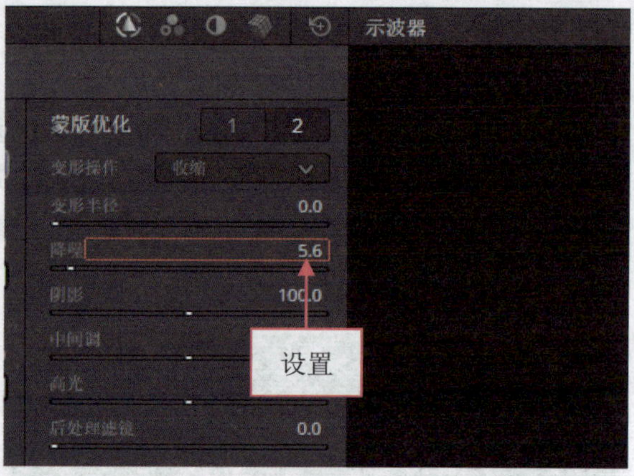

图 4-28　设置“降噪”参数

Step 07 在“曲线”面板中，单击“色相 对 色相”按钮，如图 4-29 所示。

Step 08 展开“曲线-色相 对 色相”面板，在面板下方，单击绿色色块，如图 4-30 所示。

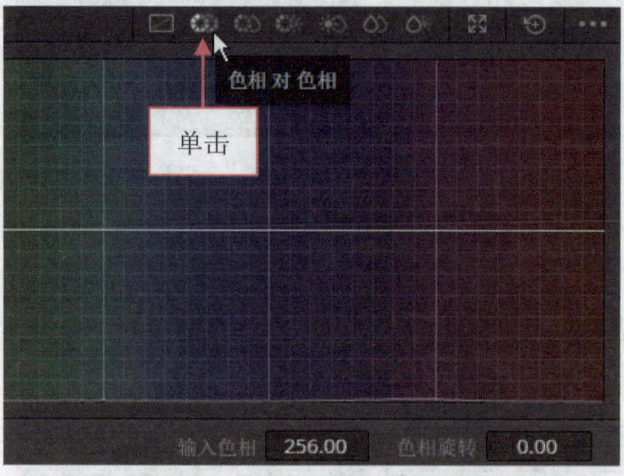

图 4-29　单击“色相 对 色相”按钮

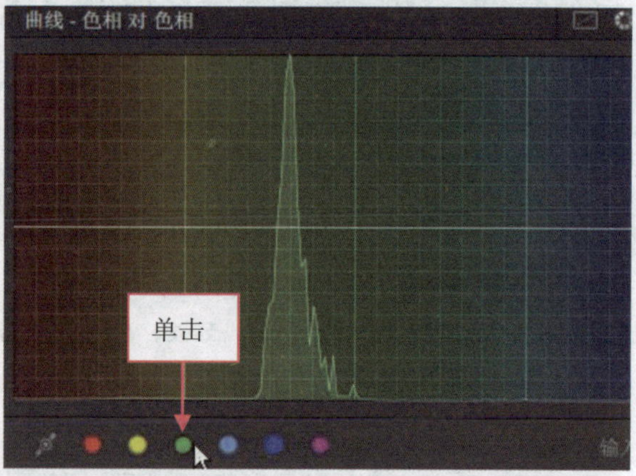

图 4-30　单击绿色色块

▶ 知识扩展

在“选择范围”选项区中共有 6 个工具按钮，其作用如下。

❶ **“拾取器”按钮**：单击“拾取器”按钮，光标即可变为滴管工具，在预览窗口的图像素材上，单击鼠标左键或拖曳光标，对相同颜色进行取样抠像。

❷ **“拾取器减”按钮**：其操作方法与“拾取器”工具一样，可以在预览窗口中的抠像上，通过单击或拖曳光标减少抠像区域。

❸ **“拾取器加”按钮**：其操作方法与“拾取器”工具一样，可以在预览窗口中的抠像上，通过单击或拖曳光标增加抠像区域。

❹ **“柔化减”按钮**：单击该按钮，在预览窗口中的抠像上，通过单击或拖曳光标减弱抠像区域的边缘。

❺ **“柔化加”按钮**：单击该按钮，在预览窗口中的抠像上，通过单击或拖曳光标优化抠像区域的边缘。

❻ **“反向”按钮**：单击该按钮，可以在预览窗口中反选未被选中的抠像区域。

Step 09 在曲线上自动添加 3 个控制点，选中中间第 2 个控制点，按住鼠标左键并向上拖曳，如图 4-31 所示，直至“输入色相”参数显示为 16.92、“色相旋转”参数显示为 93.60，即可将绿色背景改为黄色背景。

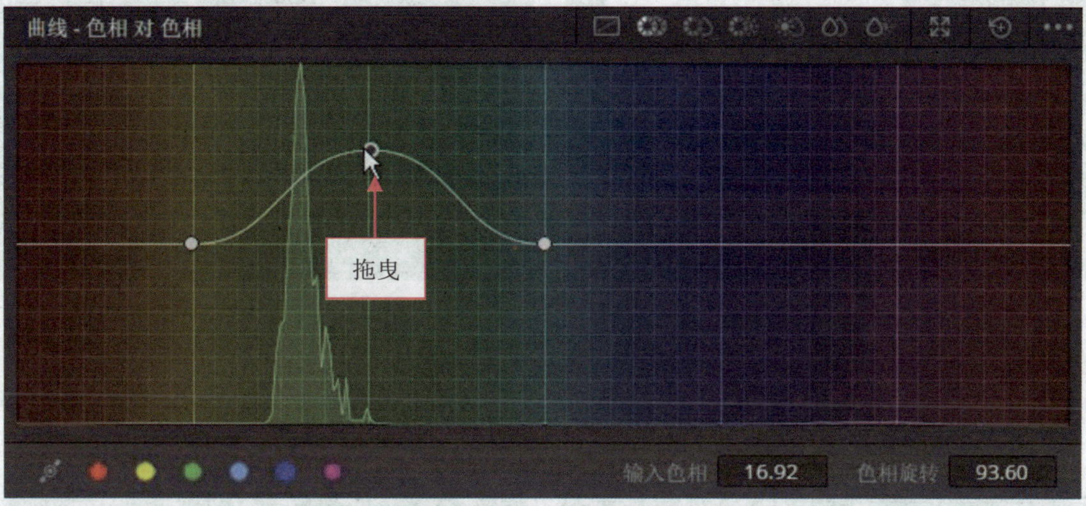

图 4-31　向上拖曳

Step 10 再次单击“突出显示”按钮，在预览窗口中，单击“播放”按钮，可以查看最终效果，前后效果对比展示如图 4-32 所示。

图 4-32　调色前后效果对比展示

4.3.2　使用 RGB 限定器工具调色

RGB 限定器主要根据红、绿、蓝 3 个颜色通道的范围和柔化来进行抠像，可以更好地解决图像上 RGB 色彩分离的情况。下面通过实例操作介绍使用 RGB 限定器工具调色的操作方法。

使用 RGB 限定器工具调色

Step 01 打开一个项目文件，进入“剪辑”步骤面板，如图 4-33 所示，需要提高画面中天空的饱和度。

Step 02 切换至“调色”步骤面板，展开“限定器”面板，单击 RGB 按钮，如图 4-34 所示，展开“限定器-RGB”面板。

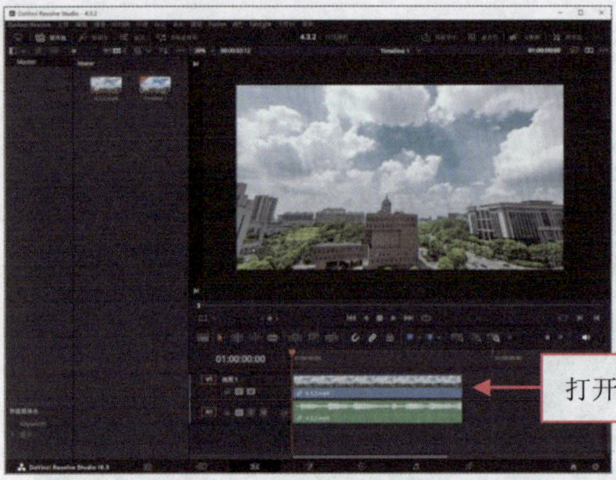

图 4-33　打开一个项目文件

图 4-34　单击 RGB 按钮

Step03 在“限定器-RGB”面板中，单击“拾取器”按钮，如图 4-35 所示。

Step04 光标随即转换为滴管工具，移动光标至“检视器”面板，单击“突出显示”按钮，如图 4-36 所示。

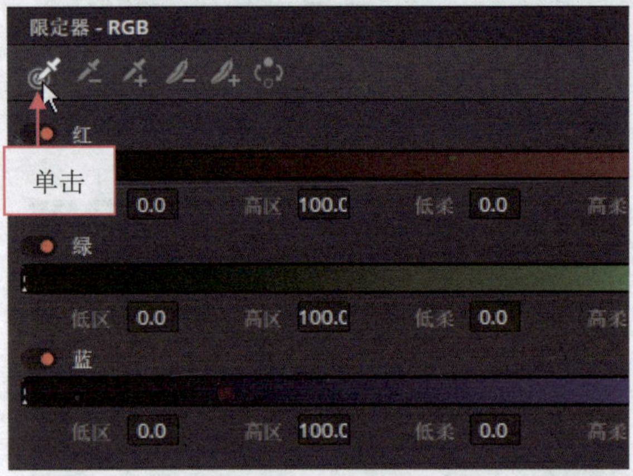

图 4-35　单击“拾取器”按钮

图 4-36　单击“突出显示”按钮

Step05 在预览窗口中，按住鼠标左键的同时并拖曳光标，选取天空区域的画面，如图 4-37 所示，此时未被选取的区域画面呈灰色显示。

图 4-37　选取天空区域

▶ 知识扩展

在“限定器-RGB”面板中，单击“反向”按钮，即可选择反向效果。

Step 06 完成抠像后，切换至“色轮”面板，在面板下方设置“饱和度”参数为 100.00，如图 4-38 所示，即可提高天空画面的饱和度，让画面更加美丽。

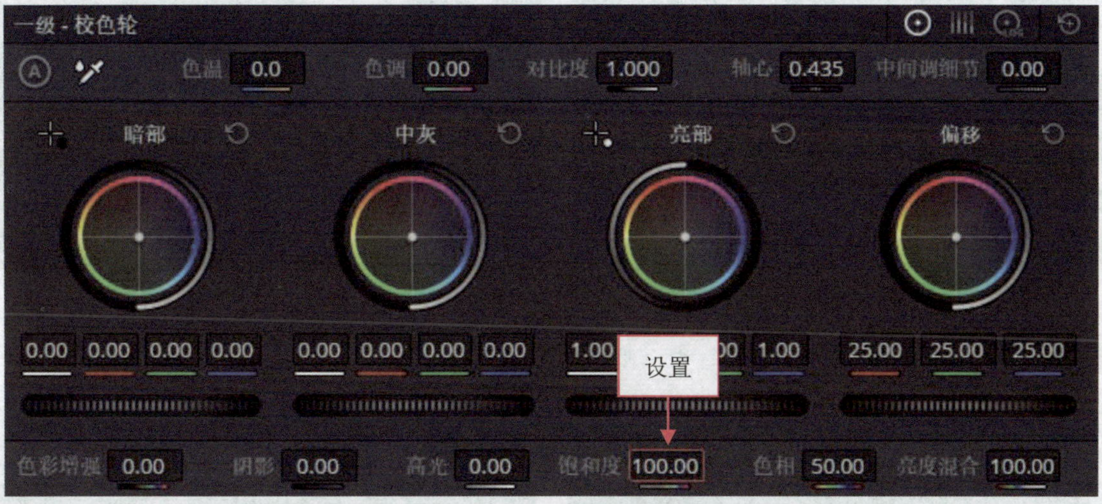

图 4-38　设置“饱和度”参数

Step 07 再次单击“突出显示”按钮，在预览窗口中，单击“播放”按钮，可以查看最终效果，前后效果对比展示如图 4-39 所示。

图 4-39　调色前后效果对比展示

4.3.3　使用亮度限定器工具调色

“亮度”限定器选项面板与 HSL 限定器选项面板中的布局有些类似，差别在于“亮度”限定器选项面板中的色相和饱和度两个通道是禁止使用的。也就是说，“亮度”限定器只能通过亮度通道来分析素材图像中被选取的画面。下面通过实例操作介绍使用亮度限定器工具调色的具体操作方法。

使用亮度限定器工具调色

Step 01 打开一个项目文件，进入“剪辑”步骤面板，如图 4-40 所示，需要提高画面中光的亮度，使画面中的明暗对比更加明显。

Step 02 切换至“调色”步骤面板，展开“限定器”面板，单击“亮度”按钮，如图 4-41 所示。

图 4-40 打开一个项目文件

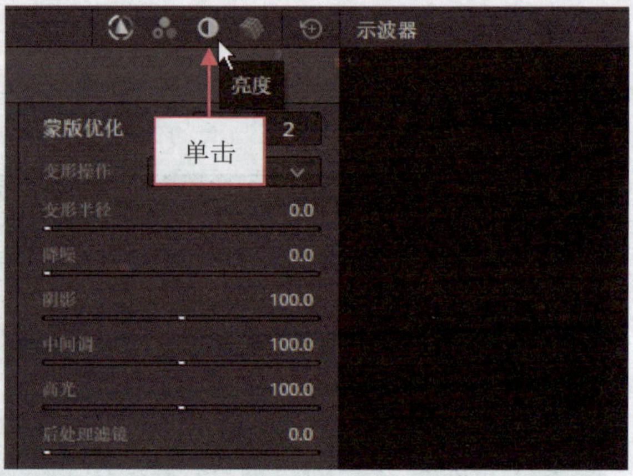

图 4-41 单击“亮度”按钮

Step 03 展开“限定器-亮度”面板，在“限定器-亮度”选项区中，单击“拾取器”按钮，如图 4-42 所示。

Step 04 在“检视器”面板上方，单击“突出显示”按钮，如图 4-43 所示。

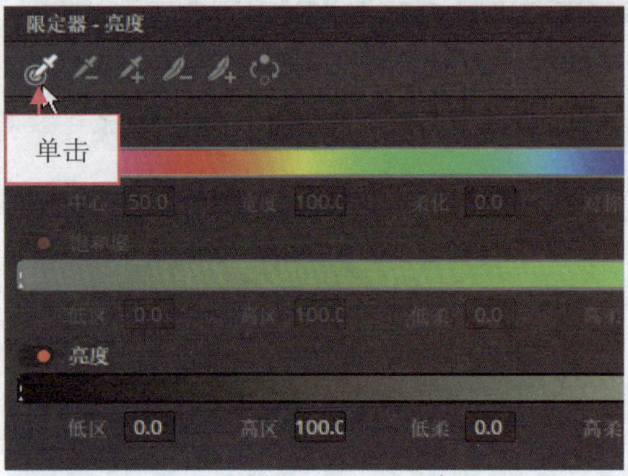

图 4-42 单击“拾取器”按钮

图 4-43 单击“突出显示”按钮

Step 05 在预览窗口中，单击鼠标左键选取画面中最亮的一处，同时相同亮度范围中的画面区域也会被选取，如图 4-44 所示。

图 4-44 选取画面中最亮的一处

Step 06 在“限定器-亮度”面板中，在“蒙版优化 2”选项区中，设置“降噪”参数为 64.9，如图 4-45 所示，即可降低噪点。

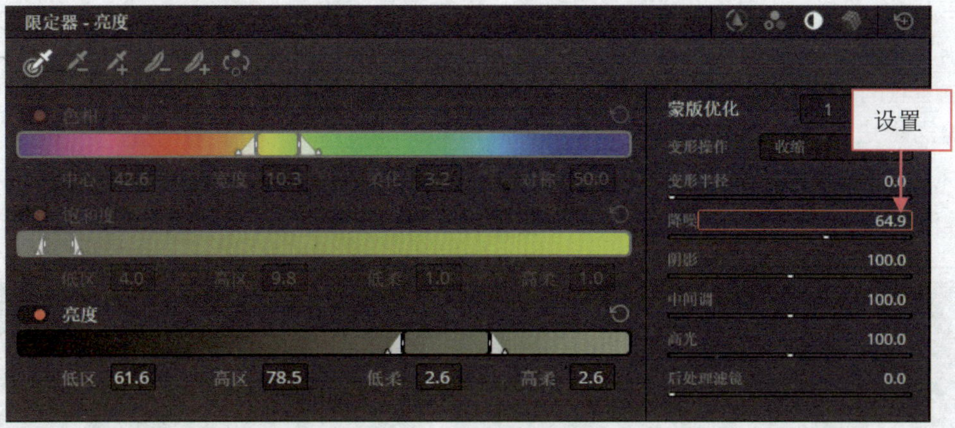

图 4-45　设置“降噪”参数

Step 07 切换至“色轮”面板，设置“饱和度”参数为 100.00，如图 4-46 所示，即可提升整体画面中的饱和度色彩。

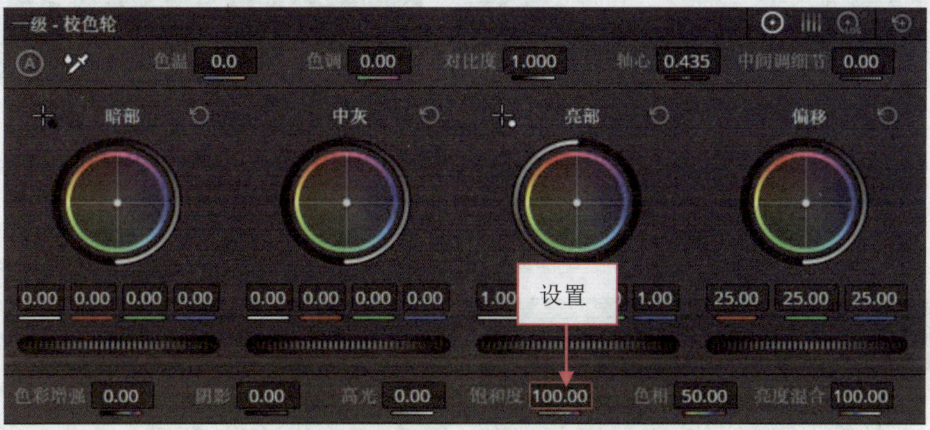

图 4-46　设置“饱和度”参数

Step 08 再次单击“突出显示”按钮，在预览窗口中，单击“播放”按钮，可以查看最终效果，前后效果对比展示如图 4-47 所示。

图 4-47　调色前后效果对比展示

4.3.4　使用 3D 限定器工具调色

使用 3D 限定器工具调色

在达芬奇中，使用 3D 限定器对图像素材进行抠像调色，只需在检视器面板的预览窗口中画一条线，选取需要进行抠像的图像画面，即可创建 3D 键控。对选取的画面色彩进行采样后，即可对采集到的颜色根据亮度、色相、饱和度等需求进行调色。下面通过实例介绍具体的操作方法。

Step 01 打开一个项目文件，进入“剪辑”步骤面板，如图 4-48 所示，需要提亮图像中的花朵。

Step 02 切换至“调色”步骤面板，展开“限定器”面板，单击 3D 按钮，如图 4-49 所示。

图 4-48　打开一个项目文件

图 4-49　单击 3D 按钮

Step 03 在“限定器-3D”选项区中，单击“拾取器”按钮，在“检视器”面板上方，单击“突出显示”按钮，如图 4-50 所示。

Step 04 执行操作后，在预览窗口中的图像上画一条线，如图 4-51 所示，查看被选取的区域画面。

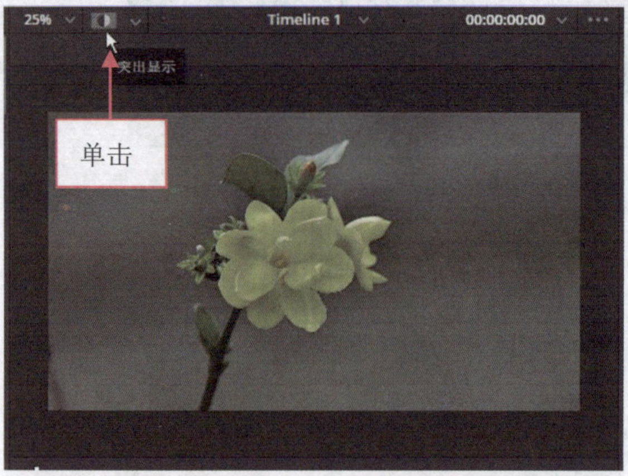

图 4-50　单击“突出显示”按钮

图 4-51　画一条线

Step 05 即可将采集到的颜色显示在“限定器-3D”面板中，创建色块选区，如图 4-52 所示。

Step 06 切换至“色轮”面板，向右拖曳“亮部”色轮下方的轮盘，直至参数均显示为 1.13，如图 4-53 所示，即可提高花朵的亮度，使花朵更加突出。

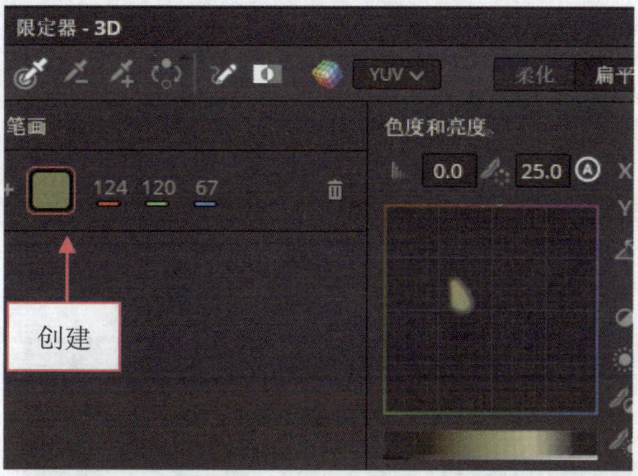

图 4-52　创建色块选区

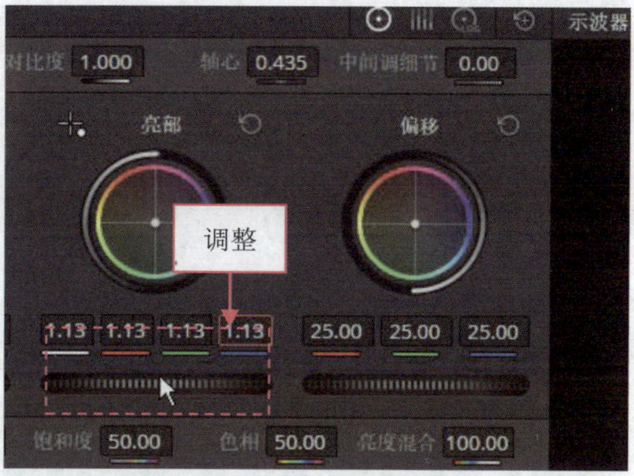

图 4-53　调整"亮部"参数

Step 07 设置"饱和度"参数为 100.00，如图 4-54 所示，即可提升花朵的色彩。

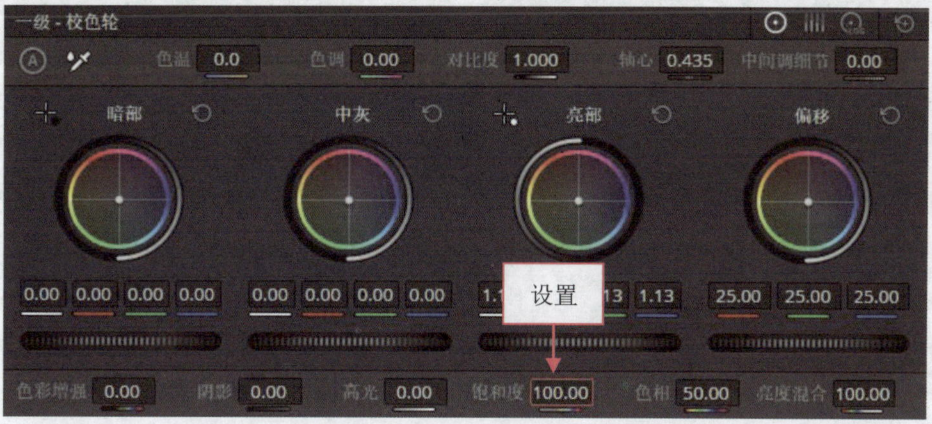

图 4-54　设置"饱和度"参数

Step 08 执行操作后，在"限定器"面板中单击"显示路径"按钮，如图 4-55 所示，即可取消画面中的线条。

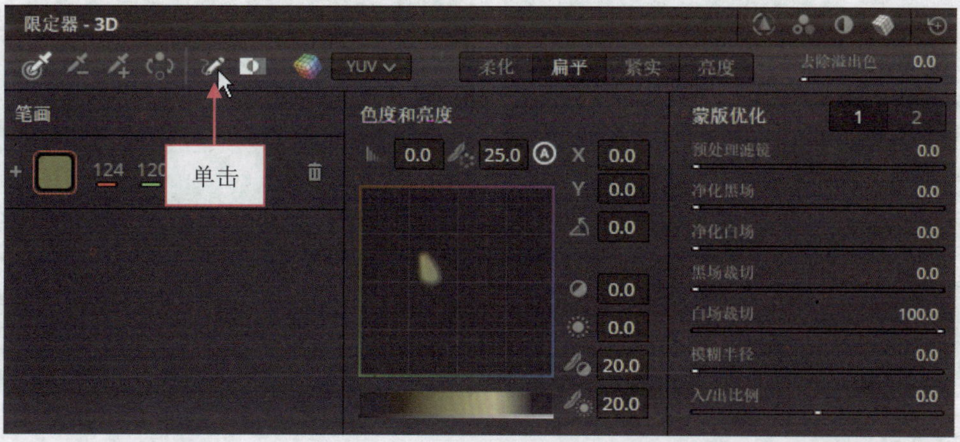

图 4-55　单击"显示路径"按钮

> ▶ 知识扩展
>
> 3D 限定器支持在图像上画多条线，每条线所采集到的颜色，都会显示在 3D 限定器面板中，同时还显示了采集颜色的 RGB 参数值，如果多采集了一种颜色，可以单击采样条右边的删除按钮进行清除。

Step 09 再次单击“突出显示”按钮，在预览窗口中，单击“播放”按钮，可以查看最终效果，前后效果对比展示如图 4-56 所示。

图 4-56　调色前后效果对比展示

4.3.5　使用形状窗口工具调色

应用“窗口”面板中的形状工具，在图像画面上绘制选区，可以根据需要调整默认的蒙版尺寸大小、位置以及形状。下面通过实例介绍具体的操作方法。

使用形状窗口工具调色

Step 01 打开一个项目文件，进入“剪辑”步骤面板，如图 4-57 所示。可以将视频分为两个部分，一部分是城市建筑，属于阴影区域；一部分为天空，属于明亮区域，画面中天空的颜色比较淡，没有落日晚霞的光彩，需要将明亮区域的饱和度调浓些。

Step 02 切换至“调色”步骤面板，单击“窗口”按钮，如图 4-58 所示，切换至“窗口”面板。

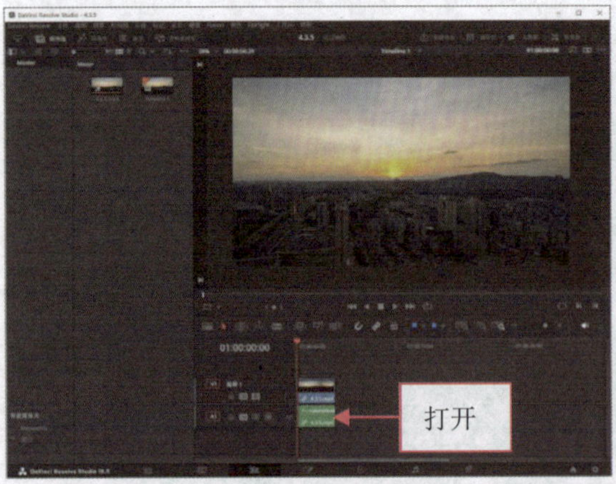

图 4-57　打开一个项目文件

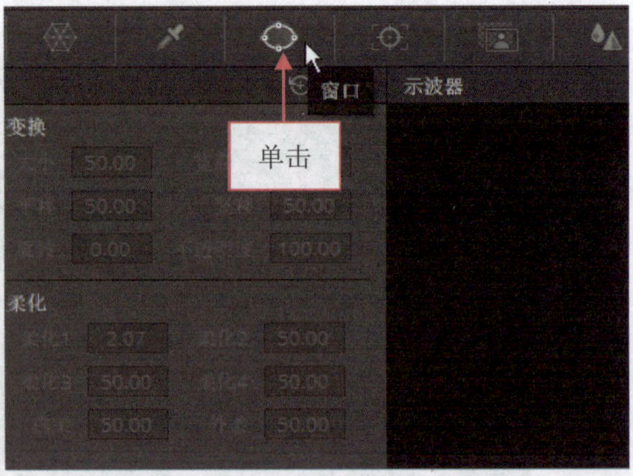

图 4-58　单击“窗口”按钮

Step 03 在“窗口”预设面板中，单击多边形“窗口激活”按钮，如图 4-59 所示。

Step 04 在预览窗口的图像上会出现一个矩形蒙版，如图 4-60 所示。

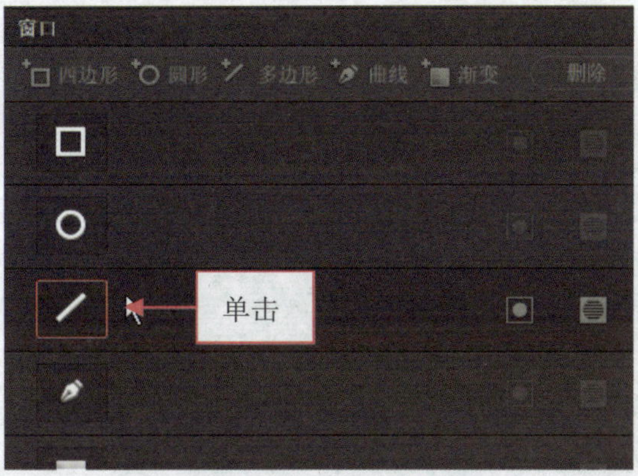

图 4-59　单击多边形“窗口激活”按钮

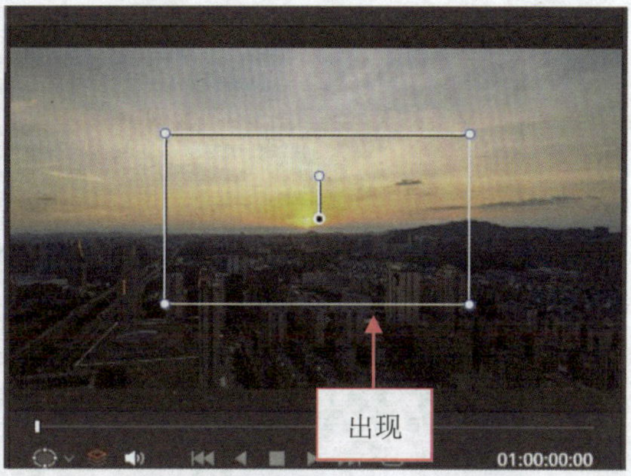

图 4-60　出现一个矩形蒙版

Step 05 拖曳蒙版四周的控制柄，调整蒙版位置和形状大小，如图 4-61 所示。

Step 06 执行操作后，展开“色轮”面板，设置“饱和度”参数为 92.40，如图 4-62 所示，提升画面的质感，增强画面色彩，使画面更加通透。

图 4-61　调整蒙版位置和形状大小

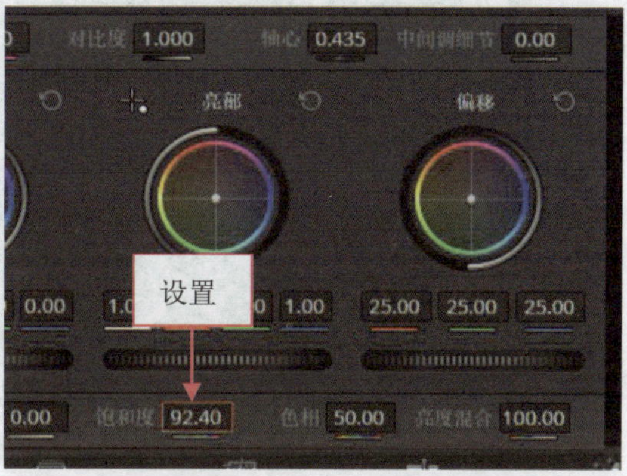

图 4-62　设置“饱和度”参数

Step 07 执行操作后，展开“跟踪器”面板，单击“窗口”按钮，如图 4-63 所示。

图 4-63　单击“窗口”按钮

Step 08 展开“跟踪器-窗口”面板，单击该按钮，弹出下拉列表，选择“点跟踪”选项，如图4-64所示。

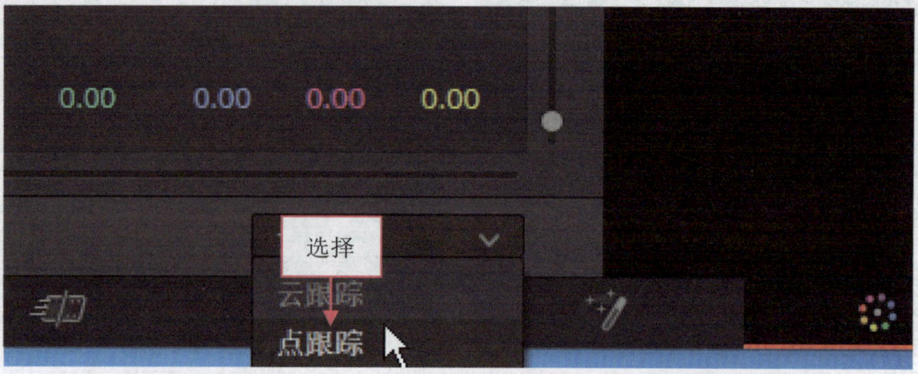

图4-64 选择“点跟踪”选项

Step 09 执行操作后，在左下方单击“添加跟踪器”按钮，如图4-65所示，即可在预览窗口添加一个跟踪点。

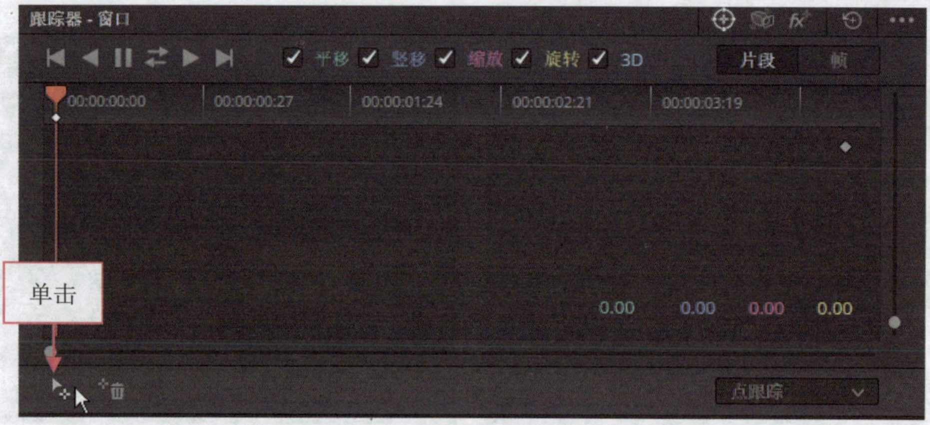

图4-65 单击“添加跟踪器”按钮

Step 10 单击“正向跟踪”按钮，如图4-66所示，即可完成跟踪效果。

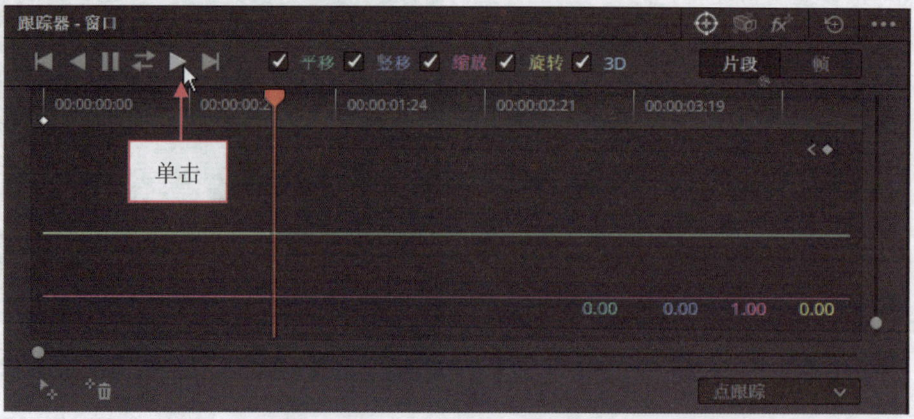

图4-66 单击“正向跟踪”按钮

Step 11 切换至“剪辑”步骤面板，在预览窗口中，单击“播放”按钮▶，可以查看最终效果，前后效果对比展示如图 4-67 所示。

图 4-67　调色前后效果对比展示

4.3.6　使用跟踪器窗口工具调色

在“跟踪器”面板中，“跟踪”模式可以用来锁定跟踪对象的多种运动变化，它提供了“平移”跟踪类型、“竖移”跟踪类型、“缩放”跟踪类型、“旋转”跟踪类型以及 3D 跟踪类型等多项分析功能，跟踪对象的运动路径会显示在面板中的曲线图上。“跟踪器”面板如图 4-68 所示。

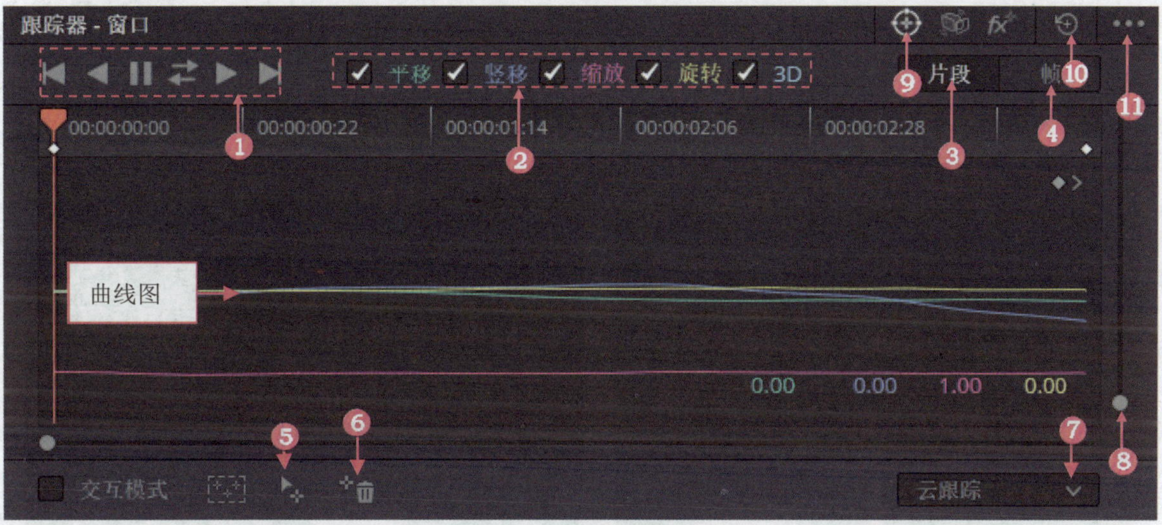

图 4-68　“跟踪器”面板

“跟踪器”面板的各项功能按钮如下。

❶ **跟踪操作按钮**：该按钮与导览面板上的播放按钮虽然相似，但作用却不一样，其从左到右分别是“向后跟踪一帧”、“反向跟踪”、“停止跟踪”、“正向跟踪与反向跟踪”、“正向跟踪”以及“向前跟踪一帧”，主要用于跟踪指定对象的运动画面。

❷ **跟踪类型**：在“跟踪器”面板中，共有 4 个跟踪类型，分别是平移、竖移、缩放、旋转以及 3D，选中相应类型前面的复选框，便可以开始跟踪指定对象；待跟踪完成后，会显示相应类型的曲线，根据这些曲线可评估每个跟踪参数。

❸ **“片段”按钮**：跟踪器的默认状态为“片段”模式，方便对窗口蒙版进行整体

移动。

❹ **“帧”按钮**：单击该按钮，切换为“帧”模式，可对窗口的位置和控制点进行关键帧制作。

❺ **“设置跟踪点”按钮**：单击该按钮，可以在素材图像的指定位置或指定对象上添加一个或多个跟踪点。

❻ **“删除”按钮**：单击该按钮，可以删除图像上添加的跟踪点。

❼ **跟踪模式下拉按钮**：单击该按钮，弹出下拉列表，其中有两个选项，一个是“点跟踪”，一个是“云跟踪”。“点跟踪”模式可以在图像上创建一个或多个十字架跟踪点，并且可以手动定位图像上比较特别的跟踪点；“云跟踪”模式可以自动跟踪图像上的全部跟踪点。

❽ **缩放滑块**：在曲线图边缘有两个缩放滑块，拖曳纵向的滑块可以缩放曲线之间的间隙，拖曳横向的滑块可以拉长或缩短曲线。

❾ **“窗口”按钮**：单击该按钮，进入“窗口”模式面板。

❿ **“清除所有跟踪点”按钮**：单击该按钮，将重置“跟踪器”面板中的所有操作。

⓫ **设置按钮**：单击该按钮，将弹出“跟踪器”面板的设置菜单。

下面通过实例介绍跟踪功能的操作方法。

使用跟踪器窗口工具调色

Step 01 打开一个项目文件，进入“剪辑”步骤面板，如图 4-69 所示，需要对画面中的人物服装进行调色。

Step 02 切换至“调色”步骤面板，在“窗口”预设面板中，单击曲线“窗口激活”按钮，如图 4-70 所示。

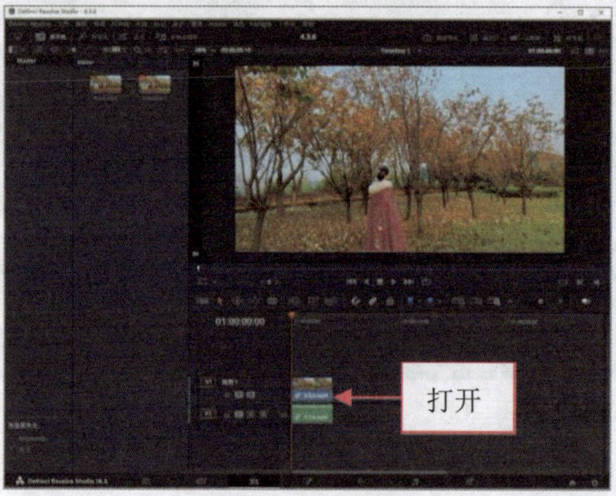

图 4-69　打开一个项目文件

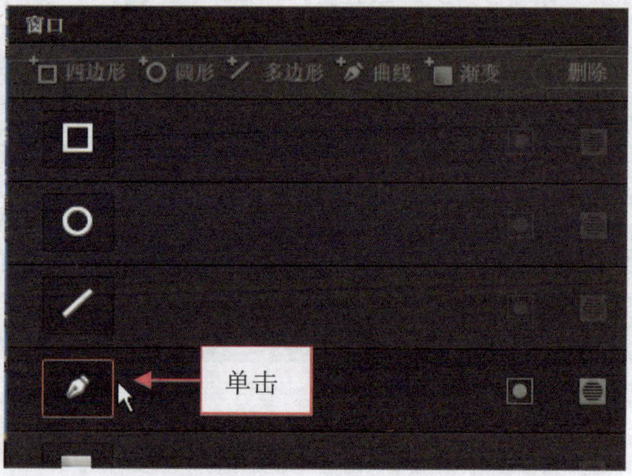

图 4-70　单击曲线“窗口激活”按钮

Step 03 在预览窗口中的人物服装上，沿边缘绘制一个蒙版遮罩，如图 4-71 所示。

Step 04 切换至“色轮”面板，设置“饱和度”参数为 79.00，如图 4-72 所示，提升人物服装的饱和度，让色彩更加鲜明。

图 4-71　绘制一个蒙版遮罩

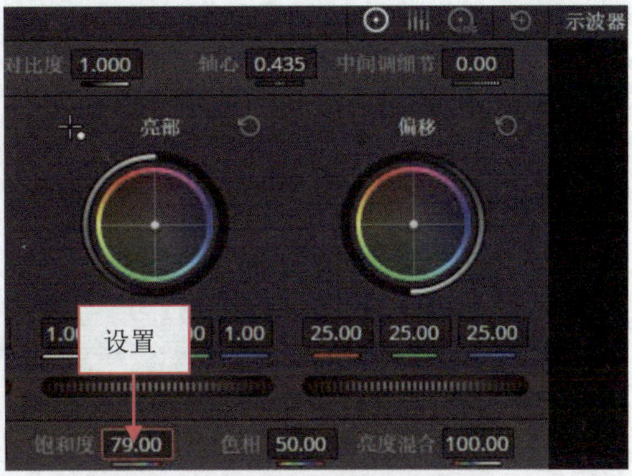

图 4-72　设置“饱和度”参数

▶ 知识扩展

跟踪器主要用来辅助蒙版遮罩或抠像调色，在应用跟踪器前，需要先在图像上创建选取，否则无法正常使用跟踪器。

Step 05 在“检视器”面板中，单击“播放”按钮▶，如图 4-73 所示，在预览窗口中可以看到，当画面中服装的位置发生变化时，绘制的蒙版依旧停在原处，蒙版位置没有发生任何变化，此时服装与蒙版分离，调整的饱和度只用于蒙版选区，分离后的服装饱和度便恢复了原样。

Step 06 单击“跟踪器”按钮，如图 4-74 所示，展开“跟踪器-窗口”面板。

图 4-73　单击“播放”按钮

图 4-74　单击“跟踪器”按钮

Step 07 选中“交互模式”复选框，单击“插入”按钮，如图 4-75 所示。

Step 08 在上方面板中，单击“正向跟踪”按钮▶，如图 4-76 所示。

Step 09 执行操作后，即可查看跟踪对象曲线图的变化数据，如图 4-77 所示，其中平移曲线的数据变化最明显。

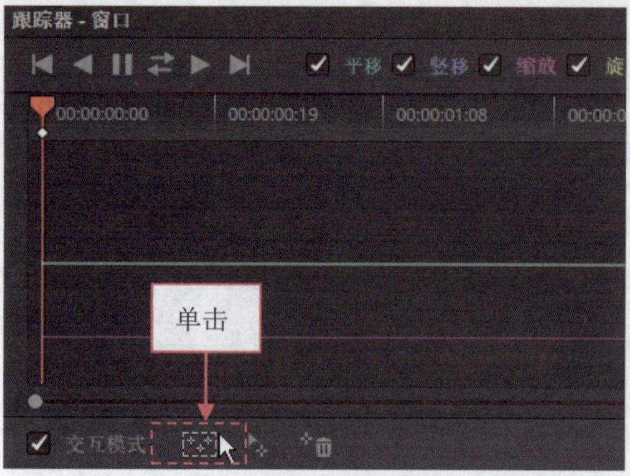

图 4-75　单击“插入”按钮

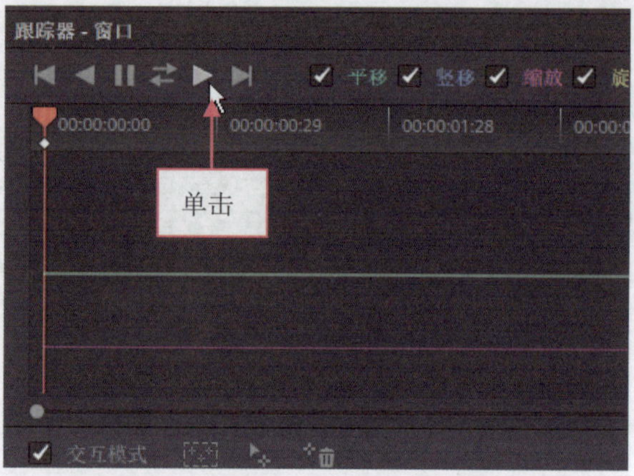

图 4-76　单击“正向跟踪”按钮

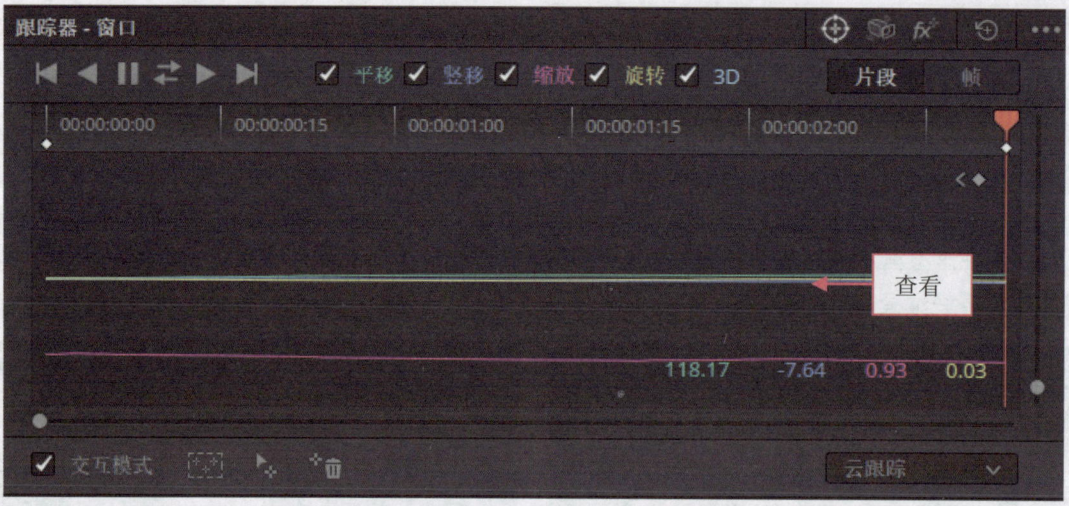

图 4-77　查看曲线图的变化数据

Step10 切换至“剪辑”步骤面板，在预览窗口中，单击“播放”按钮▶，可以查看添加跟踪器后的蒙版效果，前后效果对比展示如图 4-78 所示。

图 4-78　调色前后效果对比展示

4.3.7　使用跟踪器稳定工具调色

当摄影师手抖或扛着摄影机走动时，拍出来的视频会出现画面抖动的情况，往往需要通过一些视频剪辑软件进行稳定处理。DaVinci Resolve 18.5 虽然是个调色软件，但也具有稳定器功能，可以稳定抖动的视频画面，制作出效果更好的作品。下面通过实例介绍具体的操作方法。

使用跟踪器稳定工具调色

Step 01 打开一个项目文件，进入“剪辑”步骤面板，如图 4-79 所示，可以看到图像画面有轻微的晃动，需要对图像进行稳定处理。

Step 02 切换至“调色”步骤面板，单击“色轮”按钮，如图 4-80 所示。

图 4-79　打开一个项目文件

图 4-80　单击“色轮”按钮

Step 03 展开“一级-校色轮”面板，设置“饱和度”参数为 85.60，如图 4-81 所示，即可提升整体画面色彩。

Step 04 在“跟踪器”面板中单击“稳定器”按钮，如图 4-82 所示，即可切换至“跟踪器-稳定器”模式面板。

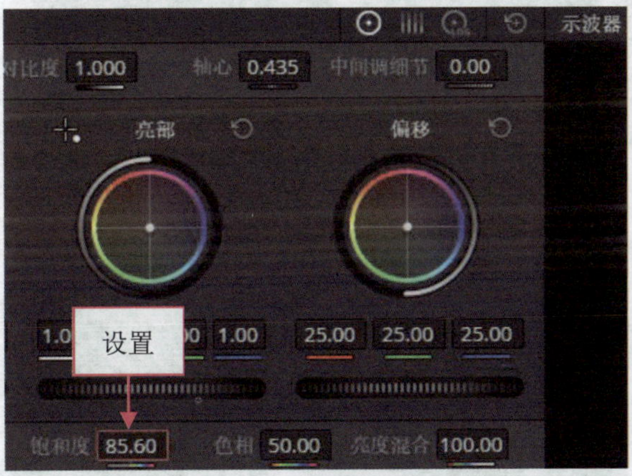

图 4-81　设置“饱和度”参数

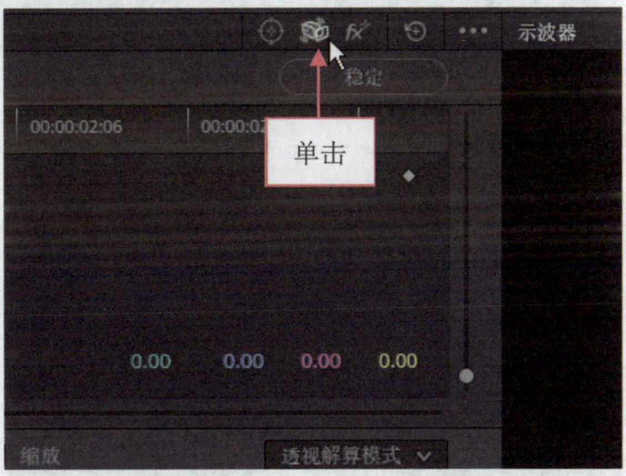

图 4-82　单击“稳定器”按钮

Step 05 用户可以在面板下方微调裁切、平滑以及强度等设置参数，单击“稳定”按钮，如图 4-83 所示。

Step 06 弹出“视频稳定”对话框，显示“正在分析片段”进度，如图 4-84 所示。

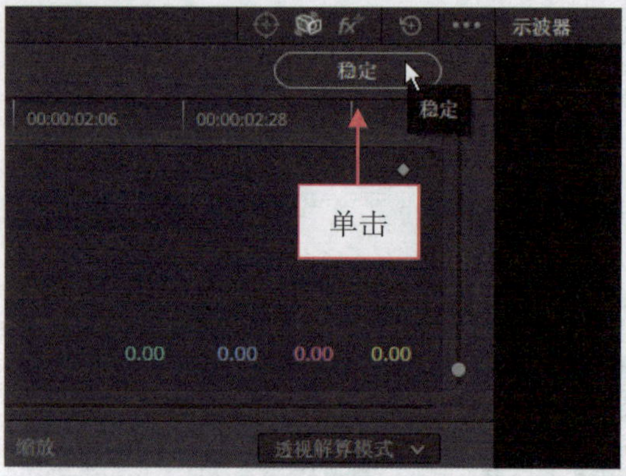

图 4-83　单击“稳定”按钮

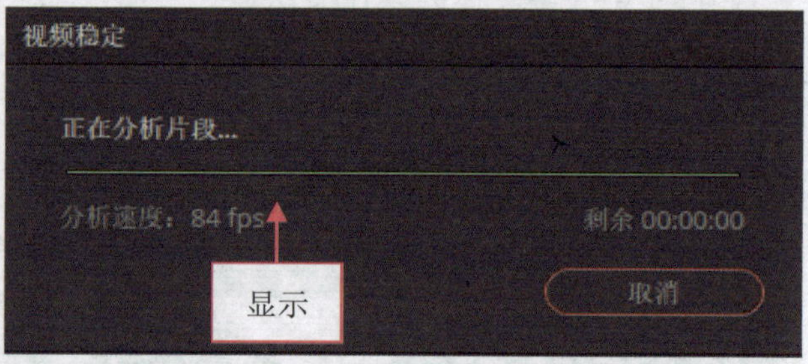

图 4-84　显示“正在分析片段”进度

Step 07 执行操作后，即可通过稳定器稳定抖动画面，曲线图变化参数，如图 4-85 所示。

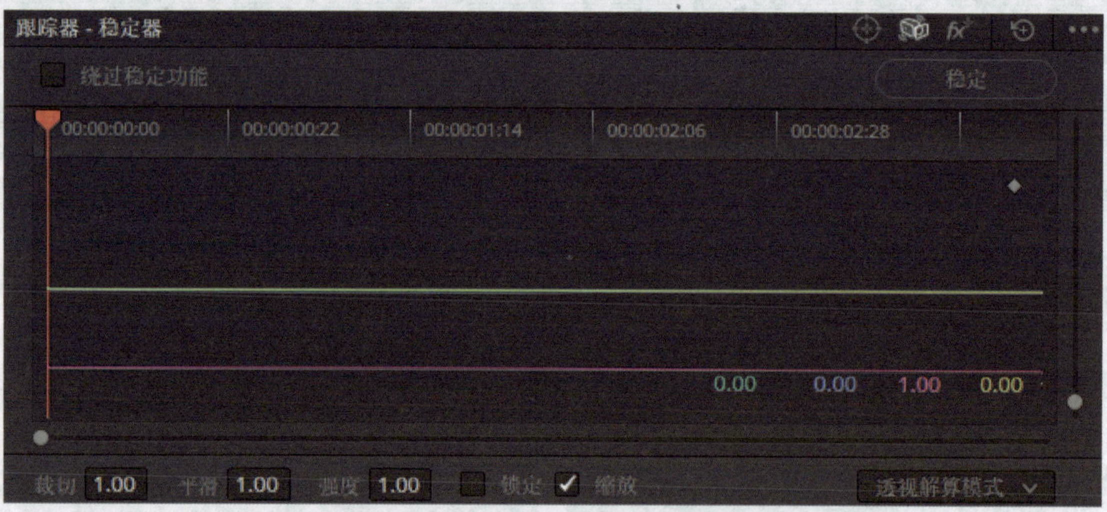

图 4-85　曲线图变化参数

Step 08 在预览窗口中，单击“播放”按钮▶，即可查看画面中的稳定效果，前后效果对比展示如图 4-86 所示。

图 4-86　调色前后效果对比展示

4.4　使用“模糊”功能虚化视频画面的方法

在达芬奇“调色”步骤面板中，“模糊”面板有 3 种不同的操作模式，分别是“模糊”“锐化”以及“雾化”。每种模式都有独立的操作面板，可以配合限定器、窗口、跟踪器等功能对图像画面进行二级调色。

4.4.1　使用模糊画面处理视频

在“模糊”功能面板中，“模糊”操作模式面板是该功能的默认面板。通过调整面板中的通道滑块，可以为图像制作出高斯模糊效果。

在“模糊”操作模式面板中一共显示了 3 组调节通道，如图 4-87 所示，分别是“半径”“水平/垂直比率”以及“缩放比例”。其中，只有“半径”和“水平/垂直比率”两组通道能调控操作，“缩放比例”通道和下方面板中的“核心柔化”“级别”“混合”不可调控操作。

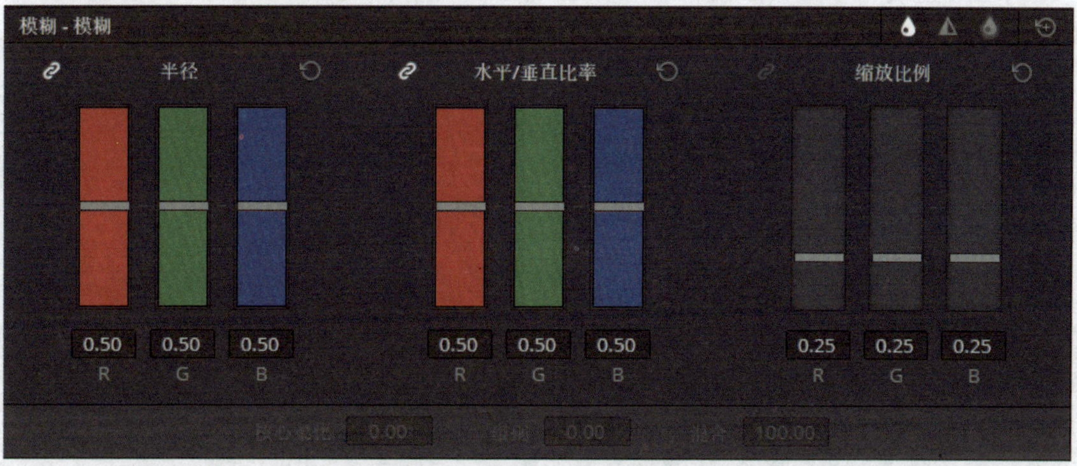

图 4-87　“模糊”操作模式面板

通道的左上角都有一个链接按钮，默认情况下链接按钮为启动状态。单击该按钮关闭链接，即可单独调节 RGB 控制条上的滑块，启动链接即可同时调节 3 个控制条的滑块。

将“半径”通道的滑块往上调整，可以增加图像的模糊度，往下调整则可以降低模糊增加锐化。将“水平/垂直比率”通道的滑块往上调整，被模糊或锐化后的图像会沿水平方向扩大影响范围，将“水平/垂直比率”通道的滑块往下调整，被模糊或锐化后的图像则会沿垂直方向扩大影响范围。下面通过实例介绍具体的操作方法。

使用模糊画面处理视频

Step 01 打开一个项目文件，进入“剪辑”步骤面板，如图 4-88 所示，需要对花朵周围进行模糊处理，突出花朵。

Step 02 切换至“调色”步骤面板，在“窗口”预设面板中，单击圆形“窗口激活”按钮，如图 4-89 所示。

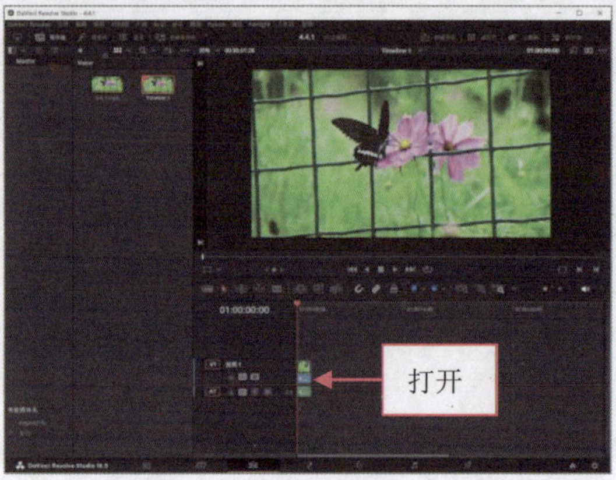

图 4-88　打开一个项目文件

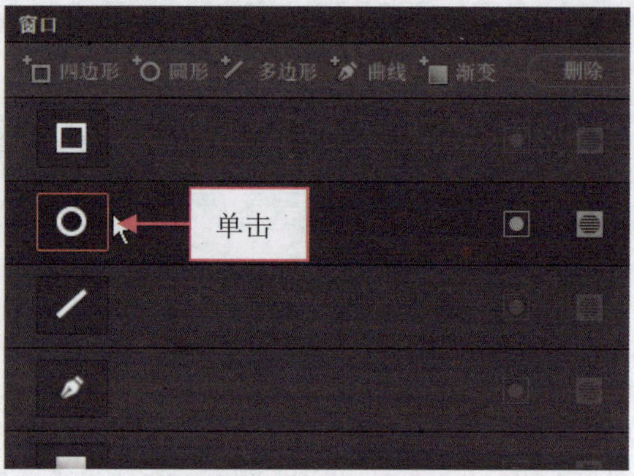

图 4-89　单击圆形“窗口激活”按钮

Step 03 在预览窗口中，创建一个圆形蒙版遮罩，调整蒙版大小和位置，如图 4-90 所示，选取花朵。

Step 04 在“窗口”预设面板中，单击“反向”按钮，如图 4-91 所示，反向选取周围的花朵、青草以及栏杆。

图 4-90　调整蒙版大小和位置

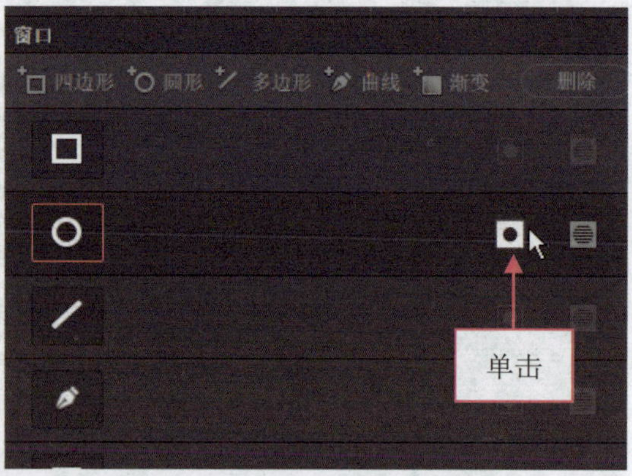

图 4-91　单击“反向”按钮

Step 05 在“柔化”选项区中，设置“柔化 1”参数为 2.93，如图 4-92 所示，柔化选区图像边缘。

Step 06 单击“跟踪器”按钮，如图 4-93 所示。

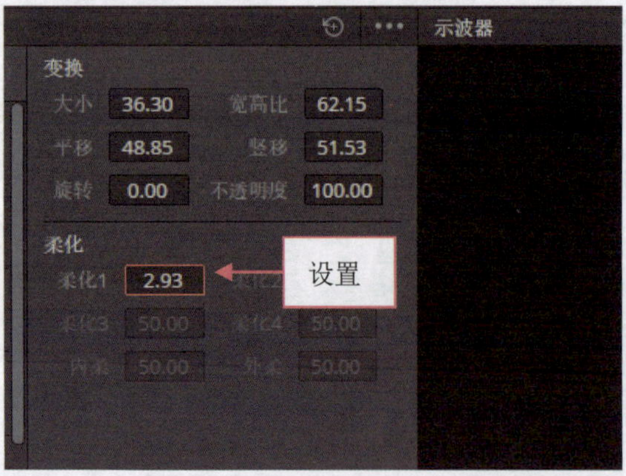

图 4-92　设置“柔化 1”参数

图 4-93　单击“跟踪器”按钮

Step07 单击“正向跟踪”按钮，如图 4-94 所示，跟踪图像运动路径。

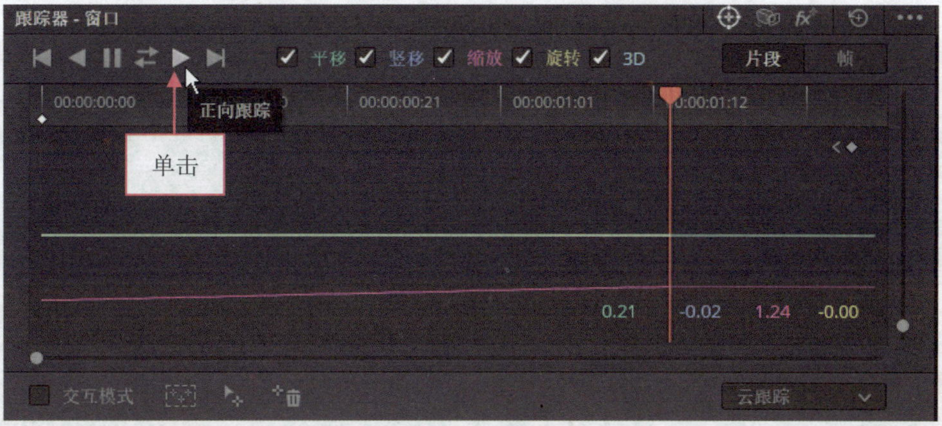

图 4-94　单击“正向跟踪”按钮

Step08 执行上述操作后，单击“模糊”按钮，如图 4-95 所示，切换至“模糊”面板。

Step09 向上拖曳“半径”通道控制条上的滑块，如图 4-96 所示，直至参数均显示为 1.02，调整模糊参数。

图 4-95　单击“模糊”按钮

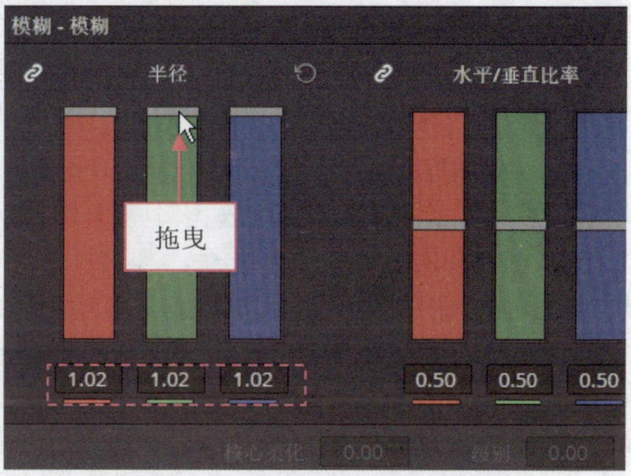

图 4-96　拖曳控制条上的滑块

Step10 切换至“剪辑”步骤面板，在预览窗口中，单击“播放”按钮，可以查看最终效果，前后效果对比展示如图 4-97 所示。

图 4-97　调色前后效果对比展示

4.4.2 使用锐化局部处理视频

在“模糊”操作模式面板中，虽然降低“半径”通道的参数可以提高图像的锐化度，但“锐化”操作模式面板是专门用来调整图像锐化操作的功能，如图 4-98 所示。

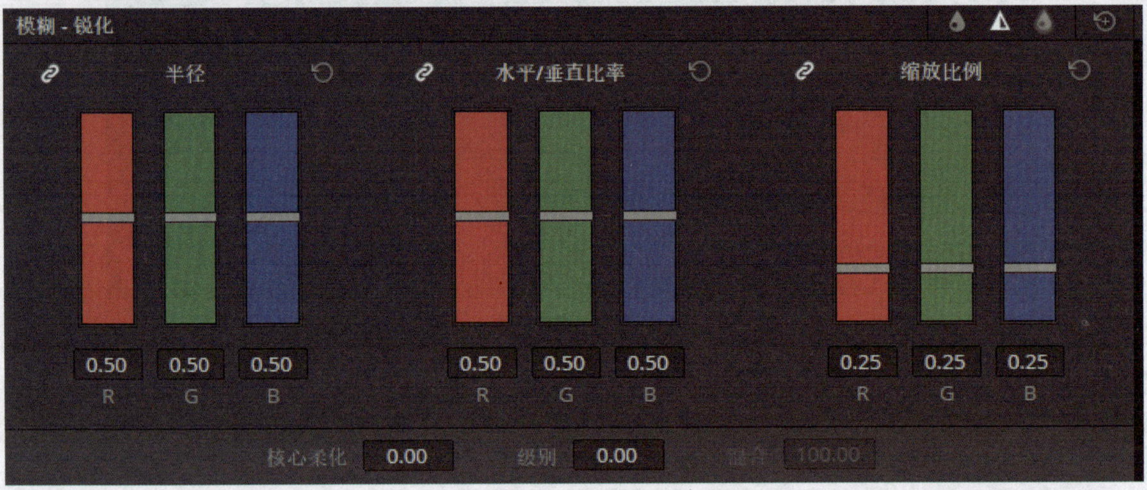

图 4-98 “锐化”操作模式面板

相较于“模糊”操作面板而言，“锐化”操作模式面板中除了“混合”参数无法调控设置外，“缩放比例”“核心柔化”以及“级别”均可进行调控设置。这两个控件作用如下。

➢ **缩放比例：**“缩放比例”通道的作用取决于“半径”通道的参数设置。当“半径”通道参数值在 0.4 或以上时，“缩放比例”通道不会起作用；当“半径”通道参数值在 0.4 以下时，向上拖曳“缩放比例”通道滑块，可以增加图像画面锐化的量。向下拖曳“缩放比例”通道滑块，可以减少图像画面锐化的量。

➢ **核心柔化和级别：**核心柔化和级别是配合使用的，两者是相互影响的关系。“核心柔化”主要作用于调节图像中没有锐化的细节区域，当“级别”参数值为 0 时，“核心柔化”能锐化的细节区域不会发生太大的变化；当“级别”参数值越高（最大值为 100.0），“核心柔化”能锐化的细节区域影响越大。

下面通过实例操作介绍使用锐化局部处理视频的操作方法。

使用锐化局部处理视频

Step 01 打开一个项目文件，进入“剪辑”步骤面板，如图 4-99 所示，需要对画面中的花朵进行锐化处理。

Step 02 切换至“调色”步骤面板，单击“限定器”按钮，如图 4-100 所示。

Step 03 切换至“限定器-HSL”面板，单击“拾取器”按钮，在预览窗口中，单击“突出显示”按钮，如图 4-101 所示。

Step 04 执行操作后，在预览窗口中，选取花朵，如图 4-102 所示。

Step 05 切换至“模糊”面板，单击“锐化”按钮，如图 4-103 所示。

图 4-99　打开一个项目文件

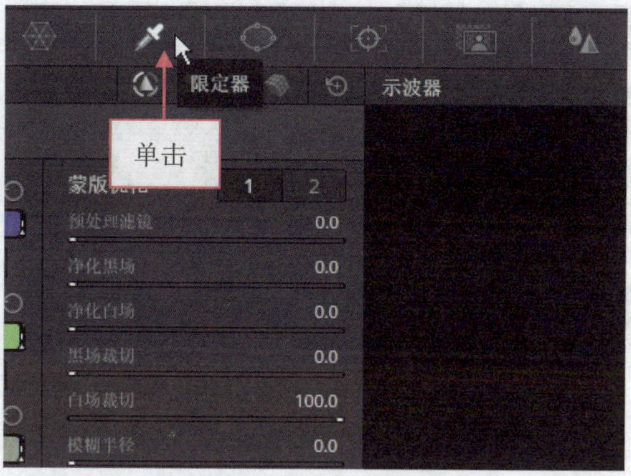

图 4-100　单击“限定器”按钮

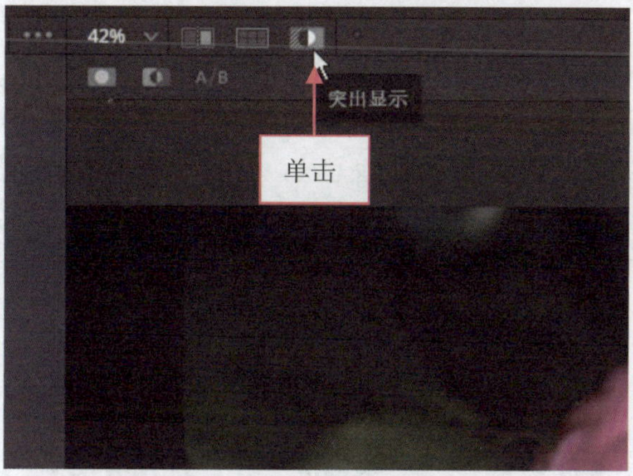

图 4-101　单击“突出显示”按钮

图 4-102　选取花朵

Step 06 切换至“模糊-锐化”面板，向下拖曳“半径”通道控制条上的滑块，如图 4-104 所示，直至参数均显示为 0.00。

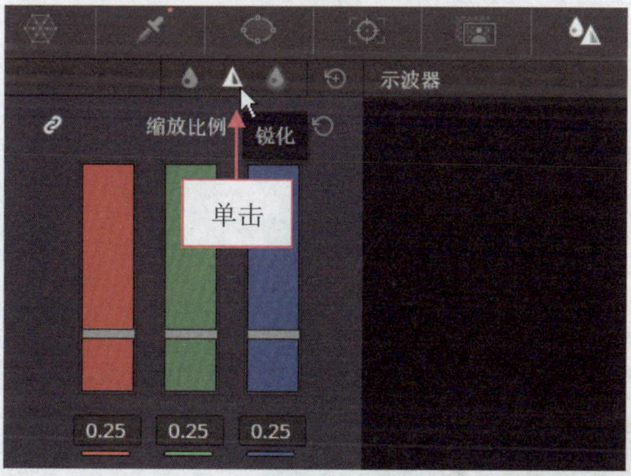

图 4-103　单击“锐化”按钮

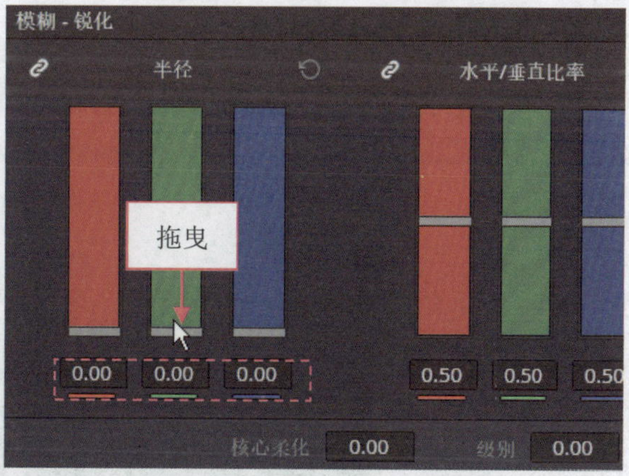

图 4-104　拖曳“半径”滑块

Step 07 切换至“剪辑”步骤面板，在预览窗口中，单击“播放”按钮▶，可以查看锐化效果，前后效果对比展示如图 4-105 所示。

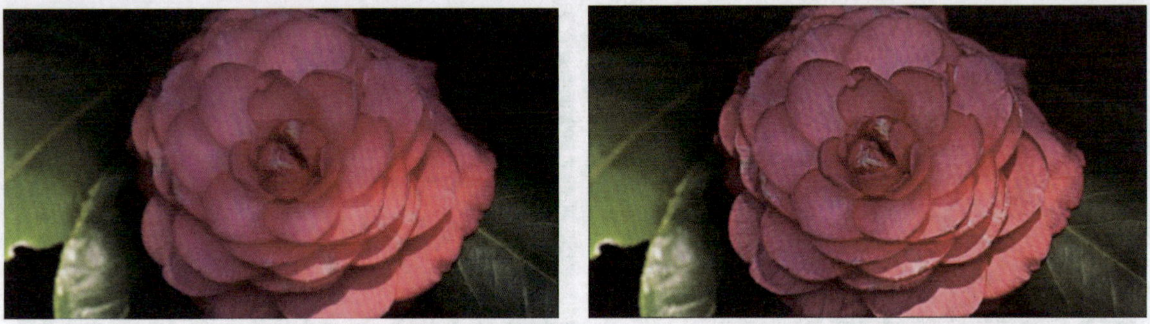

图 4-105　调色前后效果对比展示

本章小结

本章主要讲述了在达芬奇中进行二级调色的相关基础知识。首先介绍了使用曲线功能调色的操作方法，包括调色曲线模式、使用色相对色相调色、使用色相对饱和度调色、使用亮度对饱和度调色、使用饱和度对饱和度调色；然后介绍了二级调色的基本方法，包括了 HSL 限定器工具调色、RGB 限定器工具调色、亮度限定器工具调色、3D 限定器工具调色、形状窗口工具调色、跟踪器窗口工具调色以及跟踪器稳定工具调色等方法；最后介绍了使用“模糊”功能虚化视频画面的方法，包括了模糊处理以及锐化处理等。通过对本章的学习，希望读者能掌握在达芬奇中进行二级调色的一些基本知识和方法。

课后习题

课后习题 1　　课后习题 2

鉴于本章知识的重要性，为了让读者能够更好地掌握所学知识，本节将通过上机习题进行简单的知识回顾和补充。

1. 蒙版调色

本题需要掌握在达芬奇中应用“窗口”面板中的形状工具在图像画面上绘制选区，可以根据需要调整默认的蒙版尺寸大小、位置和形状，调色前后对比展示如图 4-106 所示。

图 4-106　调色前后对比展示

2．雾化处理

本题需要掌握在达芬奇中调整雾化效果的强度、范围和颜色，可以创造出不同氛围的过渡效果。请对视频素材进行雾化处理，调色前后对比展示如图 4-107 所示。

图 4-107　调色前后对比展示

第 5 章
节点调色

5

节点是达芬奇调色软件非常重要的功能之一，它可以帮助用户更好地对图像画面进行调色处理。灵活使用达芬奇调色节点，可以实现各种精彩的视频效果，提高用户的办公效率。本章将主要讲述节点的基础知识，并通过节点制作出抖音热门的调色视频等内容。

本章重点

- 了解添加节点基础知识
- 掌握添加视频节点调色的方法
- 熟知制作抖音热门视频效果的方法

学习目标

- 通过达芬奇软件节点调色的学习，可以促进学生的全面发展，包括知识技能、思维能力、情感态度等方面的发展
- 通过学习达芬奇软件节点调色，学生可以掌握相关的技能和知识，提高自己的职业素养和就业竞争力，为未来的职业发展打下坚实的基础

5.1　添加节点基础知识

在达芬奇中，可以将节点理解成处理图像画面的“层”（例如 Photoshop 软件中的图层），一层一层画面叠加组合形成特殊的图像效果。每一个节点都可以独立进行调色校正处理，可以通过更改节点连接调整节点调色顺序或组合方式。下面介绍达芬奇调色节点的基础知识。

5.1.1　“节点”面板

在达芬奇中，“节点”面板位于“调色”步骤面板的右上角。下面介绍在达芬奇中打开“节点”面板的具体操作。

“节点”面板

Step01 打开一个项目文件，进入“剪辑”步骤面板，如图 5-1 所示。

Step02 在预览窗口中，可以查看打开的项目效果，如图 5-2 所示。

图 5-2　打开一个项目文件

图 5-2　查看打开的项目效果

Step03 切换至“调色”步骤面板，在右上角单击“节点”按钮，如图 5-3 所示，即可打开“节点”面板，再次单击“节点”按钮，即可隐藏面板。

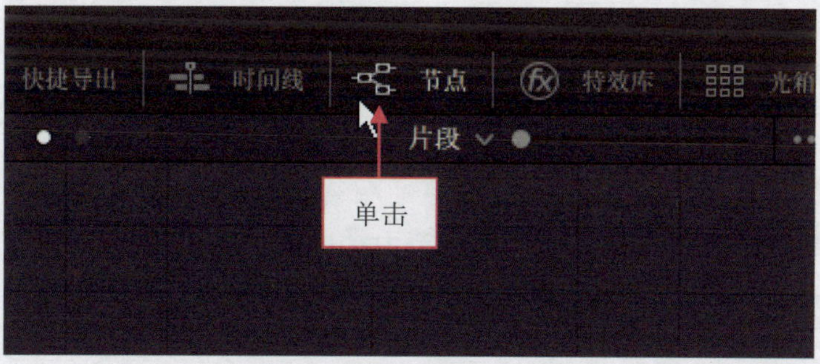

图 5-3　单击“节点”按钮

5.1.2　“节点”面板的功能

在达芬奇“节点”面板中，通过编辑节点可以实现合成图像。下面通过节点介绍“节点”面板中的各个功能，如图 5-4 所示。

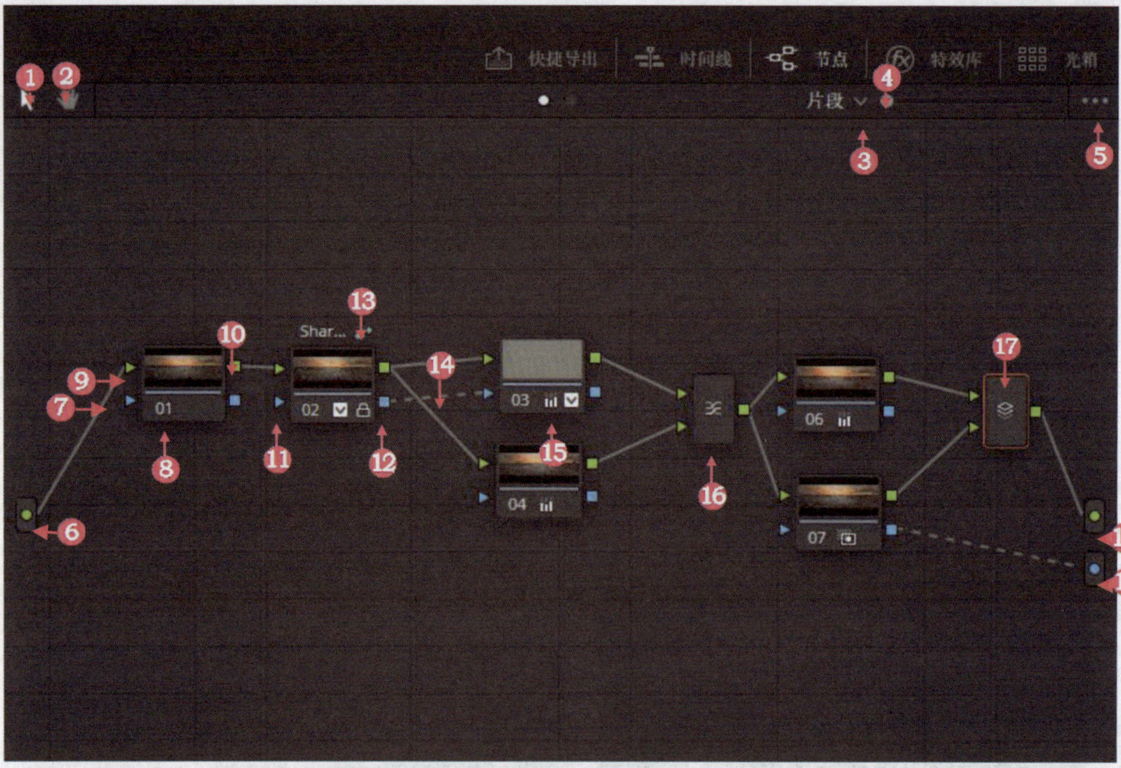

图 5-4 “节点”面板中的节点网示例图

在“窗口”面板中，需要了解以下按钮的作用。

❶ **“选择”工具**：在“节点”面板中，默认状态下光标呈箭头形状，表示为“选择”工具，应用“选择”工具可以选择面板中的节点，并通过拖曳的方式在面板中移动所选节点的位置。

❷ **“平移”工具**：单击“平移”工具，即可使面板中的光标呈手掌形状，按住鼠标左键后，光标呈抓手形状，此时上下左右拖曳面板，即可对面板中所有的节点执行上下左右平移操作。

❸ **节点模式下拉菜单按钮**：单击该按钮，弹出下拉菜单列表框，其中有两种节点模式，分别是“片段”和“时间线”，默认状态下为“片段”节点模式。在“片段”模式面板中调节的是当前素材片段的调色节点，而在“时间线”模式面板中调节的则是“时间线”面板中所有素材片段的调色节点。

❹ **缩放滑块**：通过左右拖曳滑块调节面板中节点显示的大小。

❺ **快捷设置按钮**：单击该按钮，可以在弹出的列表框中，选择相应选项设置“节点”面板。

❻ **“源”图标**：在“节点”面板中，“源”图标是一个绿色的标记，表示素材片段的源头，从“源”向节点传递素材片段的 RGB 信息。

❼ **RGB 信息连接线**：RGB 信息连接线以实线显示，是两个节点间接收信息的枢纽，可以将上一个节点的 RGB 信息传递给下一个节点。

❽ **节点编号**：在“节点”面板中，每一个节点都有一个编号，主要根据节点添加的先

后顺序来编号，但节点编号不一定是固定的。例如，当用户删除 02 节点后，03 节点的编号可能会更改为 02。

⑨ **“RGB 输入”图标**：在“节点”面板中，每个节点的左侧都有一个绿色的三角形图标，该图标即是“RGB 输入”图标，表示素材 RGB 信息的输入。

⑩ **“RGB 输出”图标**：在“节点”面板中，每个节点的右侧都有一个绿色的方块图标，该图标即是“RGB 输出”图标，表示素材 RGB 信息的输出。

⑪ **“键输入”图标**：在“节点”面板中，每个节点的左侧都有一个蓝色的三角形图标，该图标即是“键输入”图标，表示素材 Alpha 信息的输入。

⑫ **“键输出”图标**：在“节点”面板中，每个节点的右侧都有一个蓝色的方块图标，该图标即是“键输出”图标，表示素材 Alpha 信息的输出。

⑬ **共享节点**：在节点上单击鼠标右键，弹出快捷菜单，选择“另存为共享节点”选项，即可将选择的节点设置为共享节点，在共享节点上方会有一个共享节点标签 Shar...，并且节点图标上会出现一个锁定图标，该节点的调色信息即可共享给其他片段，当用户调整共享节点的调色信息时，其他被共享的片段也会随之改变。

⑭ **Alpha 信息连接线**：Alpha 信息连接线以虚线显示，连接“键输入”图标与“键输出”图标，在两个节点中传递 Alpha 通道信息。

⑮ **调色提示图标**：当在选择的节点上进行调色处理后，在节点编号的右边会出现相应的调色提示图标。

⑯ **“图层混合器”节点**：在达芬奇“节点”面板中，不支持多个节点同时连接一个 RGB 输入图标，因此当需要进行多个节点叠加调色时，需要添加并行混合器或图层混合器节点进行重组输出。“图层混合器”节点在叠加调色时，会按上下顺序优先选择连接最低输入图标的那个节点进行信息分配。

⑰ **“并行混合器”节点**：当在现有的校正器节点上添加并行节点时，添加的并行节点会出现在现有节点的下方，“并行混合器”节点会显示在校正器节点和并行节点的输出位置。“并行混合器”节点和“图层混合器”节点一样，支持多个输入连接图标和一个输出连接图标，但其作用与“图层混合器”节点不同，“并行混合器”节点主要是将并列的多个节点的调色信息汇总后输出。

⑱ **“RGB 最终输出”图标**：在“节点”面板中，“RGB 最终输出”图标是一个绿色的标记，当调色完成后，需要通过连接该图标才能将片段的 RGB 信息进行最终输出。

⑲ **“Alpha 最终输出”图标**：在“节点”面板中，“Alpha 最终输出”图标是一个蓝色的标记，图像调色完成后，需要连接该图标才能将片段的 Alpha 通道信息进行最终输出。

5.2 添加视频节点调色

“节点”面板中有多种节点类型，包括“校正器”节点、“并行混合器”节点、“图层混合器”节点、“键混合器”节点、“分离器”节点以及“结合器”节点等。默认状态下，展开“节点”面板，面板上显示的节点为“校正器”节点。下面介绍在达芬奇中添加视频节点调色的操作方法。

5.2.1 添加串行节点调色

添加串行节点调色

在达芬奇中，串行节点是最简单的节点组合。上一个节点的 RGB 调色信息，会通过 RGB 信息连接线传递输出，作用于下一个节点上，可以满足用户的大部分调色需求。下面通过案例介绍添加串行节点调色的具体操作方法。

Step 01 打开一个项目文件，进入“剪辑”步骤面板，如图 5-5 所示，可以看到画面有点偏暗，需要增加画面饱和度。

Step 02 切换至“调色”步骤面板，在“节点”面板中，选择编号为 01 的节点，如图 5-6 所示，可以看到 01 节点上没有任何的调色图标，表示当前素材并未有过调色处理。

图 5-5　打开一个项目文件

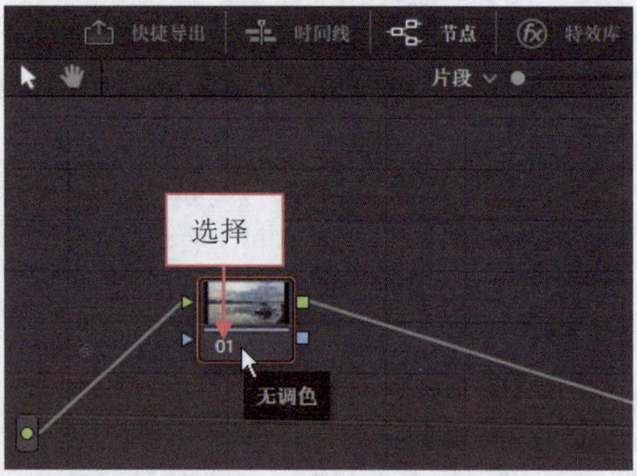

图 5-6　选择 01 节点

Step 03 展开“窗口”面板，单击渐变“窗口激活”按钮，如图 5-7 所示。

Step 04 在预览窗口的图像上会出现一个蒙版，并调整蒙版位置和大小，如图 5-8 所示。

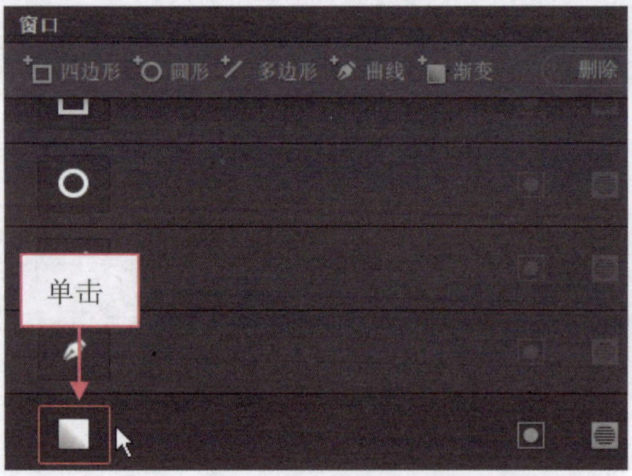

图 5-7　单击渐变“窗口激活”按钮

图 5-8　调整蒙版位置和大小

Step 05 执行操作后，展开“色轮”面板，单击“偏移”色轮中间的圆圈，按住鼠标左键并向紫色区块拖曳，至合适位置后释放鼠标左键，调整偏移参数，如图 5-9 所示，即可将天空画面调成紫色系。

Step 06 在“节点”面板编号 01 的节点上，单击鼠标右键，弹出快捷菜单，选择“添加节点”|“添加串行节点”选项，如图 5-10 所示。

图 5-9　调整“偏移”参数

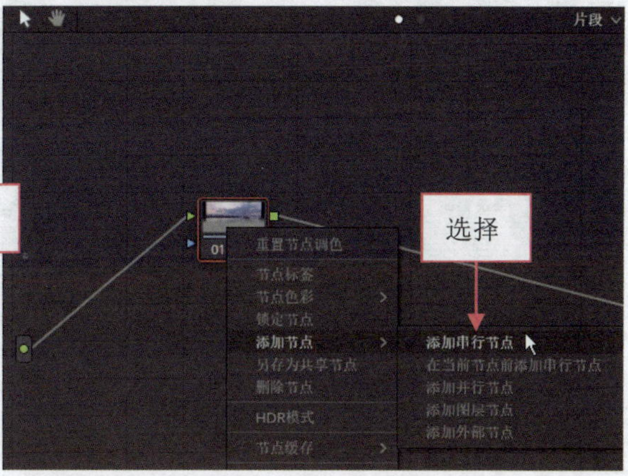

图 5-10　选择“添加串行节点”选项

Step 07 执行操作后，即可添加一个编号为 02 的串行节点，如图 5-11 所示。由于串行节点是上下层关系，上层节点的调色效果会传递给下层节点，因此，新增的 02 节点会保持 01 节点的调色效果，在 01 节点调色基础上，即可继续在 02 节点上进行调色。

Step 08 展开“窗口”面板，单击渐变“窗口激活”按钮，并再次单击“反向”按钮，如图 5-12 所示。

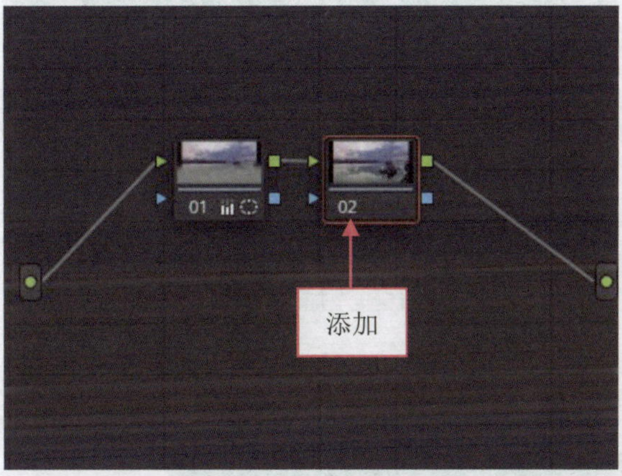

图 5-11　添加 02 的串行节点

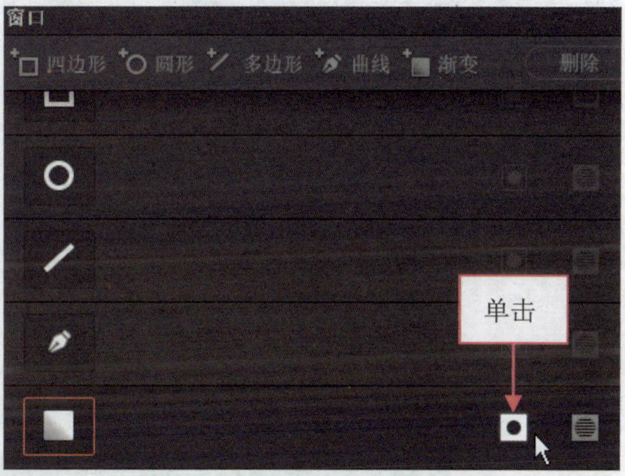

图 5-12　单击“反向”按钮

Step 09 在预览窗口的图像上会出现一个蒙版，拖曳蒙版四周的控制柄，调整蒙版位置和形状大小，如图 5-13 所示。

Step 10 展开“色轮”面板，单击“偏移”色轮中间的圆圈，按住鼠标左键并向紫色区块拖曳，至合适位置后释放鼠标左键，调整偏移参数，如图 5-14 所示，即可将海水调成紫色。

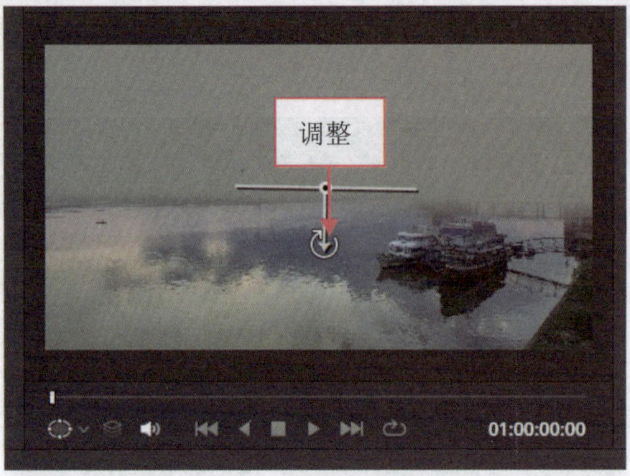

图 5-13　调整位置和形状大小

图 5-14　调整“偏移”参数

Step 11 在“节点”面板编号 02 的节点上，单击鼠标右键，弹出快捷菜单，选择“添加节点”|“添加串行节点”选项，如图 5-15 所示。

Step 12 执行操作后，即可添加一个编号为 03 的串行节点，如图 5-16 所示。

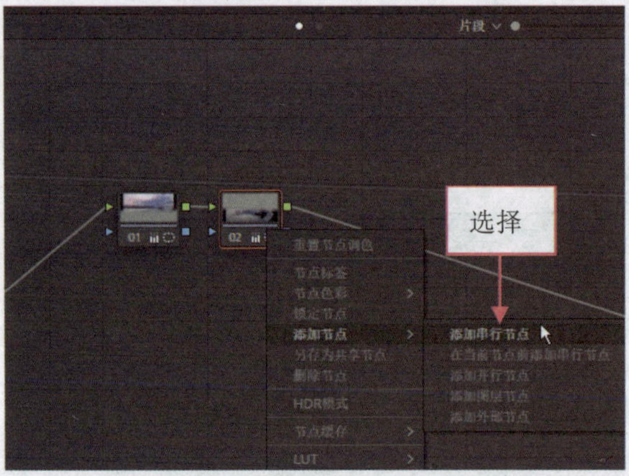

图 5-15　选择“添加串行节点”选项

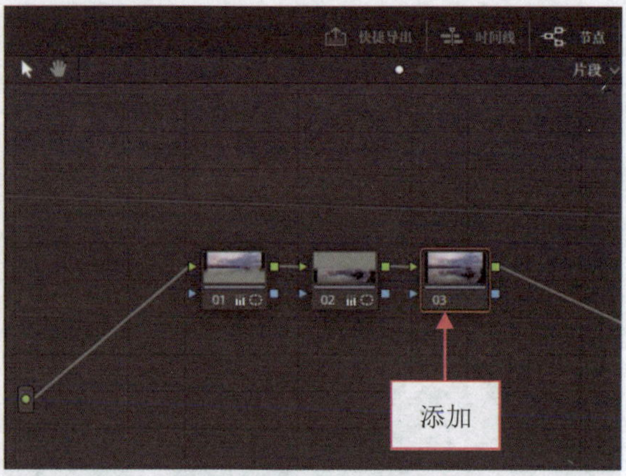

图 5-16　添加 03 的串行节点

Step 13 展开“色轮”面板，设置“饱和度”参数为 80.20，如图 5-17 所示，即可调整整体画面的色彩，使画面更加精美。

图 5-17　设置“饱和度”参数

Step 14 在预览窗口中，可以查看最终效果，前后效果对比展示如图 5-18 所示。

图 5-18　调色前后效果对比展示

5.2.2　添加并行节点调色

在达芬奇中，并行节点的作用是把并行结构的节点之间的调色结果进行叠加混合。下面通过案例介绍具体的操作方法。

添加并行节点调色

Step 01 打开一个项目文件，进入“剪辑”步骤面板，如图 5-19 所示，显示的图像画面饱和度有些欠缺，需要提高画面饱和度，素材图像画面可以分为天空和沙漠两个区域进行调色。

Step 02 切换至“调色”步骤面板，在“节点”面板中，选择编号为 01 的节点，如图 5-20 所示。

图 5-19　打开一个项目文件

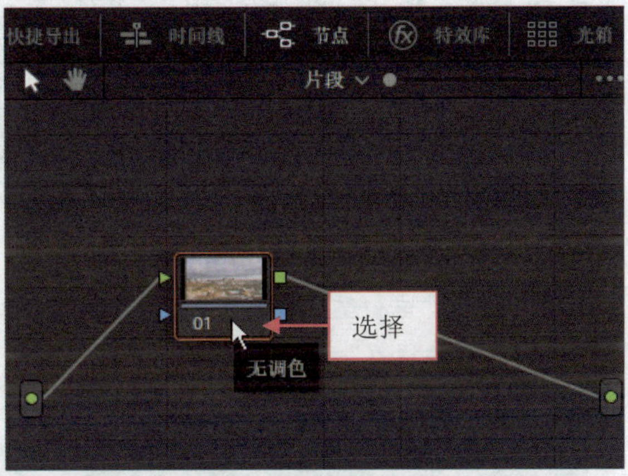

图 5-20　选择编号为 01 的节点

Step 03 在“检视器”面板中，单击“突出显示”按钮，如图 5-21 所示。

Step 04 切换至“限定器”面板，应用“拾取器”工具，在预览窗口的图像上，选取天空区域画面，未被选取的沙漠区域则呈灰色画面显示，如图 5-22 所示。

Step 05 在“节点”面板中，可以查看选取区域画面后 01 节点缩略图显示的画面效果，如图 5-23 所示。

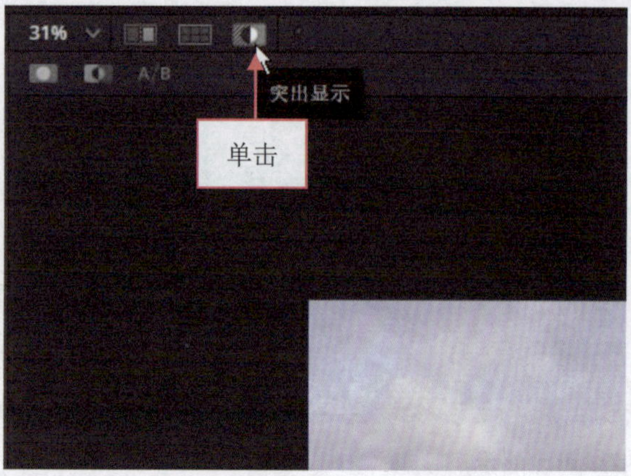

图 5-21　单击“突出显示”按钮

图 5-22　选取天空区域画面

Step 06 切换至“色轮”面板，设置“暗部”白色参数为 0.06，如图 5-24 所示，提升云层的亮度，让云朵更加透彻。

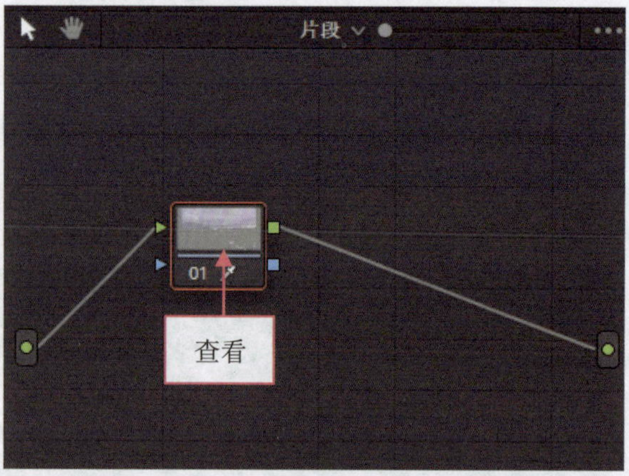

图 5-23　查看 01 节点缩略图

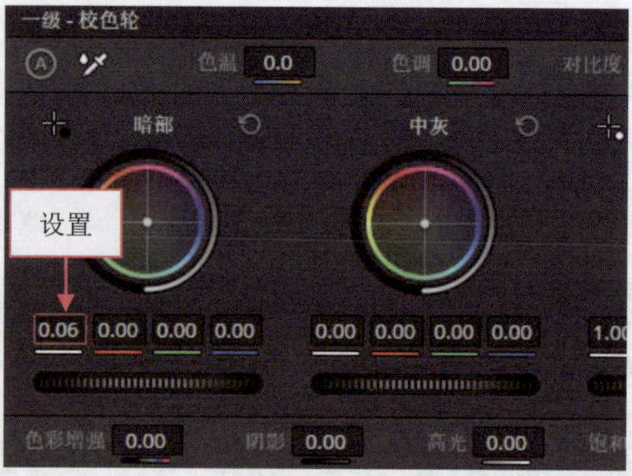

图 5-24　设置“暗部”白色参数

Step 07 设置“饱和度”参数为 85.00，如图 5-25 所示，即可提升画面中的天空饱和度。

Step 08 在“检视器”面板中，取消“突出显示”按钮，在预览窗口中查看画面效果，如图 5-26 所示。

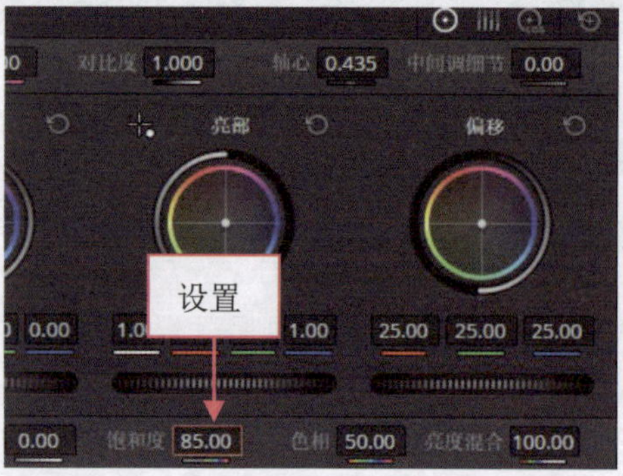

图 5-25　设置“饱和度”参数

图 5-26　查看画面效果

Step 09 执行操作后，再次单击“突出显示”按钮，在“节点”面板中选中 01 节点，单击鼠标右键，弹出快捷菜单，选择“添加节点”|“添加并行节点”选项，如图 5-27 所示。

Step 10 执行操作后，即可在 01 节点的下方和右侧添加一个编号为 02 的并行节点和一个“并行混合器”节点，如图 5-28 所示。与串行节点不同，并行节点的 RGB 输入连接的是“源”图标，01 节点调色后的效果并未输出到 02 节点上，而是输出到了“并行混合器”节点上。因此，02 节点显示的图像 RGB 信息还是原素材图像信息。

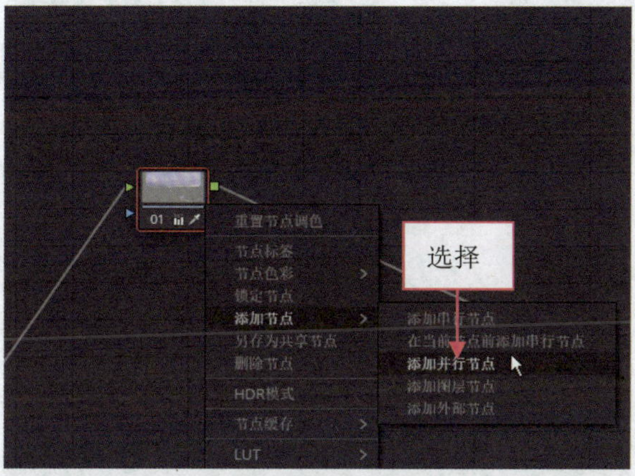

图 5-27　选择“添加并行节点”选项

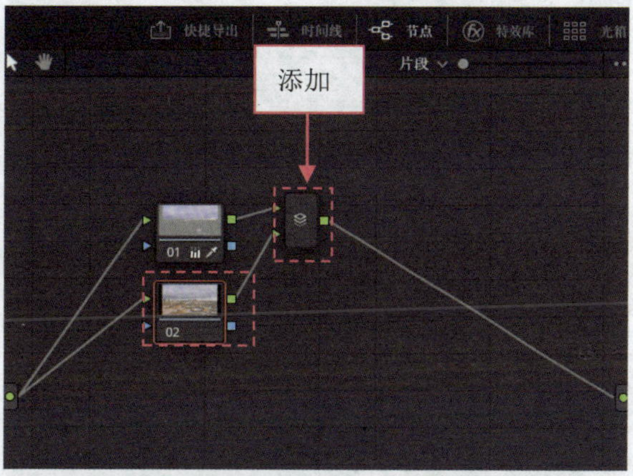

图 5-28　添加 02 的并行节点和“并行混合器”节点

Step 11 切换至“限定器”面板，单击“拾取器”按钮，如图 5-29 所示。

Step 12 在预览窗口的图像上，再次选取天空区域画面，然后返回“限定器”面板，单击“反向”按钮，如图 5-30 所示。

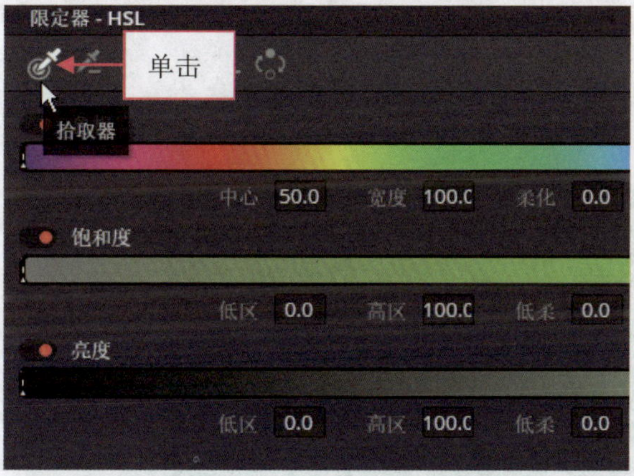

图 5-29　单击“拾取器”按钮

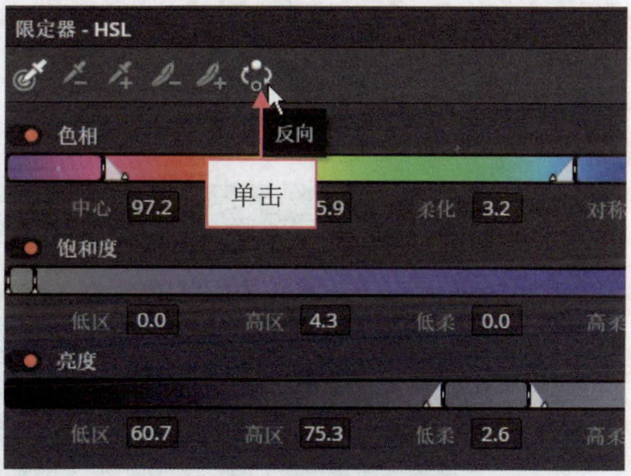

图 5-30　单击“反向”按钮

Step 13 在预览窗口中，可以查看选取的山座区域画面，如图 5-31 所示。

Step 14 切换至“色轮”面板，设置“饱和度”参数为 79.80，如图 5-32 所示，提高山座画面的饱和度。

Step 15 切换至“剪辑”步骤面板，在预览窗口中，单击“播放”按钮，可以查看最终效果，前后效果对比展示如图 5-33 所示。

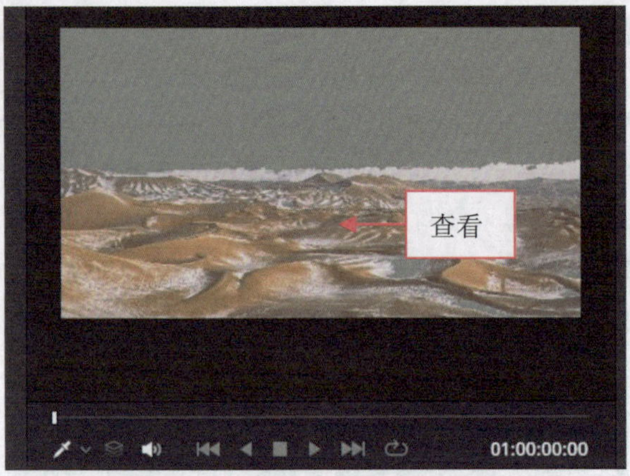

图 5-31　查看选取的山座区域画面

图 5-32　设置“饱和度”参数

图 5-33　调色前后效果对比展示

▶ 知识扩展

在“节点”面板中，选择“并行混合器”节点，单击鼠标右键，弹出快捷菜单，选择“变换为图层混合器节点”选项，如图 5-34 所示，即可将“并行混合器”节点更换为“图层混合器”节点。

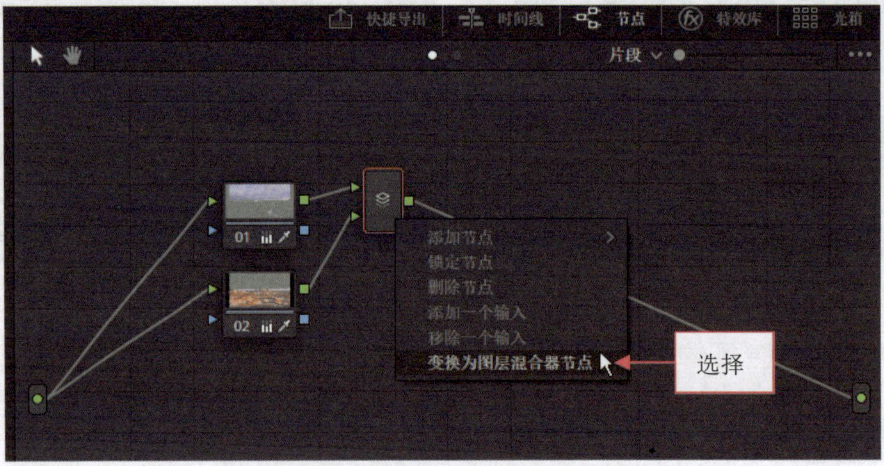

图 5-34　选择“变换为图层混合器节点”选项

5.2.3　添加键混合器节点调色

添加键混合器节点调色

在每个调色节点上都有一个“键输入”或“键输出”图标，即表示每个调色节点上都包含 Alpha 通道信息。在“节点”面板中，“键混合器”节点可以将不同节点上的 Alpha 通道信息相加或相减，通过校色操作输出最终效果。下面介绍添加键混合器节点调色的操作方法。

Step 01 打开一个项目文件，进入“剪辑”步骤面板，如图 5-35 所示，需要修改图像画面中花朵的颜色，可以通过选取花朵颜色，运用“键混合器”节点调整色相，输出调色效果。

Step 02 切换至“调色”步骤面板，在“节点”面板中，选择编号为 01 的节点，如图 5-36 所示。

图 5-35　打开一个项目文件

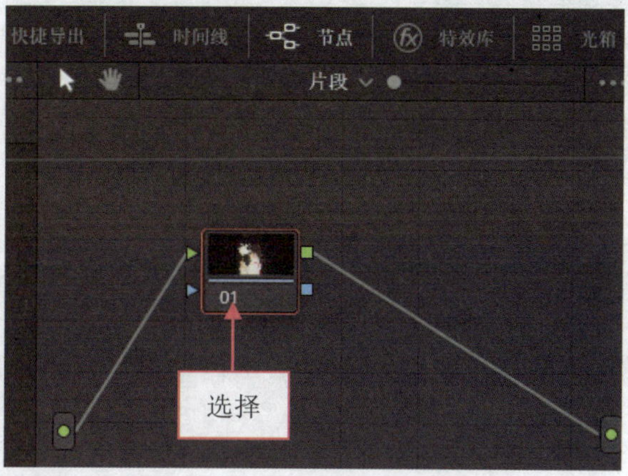

图 5-36　选择编号为 01 的节点

Step 03 在“检视器”面板中，单击“突出显示”按钮，方便查看后续颜色选取，如图 5-37 所示。

Step 04 展开“窗口”面板，单击曲线“窗口激活”按钮，如图 5-38 所示。

图 5-37　单击“突出显示”按钮

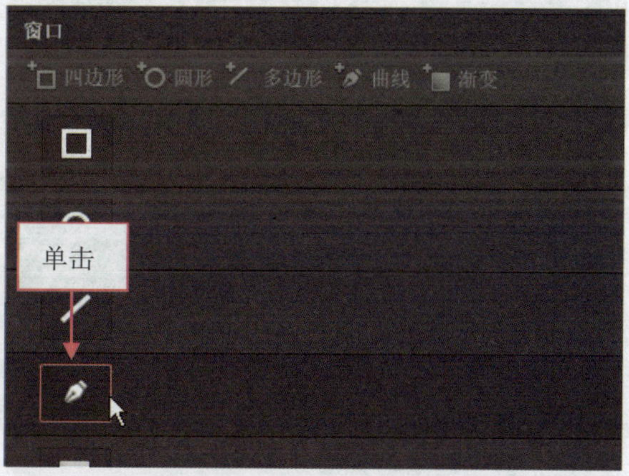

图 5-38　单击曲线“窗口激活”按钮

Step 05 在预览窗口的图像上绘制一个窗口蒙版，如图 5-39 所示。

Step 06 在“节点”面板中的01节点上单击鼠标右键，弹出快捷菜单，选择“添加节点”|“添加并行节点”选项，如图5-40所示，即可在“节点”面板中，添加一个编号为02的并行节点和一个“并行混合器”节点。

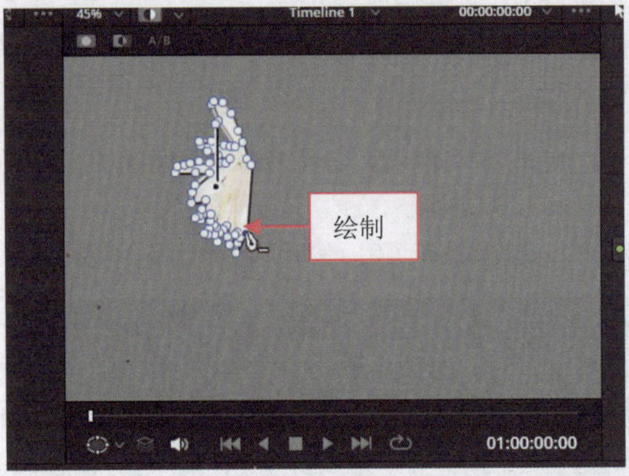

图5-39 绘制一个窗口蒙版

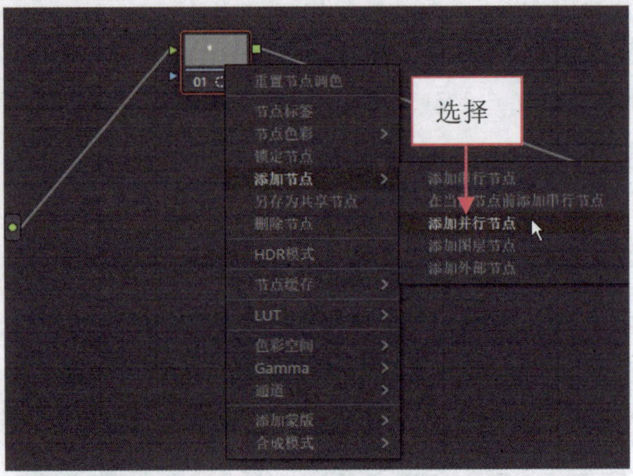

图5-40 选择“添加并行节点”选项

Step 07 用与上同样的方法，单击曲线“窗口激活”按钮，在预览窗口的图像上绘制一个窗口蒙版，如图5-41所示。

Step 08 在“节点”面板中，选择02节点，单击鼠标右键，弹出快捷菜单，选择“添加节点”|“添加并行节点”选项，如图5-42所示，添加一个编号为03的并行节点和一个“并行混合器”节点。

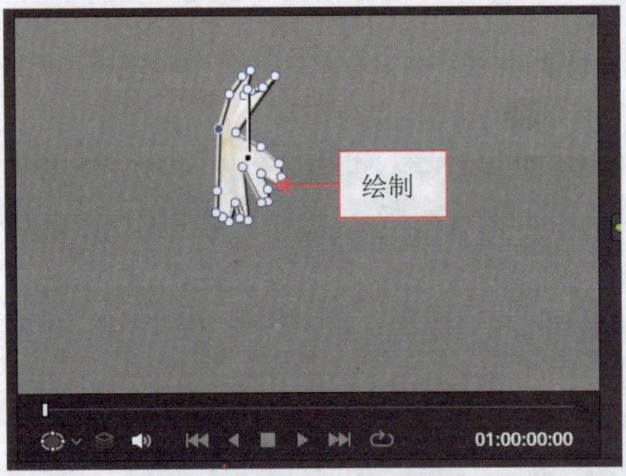

图5-41 绘制一个窗口蒙版

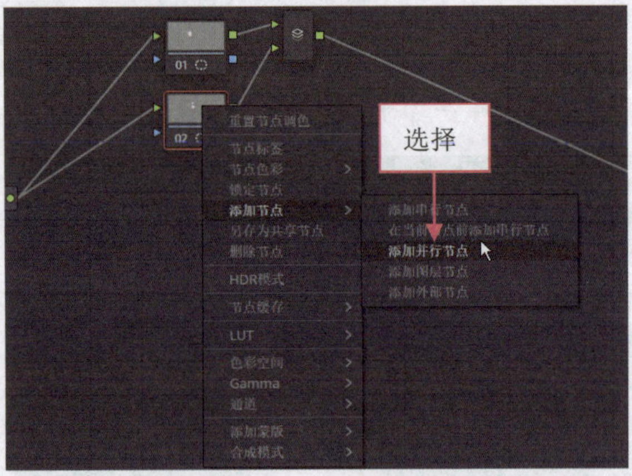

图5-42 选择“添加并行节点”选项

Step 09 在“节点”面板的空白位置处单击鼠标右键，弹出快捷菜单，选择“添加节点”|“键混合器”选项，如图5-43所示。

Step 10 执行操作后，即可添加一个“键混合器”节点，如图5-44所示。

Step 11 将01节点和02节点的“键输出”图标与“键混合器”节点的两个“键输入”图标相连接，如图5-45所示。

Step 12 拖曳03节点至“键混合器”节点的右下角，连接“键混合器”节点的“键输出”图标与03节点的“键输入”图标，如图5-46所示。

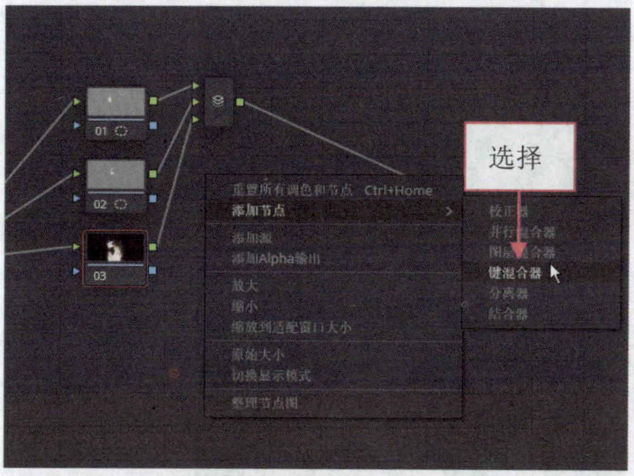

图 5-43　选择“键混合器”选项

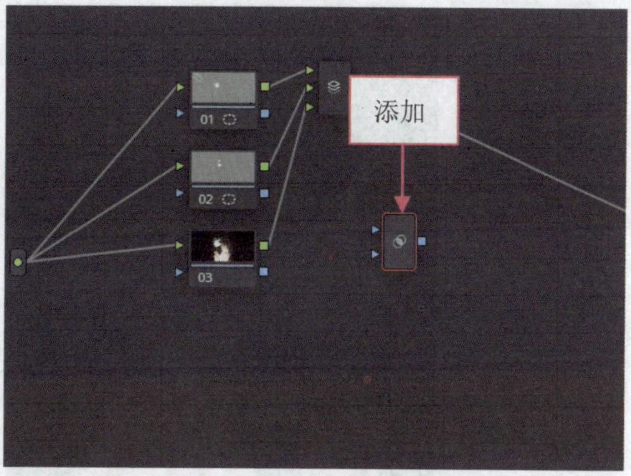

图 5-44　添加“键混合器”节点

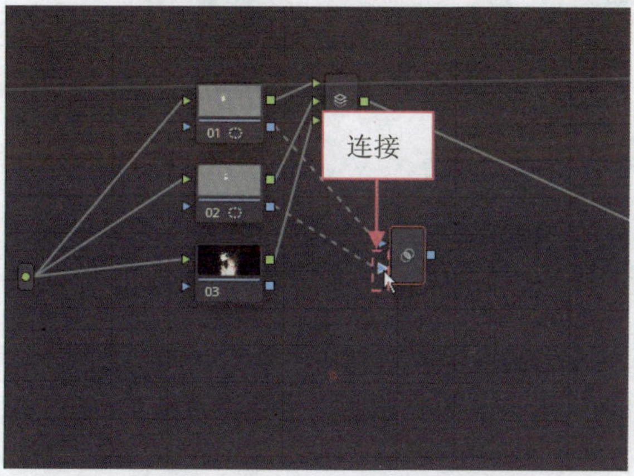

图 5-45　连接 01 和 02 节点的“键”

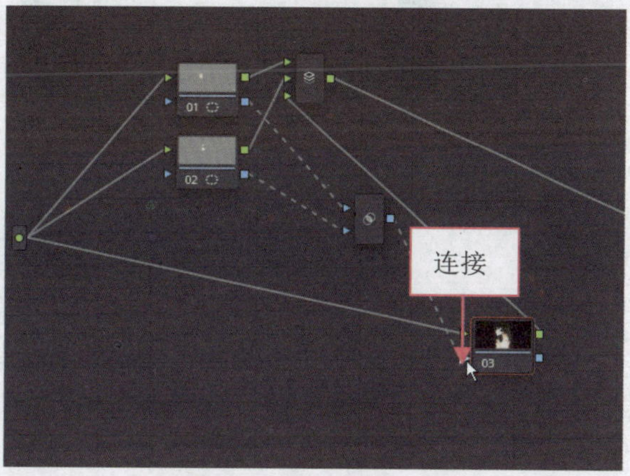

图 5-46　连接相应图标

Step 13 展开“色轮”面板，设置“偏移”参数为 56.51、-7.22、57.45，如图 5-47 所示，即可改变花朵的颜色，让花朵颜色更加亮眼，用户也可以根据自己喜欢的颜色进行调色。

图 5-47　设置“偏移”参数

Step 14 切换至“剪辑”步骤面板，在预览窗口中，可以查看添加键混合器节点调色的效果，前后效果对比展示如图 5-48 所示。

图 5-48　调色前后效果对比展示

5.3　制作抖音热门视频效果

在影视作品成片中，不同的色调可以传达给观众不一样的视觉感官。通常，可以从影片的色相、明度、冷暖、纯度 4 个方面来定义它的影调风格。下面介绍通过达芬奇调色软件制作几种抖音热门影调风格的操作方法。

5.3.1　制作人像视频瘦脸效果

制作人像视频瘦脸效果

在达芬奇的“Resolve FX 美化”滤镜组中，应用“美颜”滤镜效果可以在人像图像上变得更加精致，使人物皮肤看起来更加光洁、亮丽。下面通过案例介绍具体的操作方法。

Step 01 打开一个项目文件，进入“剪辑”步骤面板，如图 5-49 所示，可以看出画面中的人物皮肤不够精致，脸颊有点微胖，这里需要运用面部修饰和变形器对人物进行处理。

Step 02 切换至“调色”步骤面板，展开“特效库”|“素材库”选项卡，在“Resolve FX 美化”滤镜组中选择“面部修饰”滤镜，如图 5-50 所示。

Step 03 按住鼠标左键并将其拖曳至“节点”面板的 01 节点上，释放鼠标左键，即可在调色提示区显示一个滤镜图标，表示添加的滤镜特效，如图 5-51 所示。

Step 04 切换至“设置”选项卡，在“面部修饰”选项区中，单击“分析”按钮，如图 5-52 所示。

图 5-49　打开一个项目文件

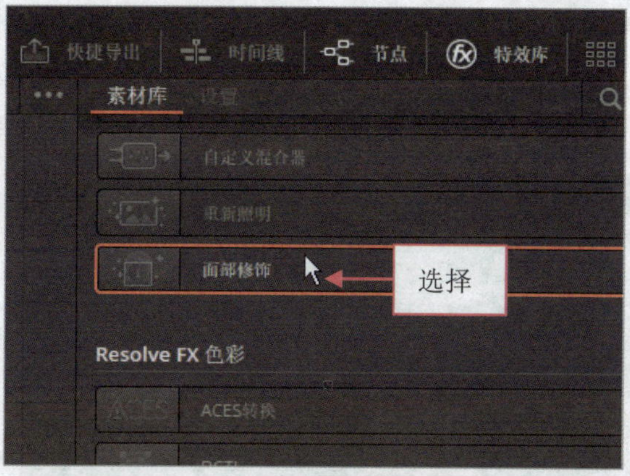

图 5-50　选择“面部修饰”滤镜

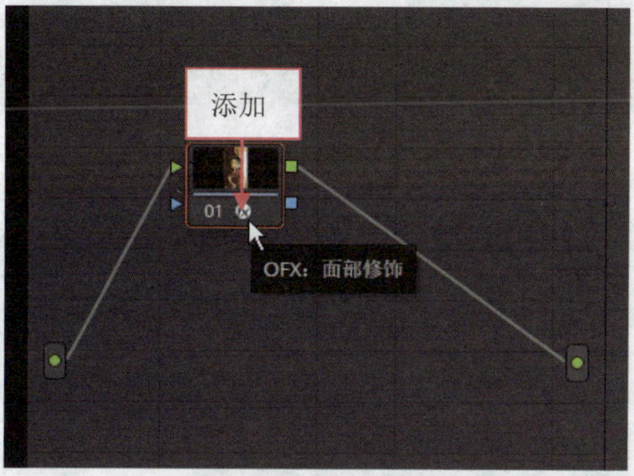

图 5-51　添加的滤镜特效

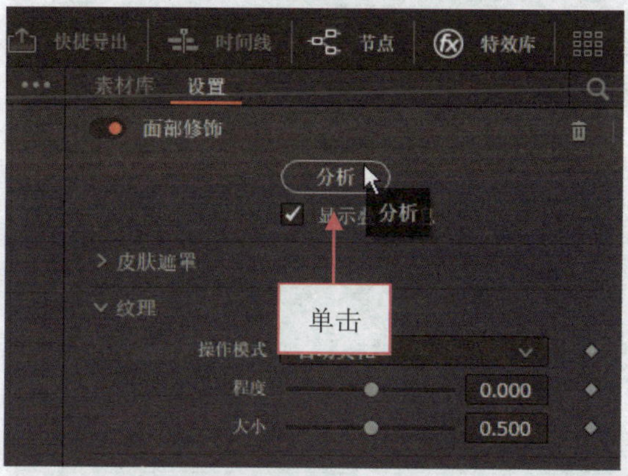

图 5-52　单击“分析”按钮

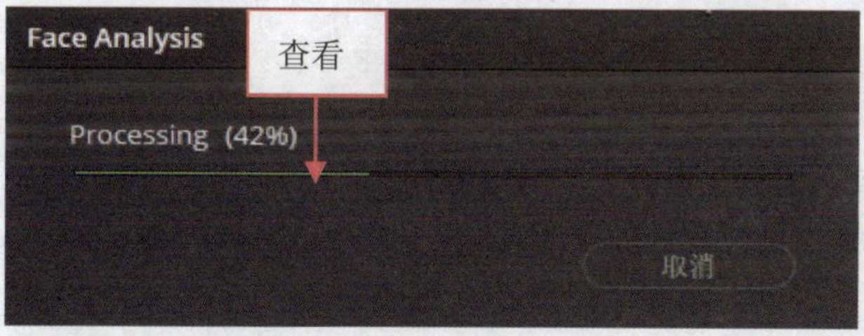

图 5-53　查看添加的进度

图 5-54　查看添加的效果

Step 07 操作完成后，在“面部修饰”选项区中，取消“显示叠加信息”复选框，如图 5-55 所示

Step 08 展开“纹理”选项区，在“操作模式”右侧列表框中，选择“磨皮”选项，如图 5-56 所示。

Step 09 设置“磨皮”参数为 0.169，设置“细节大小”0.954，如图 5-57 所示，即可使皮肤变得光滑有纹理。

Step 10 执行操作后，即可添加一个编号为 02 的串行节点，如图 5-58 所示。由于串行节点是上下层关系，上层节点的调色效果会传递给下层节点，因此，新增的 02 节点会保持 01 节点的调色效果，在 01 节点调色基础上，即可继续在 02 节点上进行调色。

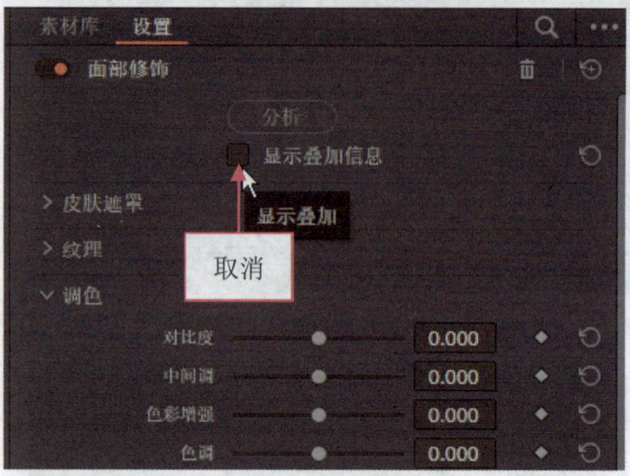

图 5-55　取消“显示叠加信息”复选框

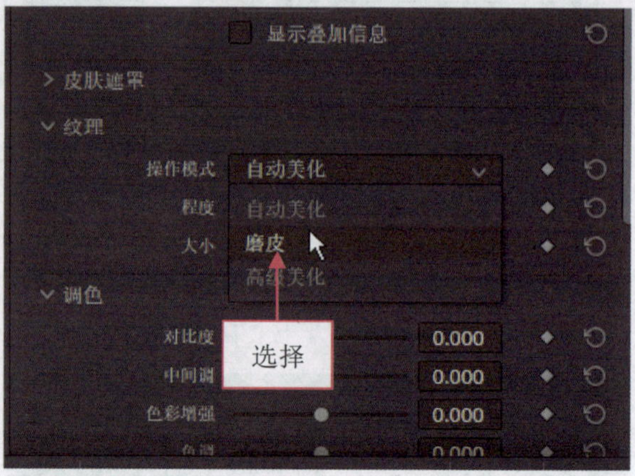

图 5-56　选择“磨皮”选项

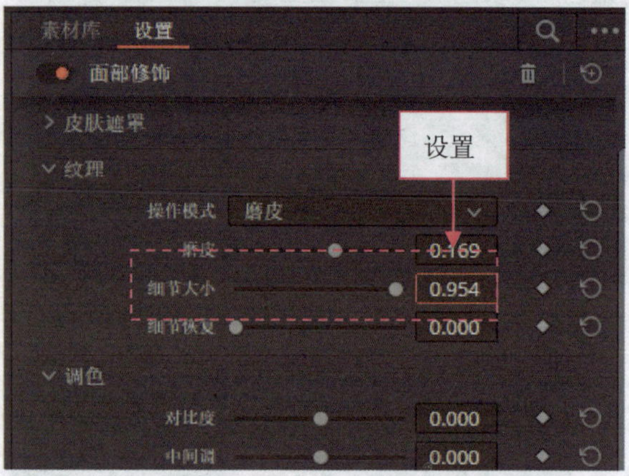

图 5-57　设置相应参数

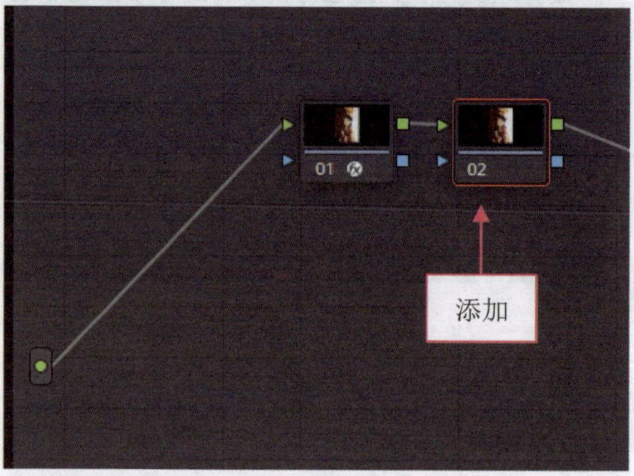

图 5-58　添加一个编号为 02 的串行节点

Step 11 展开“特效库”|“素材库”选项卡，在“Resolve FX 扭曲”滤镜组中选择“变形器”滤镜，如图 5-59 所示。

Step 12 按住鼠标左键并将其拖曳至“节点”面板的 02 节点上，释放鼠标左键，即可在调色提示区显示一个滤镜图标，表示添加的滤镜特效，如图 5-60 所示。

Step 13 先按【Shift】键，给五官打上保护点，以免在瘦脸的时候受到影响，再添加白点随意的为人物进行瘦脸操作，如图 5-61 所示。

Step 14 执行操作后，这里需要运用跟踪器，单击“跟踪器”按钮，进入“跟踪器-窗口”，单击“特效 FX”按钮，如图 5-62 所示。

Step 15 展开“跟踪器-特效 FX”面板中，单击“添加跟踪点”按钮，如图 5-63 所示。

Step 16 执行操作后，在预览窗口中，动作幅度不大的部位上添加相应跟踪点，如图 5-64 所示。

Step 17 执行操作后，在“跟踪器-特效 FX”面板中，单击“正向跟踪”按钮，我们瘦脸效果已经完成，如图 5-65 所示。

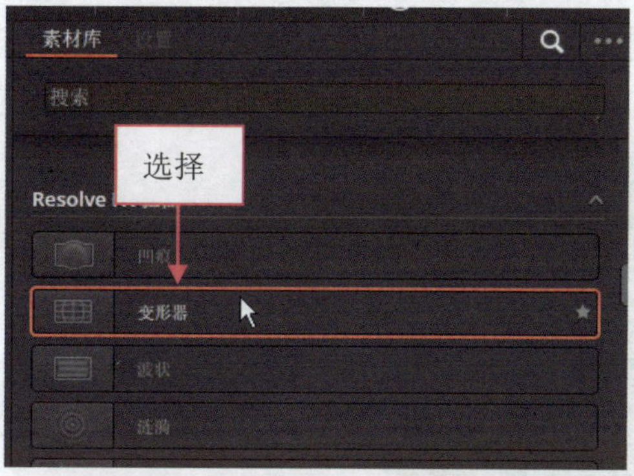

图 5-59　选择“变形器”滤镜

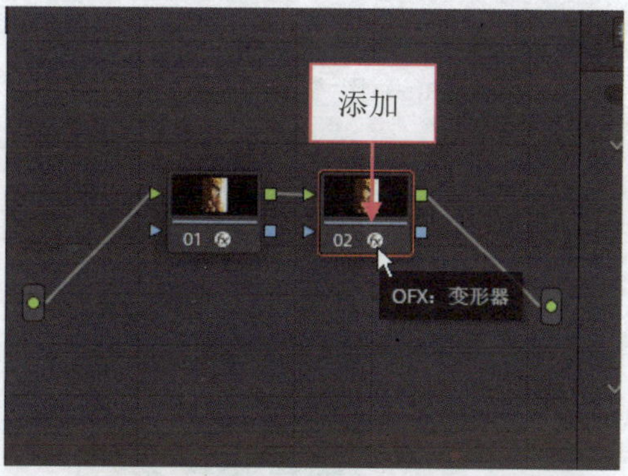

图 5-60　添加的滤镜特效

图 5-61　添加白点

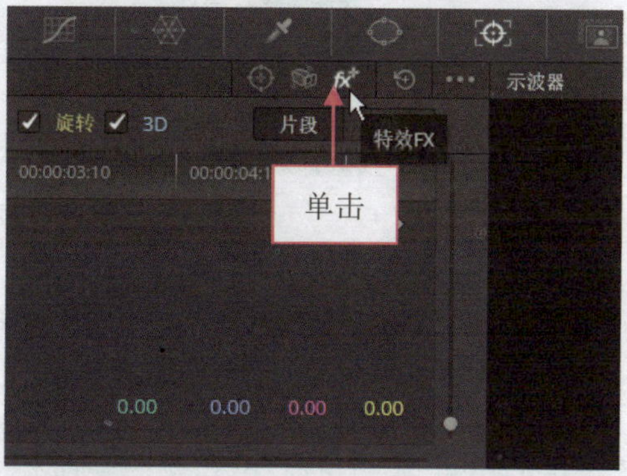

图 5-62　单击“特效 FX”按钮

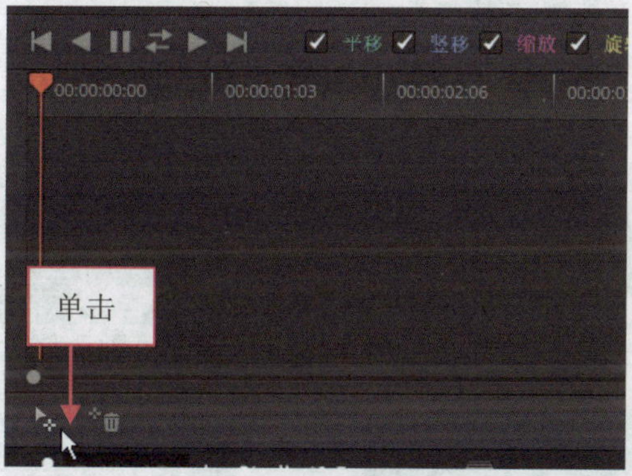

图 5-63　单击“添加跟踪点”按钮

图 5-64　添加相应跟踪点

图 5-65　单击“正向跟踪”按钮

Step 18 切换至“剪辑”步骤面板，在预览窗口中，可以查看制作的人像视频瘦脸效果，前后效果对比展示如图 5-66 所示。

图 5-66 调色前后效果对比展示

5.3.2 制作古风视频效果

制作古风视频效果

古风人像摄影越来越受年轻人的喜爱，在抖音 App 上，也经常可以看到各类古风短视频。下面通过实例介绍制作古风视频效果的具体操作方法。

Step 01 打开一个项目文件，进入“剪辑”步骤面板，如图 5-67 所示，可以查看画面色彩不够亮丽。

Step 02 切换至“调色”步骤面板，在“节点”面板中，选中 01 节点，如图 5-68 所示。

图 5-67 打开一个项目文件

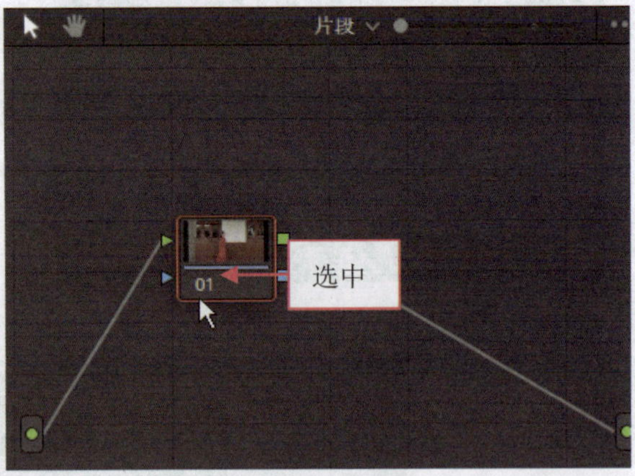

图 5-68 选中 01 节点

Step 03 展开“色轮” | “一级-校色轮”面板，设置“色温”参数为 40.0，如图 5-69 所示，让整体画面偏黄。

Step 04 设置“色调”参数为-22.00，如图 5-70 所示，即可使得主题更加突出。

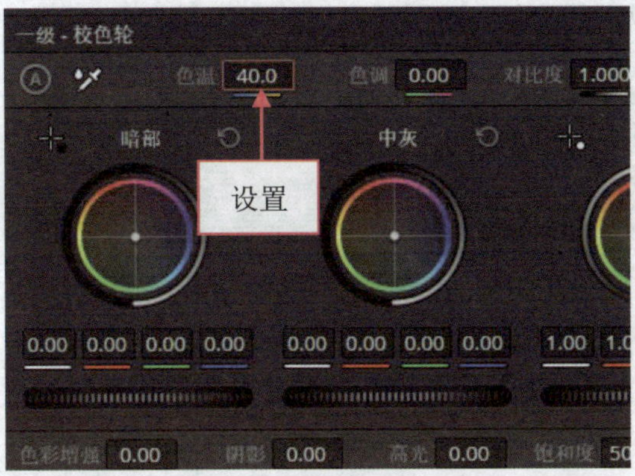

图 5-69　设置“色温”参数

图 5-70　设置“色调”参数

Step05 设置“亮部”色轮参数均显示为 1.27，如图 5-71 所示，提升画面整体亮度。

Step06 设置“饱和度”参数为 75.20，如图 5-72 所示，即可使画面更加清晰有质感。

图 5-71　设置“亮部”参数

图 5-72　设置“饱和度”参数

Step07 切换至“曲线-色相 对 饱和度”面板，在曲线上添加 3 个控制点，选中第 2 个控制点，如图 5-73 所示。

Step08 按住鼠标左键向下拖曳，如图 5-74 所示，直至“输入色相”参数显示为 316.18，“饱和度”参数显示为 0.03，即可调整画面中的整体色调。

Step09 在预览窗口中，可以查看制作的古风视频效果，调色前后对比展示如图 5-75 所示。

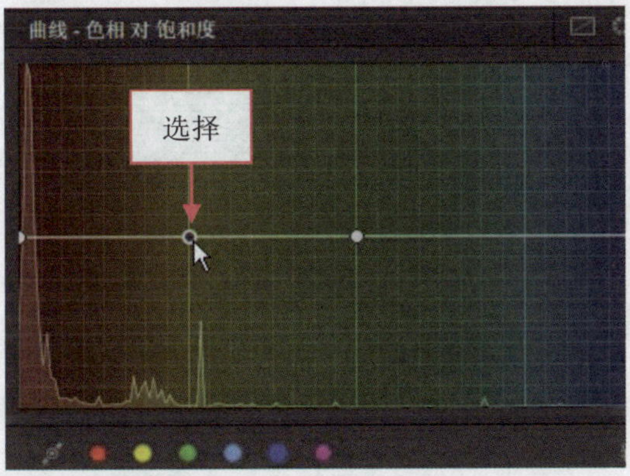

图 5-73　选中第 2 个控制点

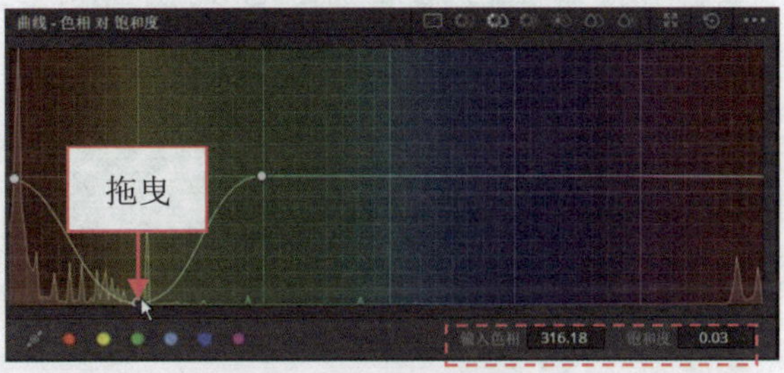

图 5-74　向下拖曳

图 5-75　前后效果对比展示

5.3.3　制作青蓝视频效果

青蓝色调也是抖音上比较热门的影调风格。在达芬奇中，只需要使用“RGB 混合器”功能，套用一个简单的公式即可调出青橙影调风格效果。下面通过案例介绍制作青蓝色调的具体操作方法。

制作青蓝视频效果

Step 01 打开一个项目文件，进入“剪辑”步骤面板，如图 5-76 所示，可以看出画面饱和度偏低。

Step 02 切换至“调色”步骤面板，在“节点”面板中，选中 01 节点，如图 5-77 所示。

图 5-76　打开一个项目文件

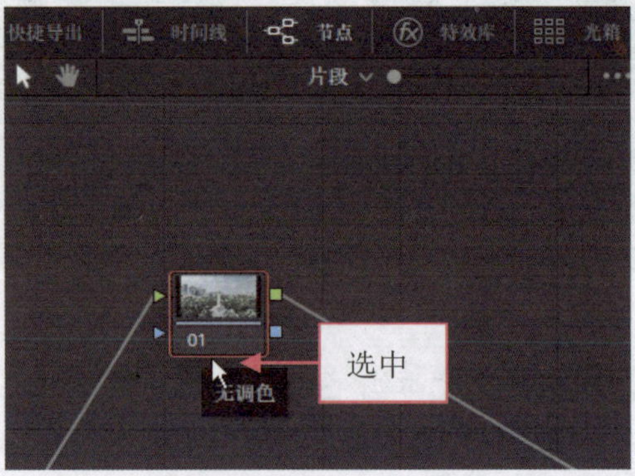

图 5-77　选中 01 节点

Step 03 展开“色轮”面板，设置“饱和度”参数为 100.00，如图 5-78 所示，提升整体画面色彩。

Step 04 执行操作后，即可添加一个编号为 02 的串行节点，如图 5-79 所示。

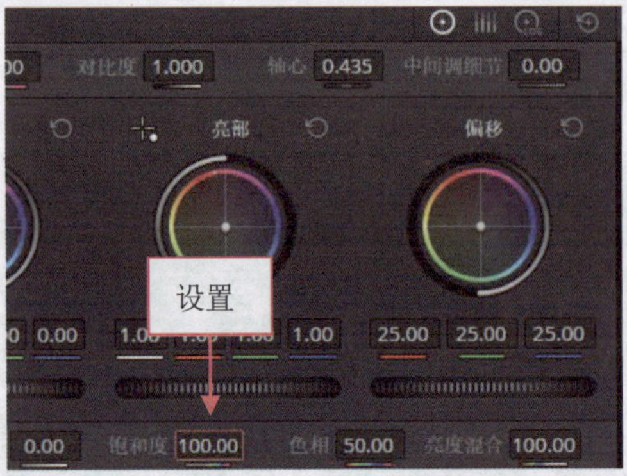

图 5-78　设置“饱和度”参数

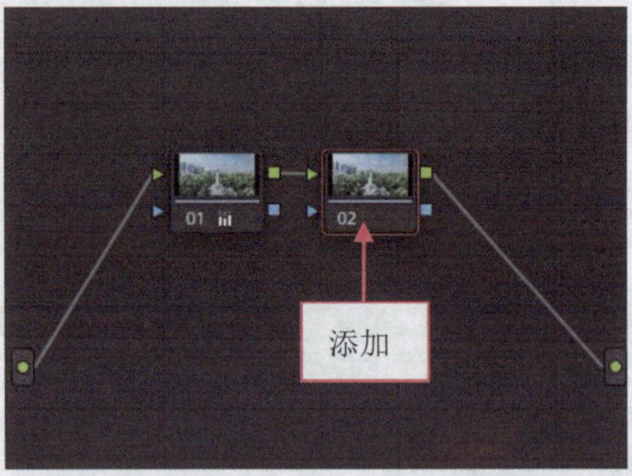

图 5-79　添加一个编号为 02 的串行节点

Step 05 执行操作后，单击“RGB 混合器”按钮，展开“RGB 混合器”面板，如图 5-80 所示。

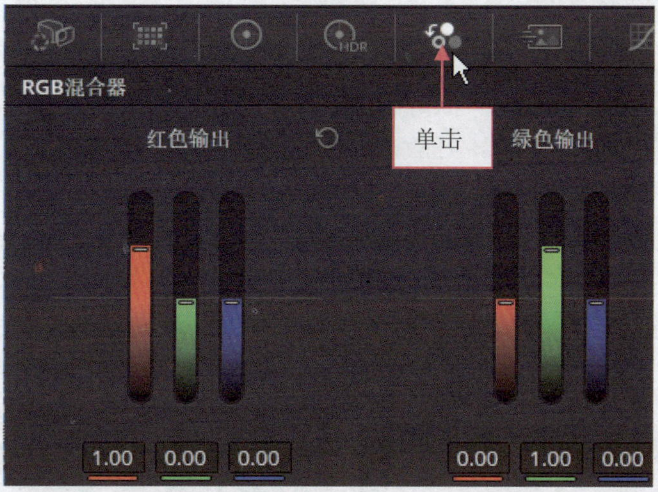

图 5-80 单击“RGB 混合器”按钮

Step 06 在“红色输出”通道中，设置控制条参数为 1.41、0.00、0.00，在“绿色输出”通道中，设置控制条参数为 0.00、1.12、0.00，在“蓝色输出”通道中，设置控制条参数为 0.00、0.00、1.18，如图 5-81 所示，调整整体画面偏蓝色调，使画面更加有韵味。

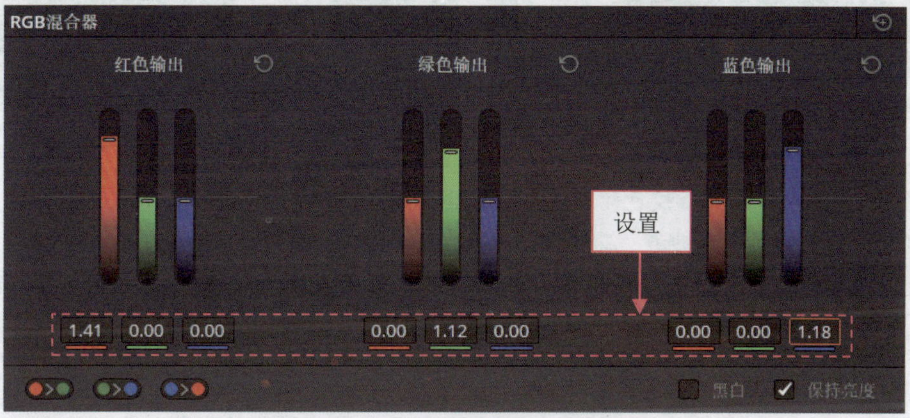

图 5-81 设置相应通道参数

Step 07 在预览窗口中，可以查看最终效果，前后效果对比展示如图 5-82 所示。

图 5-82 调色前后效果对比展示

5.3.4 制作电影感视频效果

制作电影感视频效果

在达芬奇中的“电影感”，由很多元素构成，例如独特的构图、高分辨率的画面、多种运镜方式还有景深等画面效果，但就调色来说，这是电影后期中最必不可少的一部分，好的电影色调能让视频更具“电影感”，也能更方便地诠释电影的主题。下面介绍具体的操作方法。

Step 01 打开一个项目文件，进入“剪辑”步骤面板，如图 5-83 所示，可以看到视频电影感画面不够强烈。

Step 02 切换至“调色”步骤面板，在“节点”面板中，选择编号为 01 的节点，如图 5-84 所示，可以看到 01 节点上没有任何的调色图标，表示当前素材并未有过调色处理。

图 5-83　打开一个项目文件

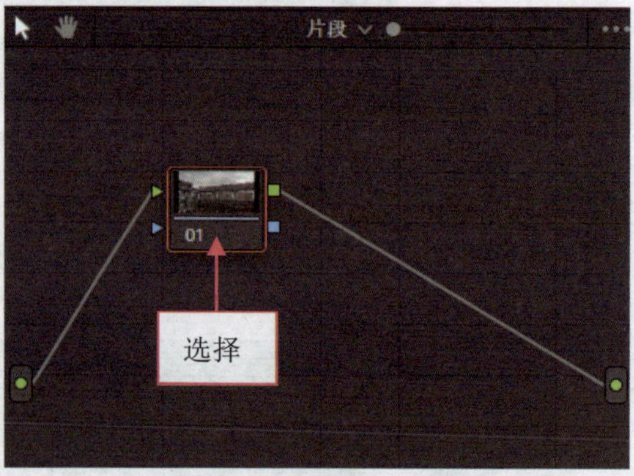

图 5-84　选择编号为 01 的节点

Step 03 展开“色轮”|“一级-校色轮”面板，设置“中间调细节”参数为 100.00，如图 5-85 所示，即可提升整体画面清晰度以及纹理。

Step 04 执行操作后，在“节点”面板中，添加一个编号为 02 的串行节点，如图 5-86 所示。

Step 05 展开“色轮”|“一级-校色轮”面板，设置“中灰”参数显示为 0.13、0.04、0.01、-0.01，如图 5-87 所示，提升整体画面亮度。

Step 06 设置“饱和度”参数为 100.00，如图 5-88 所示，即可设置整体饱和度。

图 5-85　设置“中间调细节”参数

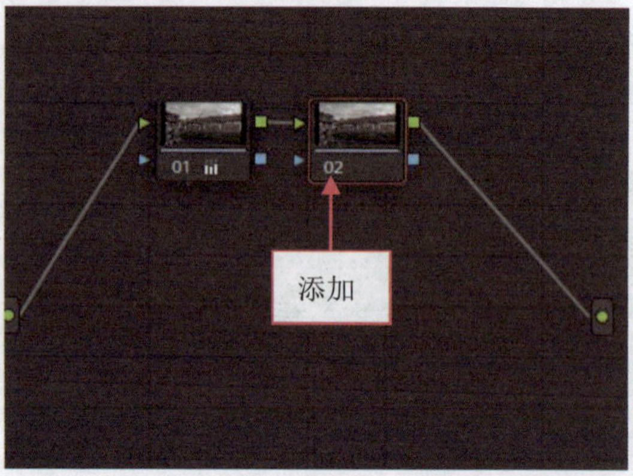

图 5-86　添加一个编号为 02 的串行节点

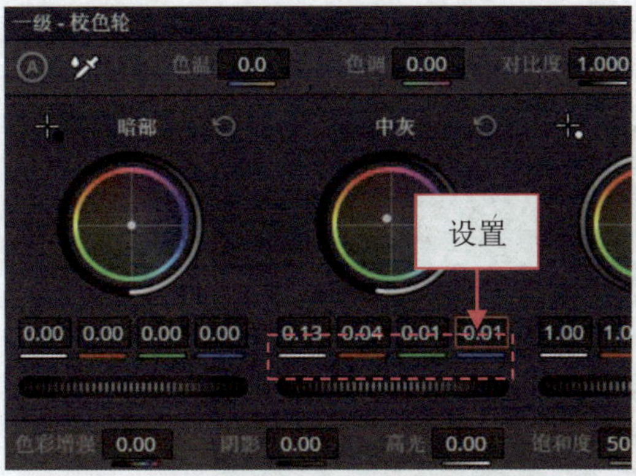

图 5-87　设置“中灰”参数

图 5-88　设置“饱和度”参数

Step 07　切换至“剪辑”步骤面板，在预览窗口中查看制作出的电影感视频效果，前后效果对比展示如图 5-89 所示。

图 5-89　调色前后效果对比展示

本章小结

本章主要讲述了达芬奇中节点调色的相关操。首先介绍了添加节点的基础知识，包括“节点”面板及其功能；然后介绍了添加视频节点调色的操作方法，包括添加串行节点和并行节点调色、添加键混合器节点调色；最后介绍了制作抖音热门视频效果，包括制作人像视频瘦脸效果、制作古风视频效果、制作青蓝视频效果和制作电影感视频效果。通过对本章的学习，希望读者可以更好地理解达芬奇中的调色技术，从而更好地应用在视频中。

课后习题

课后习题 1　　课后习题 2

鉴于本章知识的重要性，为了让读者能够更好地掌握所学知识，将通过上机习题进行简单的知识回顾和补充。

1．抠像处理

本题需要了解到达芬奇是可以对含有 Alpha 通道信息的素材图像进行调色处理的，不仅如此，达芬奇还可以对含有 Alpha 通道信息的素材画面进行抠像透明处理，视频效果展示如图 5-90 所示。

图 5-90　视频效果展示

2．黑金色调

本题需要掌握在达芬奇中调出一个比较热门的黑金色调，有很多摄影爱好者和调色师都会将拍摄的夜景调成黑金色调的方法，调色前后对比展示如图 5-91 所示。

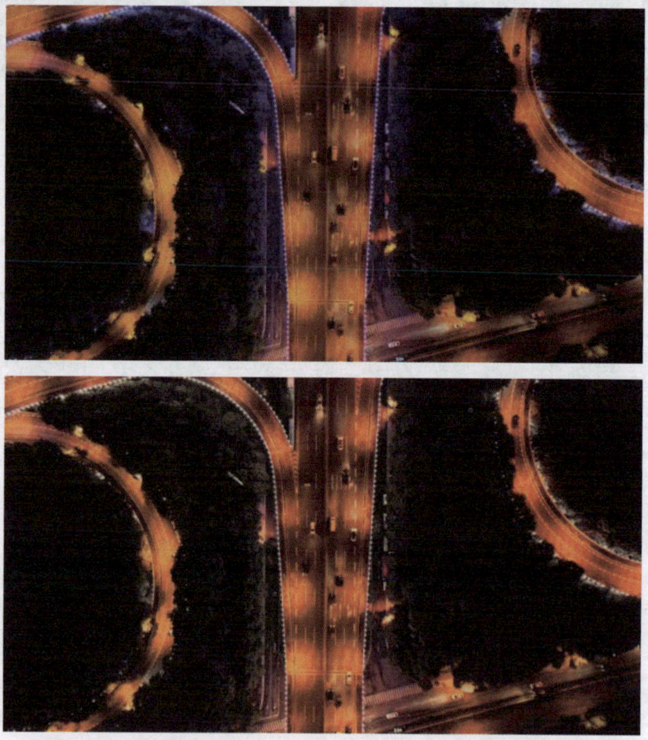

图 5-91　调色前后对比展示

第 6 章

应用 LUT 与滤镜调色

6

在达芬奇中，LUT 相当于一个滤镜“神器”，可以帮助用户实现各种调色风格。本章将主要讲述在达芬奇中 LUT 的使用方法以及应用特效面板中的滤镜特效等内容。

本章重点

- 掌握添加独特的色彩风格和调色效果的方法
- 熟悉添加滤镜特效的方法

学习目标

- 学习滤镜特效方法，学生可以更好地理解色彩、构图、画面质感等方面的美学原理，培养自己的审美观和艺术鉴赏能力
- 通过使用 LUT 和滤镜调色，学生可以尝试不同的创意和风格，培养自己的创新意识

6.1 添加独特的色彩风格和调色效果

LUT 是 Look Up Table 的简称，可以将其理解为查找表或查色表。在达芬奇中，LUT 相当于胶片滤镜库。LUT 的功能分为 3 个部分：一是色彩管理，可以确保素材图像在显示器上显示的色彩均衡一致；二是技术转换，当需要将图像中的 A 色彩转换为 B 色彩时，LUT 在图像色彩转换生成的过程中准确度更高；三是影调风格，LUT 支持多种胶片滤镜效果，方便制作特殊的影视图像。

6.1.1 添加 LUT 直接调色

添加 LUT 直接调色

在达芬奇中，提供了 LUT 面板。与 1D LUT 不同的是，LUT 不仅可以改变图像的亮度，还可以改变图像色彩色相，方便直接调用 LUT 胶片滤镜对素材文件进行调色处理。下面介绍在达芬奇中添加 LUT 直接调色的具体操作方法。

Step 01 打开一个项目文件，进入“剪辑”步骤面板，如图 6-1 所示，可以看出画面色彩比较暗沉缺乏光泽，我们可以通过 LUT 里面的滤镜进行调色。

Step 02 切换至“调色”步骤面板，在左上角单击“LUT 库”按钮，如图 6-2 所示。

图 6-1 打开一个项目文件

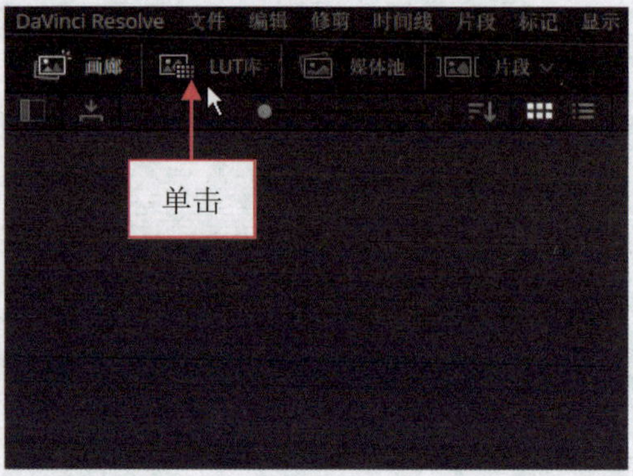

图 6-2 单击“LUT 库”按钮

Step 03 展开 LUT 面板，在下方的选项面板中，选择 Sony 选项，如图 6-3 所示。

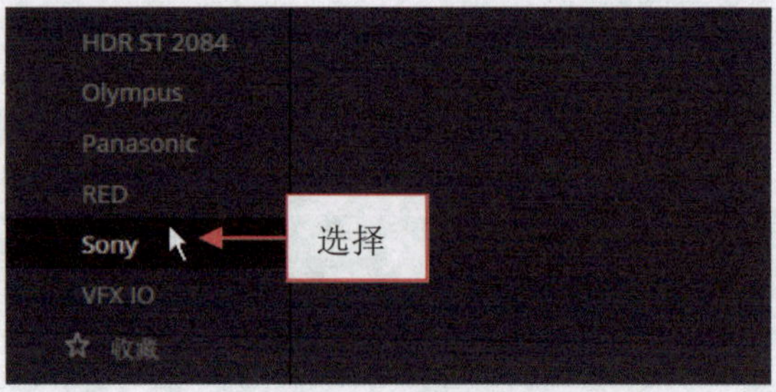

图 6-3 选择 Sony 选项

Step 04 展开相应面板，选择第 4 个滤镜样式，如图 6-4 所示。

Step 05 按住鼠标左键并拖曳至预览窗口的图像画面上，如图 6-5 所示，释放鼠标左键，即可将选择的滤镜样式添加至视频素材上。

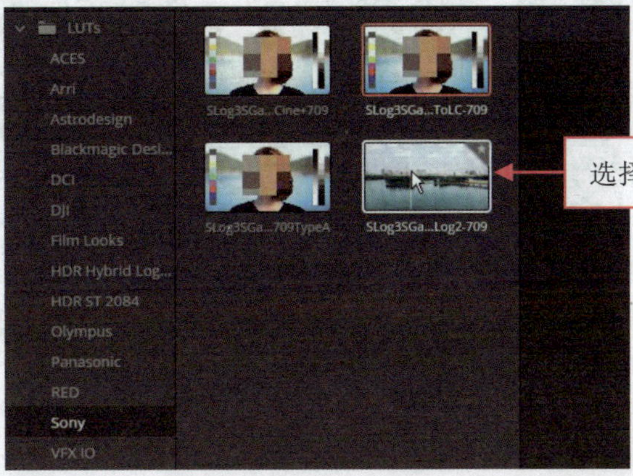

图 6-4　选择第 4 个滤镜样式

图 6-5　拖曳至预览窗口的图像画面上

Step 06 在预览窗口中，可以查看最终效果，调色前后对比展示如图 6-6 所示。

图 6-6　调色前后效果对比展示

6.1.2　添加 LUT 还原画面色彩

添加 LUT 还原画面色彩

在达芬奇中，应用 LUT 胶片滤镜可以还原画面色彩。下面介绍添加 LUT 滤镜对素材文件进行色彩还原的操作方法。

Step 01 打开一个项目文件，进入“剪辑”步骤面板，如图 6-7 所示，可以看到画面色彩有点欠缺，需要提升一下画面色彩。

Step 02 切换至“调色”步骤面板，即可展开“节点”面板，选中 01 节点，如图 6-8 所示。

Step 03 单击鼠标右键，弹出快捷菜单，选择 LUT | DJI | DJI-Phantom4-DLOG2Rec709 选项，如图 6-9 所示，即可还原画面色彩。

Step 04 在预览窗口中可以查看应用 LUT 滤镜后的项目效果，如图 6-10 所示，画面地景有点暗淡，白云不够白，这里需要通过中灰来调节画面。

图 6-7　打开一个项目文件

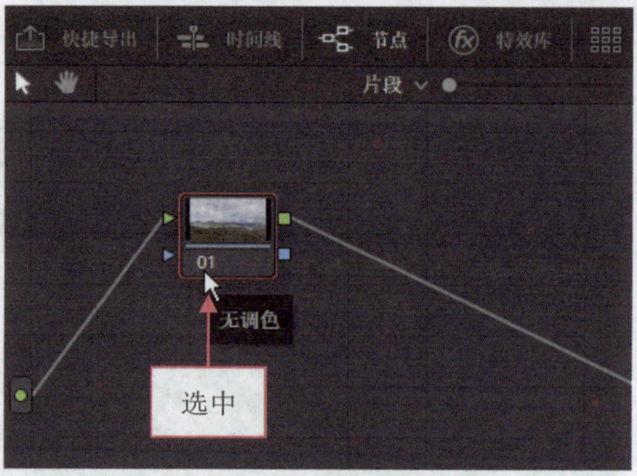

图 6-8　选中 01 节点

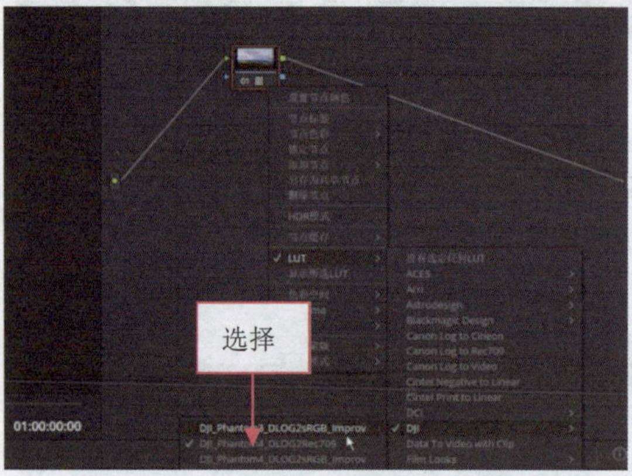

图 6-9　选择相应选项

图 6-10　查看应用 LUT 胶片滤镜后的项目效果

Step 05　在“节点”面板中再添加一个编号为 02 的串行节点，如图 6-11 所示。

Step 06　在“色轮”面板下方设置“中灰”参数为 0.13、0.00、0.01、0.01，如图 6-12 所示，提升画面明暗对比，使画面更加自然。

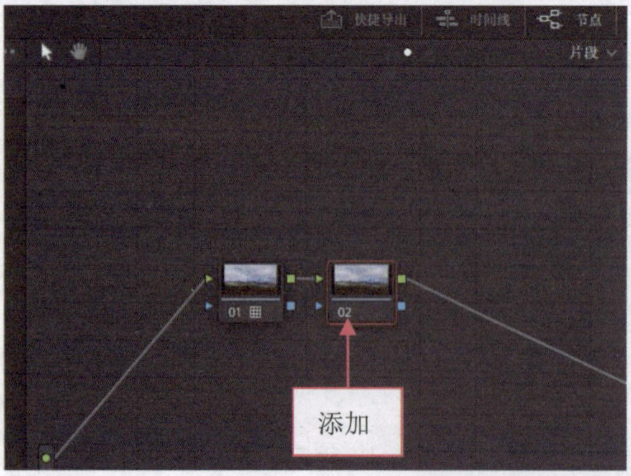

图 6-11　添加一个编号为 02 的串行节点

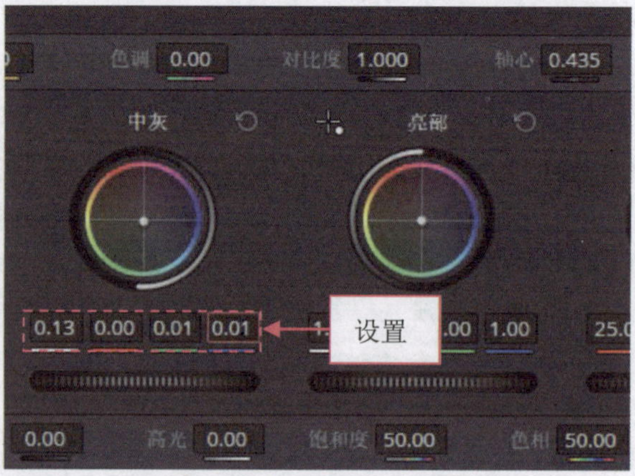

图 6-12 设置“中灰”参数

Step 07　切换至“剪辑”步骤面板，在预览窗口中，单击“播放”按钮▶，可以查看最终效果，前后效果对比展示如图 6-13 所示。

图 6-13　调色前后效果对比展示

6.2　添加滤镜特效的方法

滤镜是指可以应用到视频素材中的效果，可以改变视频文件的外观和样式。对视频素材进行编辑时，通过视频滤镜不仅可以掩饰视频素材的瑕疵，还可以令视频产生绚丽的视觉效果，使制作出来的视频更具表现力。

6.2.1　美颜滤镜

美颜滤镜

在达芬奇的“Resolve FX 美化”滤镜组中，应用“美颜”滤镜效果可以在人像图像上变得更加精致，使人物皮肤看起来更加光洁、亮丽。下面通过案例介绍具体的操作方法。

Step 01 打开一个项目文件，进入“剪辑”步骤面板，如图 6-14 所示，可以看出画面中的人物皮肤不够精致。

Step 02 切换至“调色”步骤面板，展开“特效库”|“素材库”选项卡，在“Resolve FX 美化”滤镜组中选择“美颜”滤镜，如图 6-15 所示。

图 6-14　打开一个项目文件

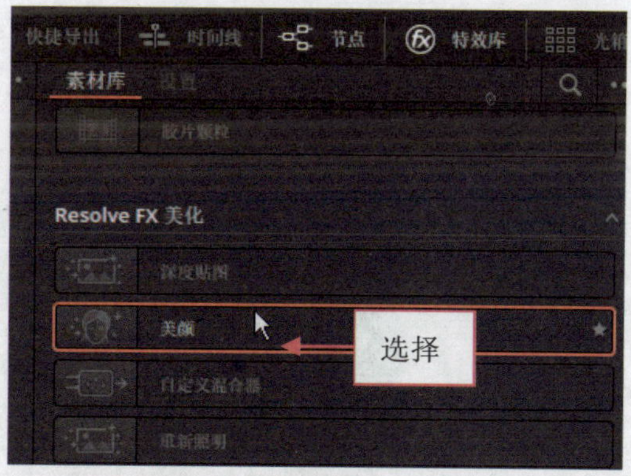

图 6-15　选择“美颜”滤镜

Step 03 按住鼠标左键并将其拖曳至“节点”面板的 01 节点上，释放鼠标左键，即可在调色提示区显示一个滤镜图标，表示添加的滤镜特效，如图 6-16 所示。

Step 04 切换至“设置”选项卡，在“磨皮”选项区中，单击“方式”右侧的下拉按钮，选择“过滤器”选项，如图 6-17 所示。

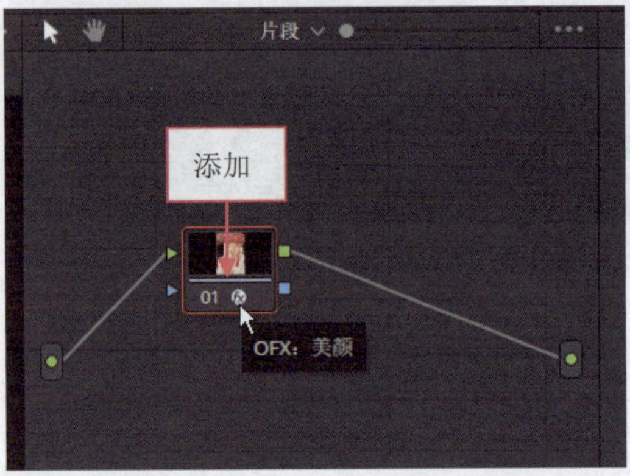

图 6-16　在 01 节点上添加滤镜特效

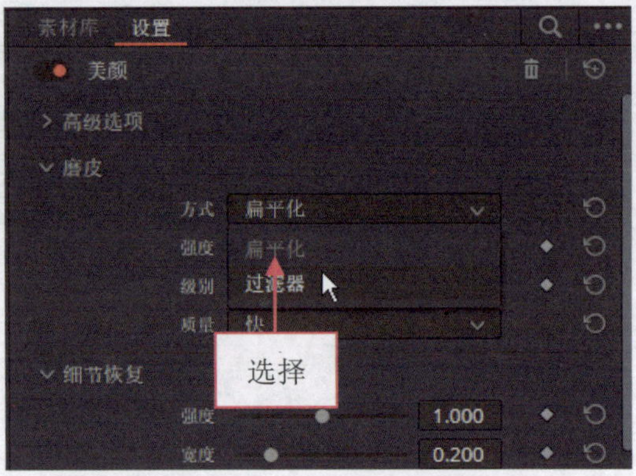

图 6-17　选择“过滤器”选项

Step 05 在“磨皮”选项区中，设置“强度”参数为 4.000，如图 6-18 所示，可以使人物皮肤变得更加光滑。

Step 06 操作完成后，在“纹理恢复”选项区中，设置“纹理”参数为 1.000，如图 6-19 所示，即可使人物皮肤变得更加有纹理感。

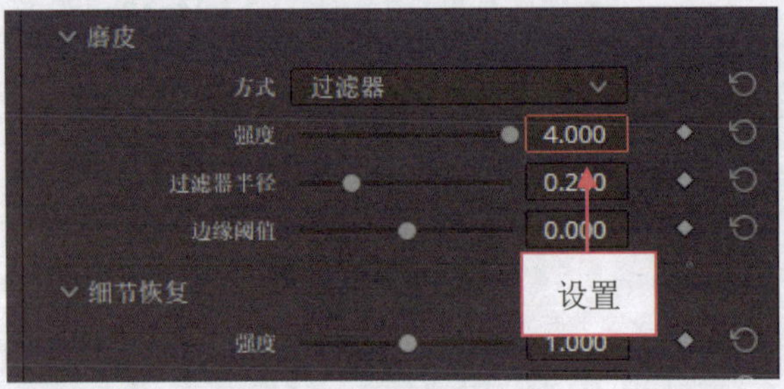

图 6-18　设置“强度”参数

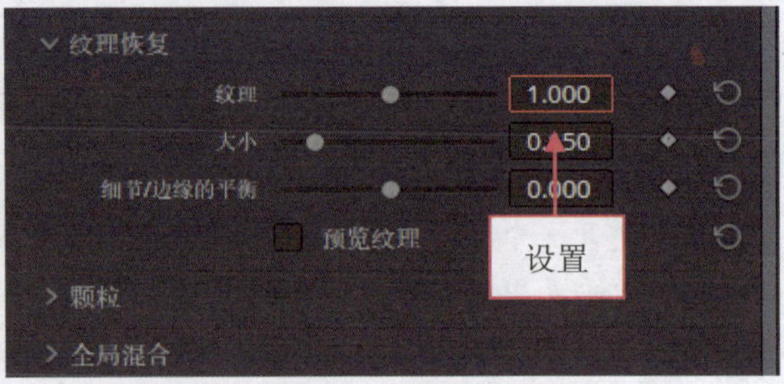

图 6-19　设置“纹理”参数

Step 07 在预览窗口中可以查看制作的美颜滤镜特效，前后效果对比展示如图 6-20 所示。

图 6-20　调色前后效果对比展示

6.2.2　暗角滤镜

暗角滤镜

暗角是一种摄影术语，是指图像画面的中间部分较亮，四个角渐变偏暗的一种“老影像”艺术效果，方便突出画面中心。在达芬奇中，可以应用风格化滤镜来实现。下面通过实例介绍添加暗角滤镜的操作方法。

Step 01 打开一个项目文件，进入“剪辑”步骤面板，如图 6-21 所示。

Step 02 切换至“调色”步骤面板，展开“特效库”|“素材库”选项卡，在“Resolve FX 风格化”滤镜组中选择“暗角”滤镜，如图 6-22 所示。

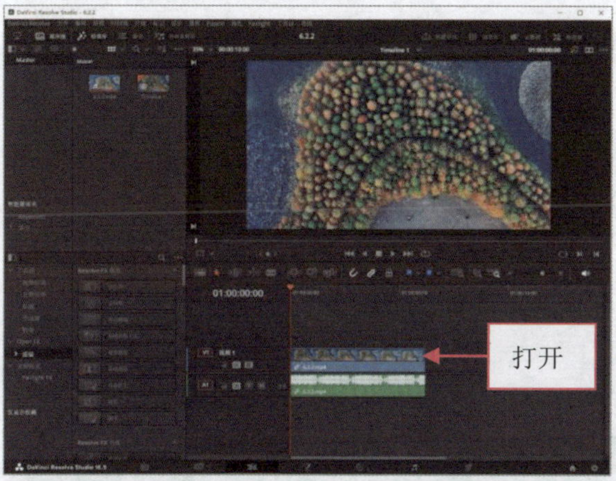

图 6-21　打开一个项目文件

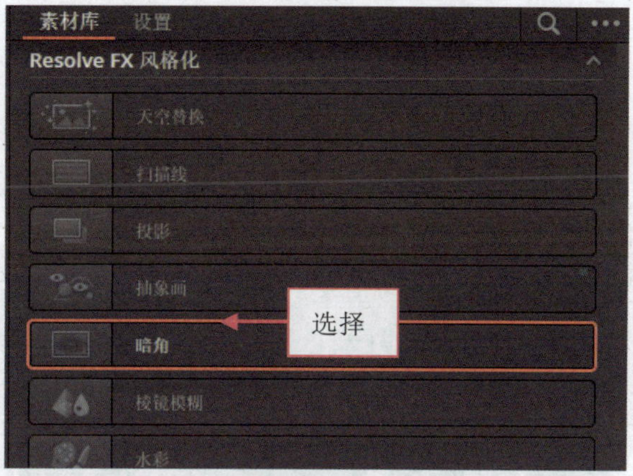

图 6-22　选择“暗角”滤镜

Step 03 按住鼠标左键并将其拖曳至“节点”面板的 01 节点上，释放鼠标左键，即可在调色提示区显示一个滤镜图标，表示添加的滤镜特效，如图 6-23 所示。

Step 04 切换至“设置”选项卡，在“形状”选项区中，设置“大小”参数为 0.554，如图 6-24 所示，即可增加画面中的阴影部分。

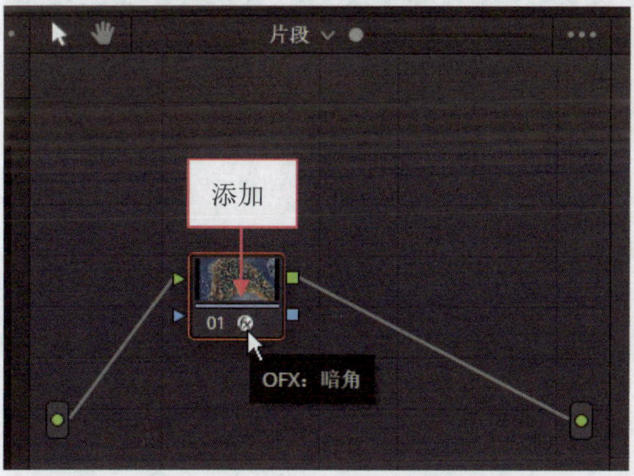

图 6-23　在 01 节点上添加滤镜特效

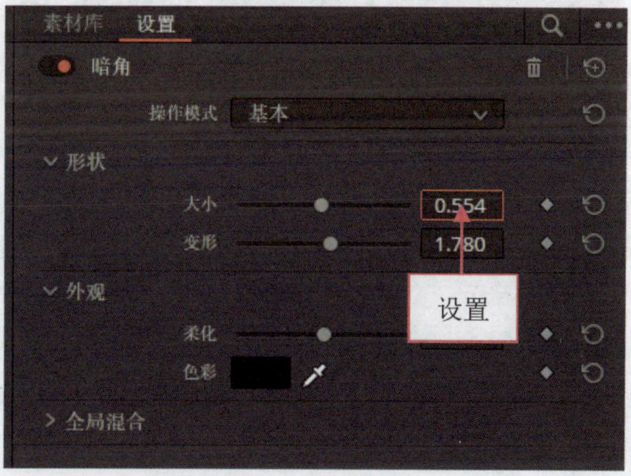

图 6-24　设置“大小”参数

Step 05 在预览窗口中可以查看制作的暗角滤镜特效，调色前后对比展示如图 6-25 所示。

图 6-25　调色前后效果对比展示

6.2.3　镜像滤镜

镜像滤镜

在达芬奇中，也可以制作出电影画面“天空之城”的效果，这个效果就是运用到了达芬奇中的“滤镜”功能，镜像翻转之后的。下面介绍添加镜像滤镜的操作方法。

Step 01 打开一个项目文件，进入“剪辑”步骤面板，如图 6-26 所示。

Step 02 切换至“调色”步骤面板，展开“特效库”|“素材库”选项卡，在“Resolve FX 风格化”滤镜组中选择“镜像”滤镜，如图 6-27 所示。

图 6-26　打开一个项目文件

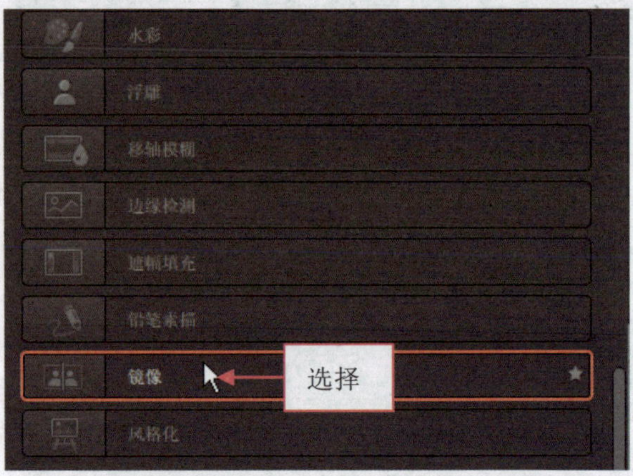

图 6-27　选择“镜像”滤镜

Step 03 按住鼠标左键并将其拖曳至“节点”面板的 01 节点上，释放鼠标左键，即可在调色提示区显示一个滤镜图标，表示添加的滤镜特效，如图 6-28 所示。

Step 04 展开“设置”|“镜像 1”选项卡，设置“位置”X 参数为 0.500，Y 参数为 0.497，设置“角度”参数为-90.0，如图 6-29 所示。

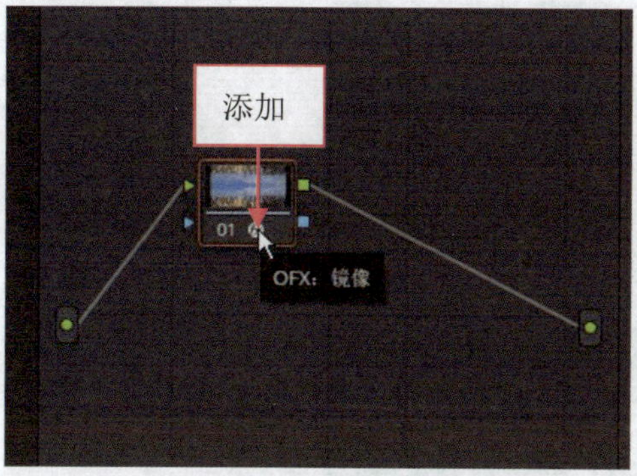

图 6-28　添加滤镜特效

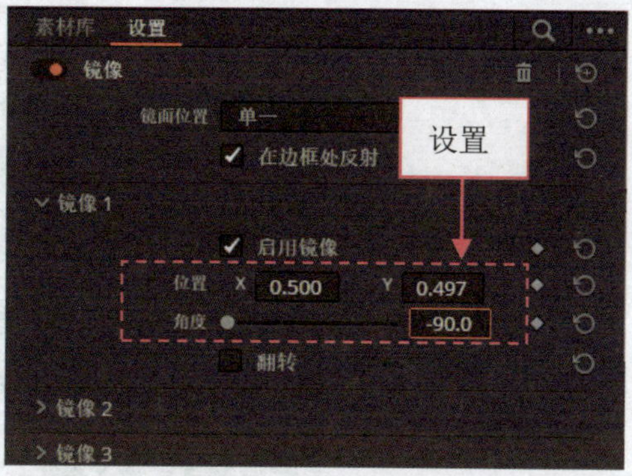

图 6-29　设置相应参数

Step 05 在预览窗口中可以查看制作的镜像滤镜特效，前后效果对比展示如图 6-30 所示。

图 6-30　前后效果对比展示

本章小结

本章主要讲述了应用 LUT 与滤镜调色的基本方法。首先介绍了添加独特的色彩风格和调色效果，包括添加 LUT 直接调色、添加 LUT 还原画面色彩；然后介绍了添加滤镜特效的方法，包括美颜滤镜、暗角滤镜和镜像滤镜。通过本章的学习，希望读者可以制作出更加精美的滤镜特效。

课后习题

课后习题 1　　课后习题 2

鉴于本章知识的重要性，为了帮助读者可以更好地掌握所学知识，将通过上机习题，进行简单的知识回顾和补充。

1．添加光线滤镜特效

本题需要掌握在达芬奇中如何制作丁达尔效应，前后效果对比展示如图 6-31 所示。

图 6-31　前后效果对比展示

2．添加修复滤镜特效

本题需要掌握在达芬奇中，可以使用修复滤镜特效来去除画面闪烁，通过调整亮度、对比度等参数来平滑画面。下面将介绍如何在达芬奇中去除这种频闪状况，视频效果展示如图 6-32 所示。

图 6-32　视频效果展示

第 7 章
添加视频转场特效

7

在影视后期特效制作中，镜头之间的过渡或者素材之间的转换称为转场。它是使用一些特殊的特效，在素材与素材之间产生自然、流畅和平滑的过渡。本章将主要讲述制作视频转场特效的具体操作方法，希望读者可以熟练掌握本章内容。

本章重点

- 了解转场特效的方法
- 掌握添加转场画面特效

学习目标

- 在学习达芬奇转场的过程中，会遇到各种问题和挑战，通过解决问题和克服困难，可以培养学生的解决问题的能力
- 通过对视频特效的欣赏和使用，提高学生的审美水平和艺术修养，培养学生的审美意识和创造力

7.1 转场特效

从某种角度来说，转场就是一种特殊的滤镜效果，它可以在两个图像或视频素材之间创建某种过渡效果，使视频更具有吸引力。运用转场效果，可以制作出让人赏心悦目的视频画面。本节将主要介绍硬切换与软切换、“视频转场”选项面板、替换需要的转场效果以及更改转场的位置等内容。

7.1.1 硬切换与软切换

在视频后期编辑工作中，素材与素材之间的连接称为切换。最常用的切换方法是一个素材与另一个素材紧密连接在一起，使其直接过渡，这种方法称为“硬切换”；另一种方法称为“软切换”，它使用了一些特殊的视频过渡效果，从而保证了各个镜头片段的视觉连续性，如图 7-1 所示。

图 7-1 “软切换”转场效果

▶ 知识扩展

“转场”是很实用的一种功能，在影视片段中，这种“软切换”的转场方式运用的比较多，希望用户可以熟练掌握此方法。

7.1.2 “视频转场”选项面板

在达芬奇中，提供了多种转场效果，都存放在“视频转场”面板中，如图 7-2 所示。合理运用这些转场效果，可以让素材之间的过渡更加生动、自然，从而制作出绚丽多姿的视频作品。

“叠化”转场组

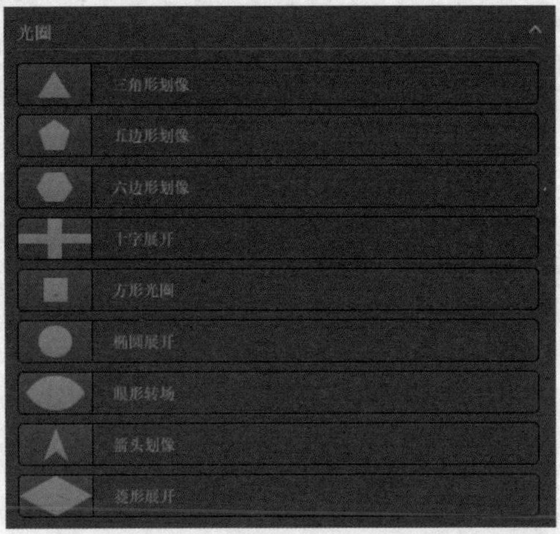

“光圈”转场组

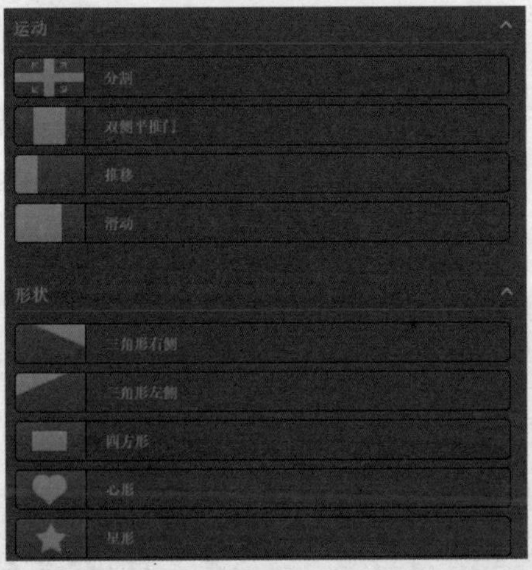

“运动”和“形状”转场组

“划像”转场组

Fusion 转场组

Resolve FX 转场组

图 7-2 “视频转场”面板中的转场组

7.1.3 替换转场

在达芬奇中，如果对当前添加的转场特效不是很满意，可以对转场效果进行替换操作，使素材画面更加符合用户的需求。下面介绍替换需要的转场特效的具体操作方法。

替换转场

Step 01 打开一个项目文件，进入“剪辑”步骤面板，如图 7-3 所示。

Step 02 在“剪辑”步骤面板的左上角，单击“特效库”按钮，如图 7-4 所示。

图 7-3 打开一个项目文件

图 7-4 单击“特效库”按钮

Step 03 在“媒体池”面板下方展开“特效库”面板，单击“工具箱”左侧的下拉按钮，展开“工具箱”选项列表，选择“视频转场”选项，如图 7-5 所示。

Step 04 在“划像”转场组中，选择“中心划像”转场特效，如图 7-6 所示。

Step 05 按住鼠标左键，将选择的转场特效拖曳至“时间线”面板的视频素材上，如图 7-7 所示，释放鼠标左键，即可替换原来的转场特效。

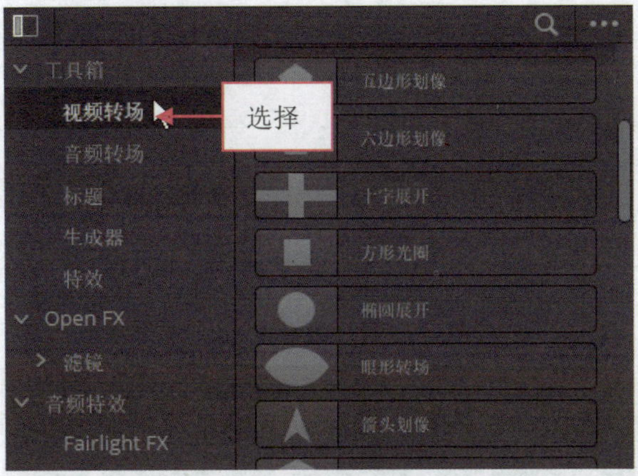

图 7-5　选择“视频转场”选项

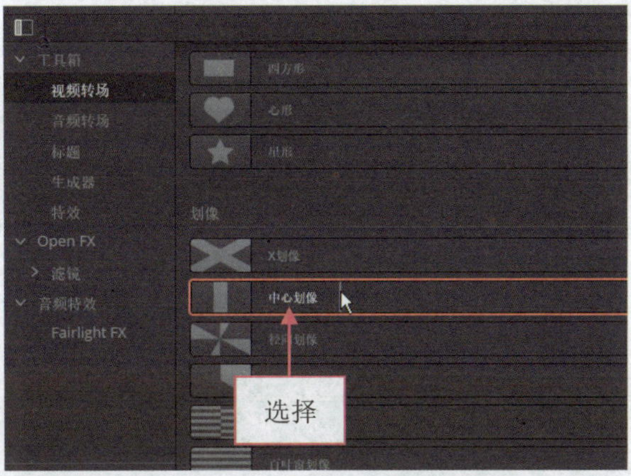

图 7-6　选择“中心划像”转场特效

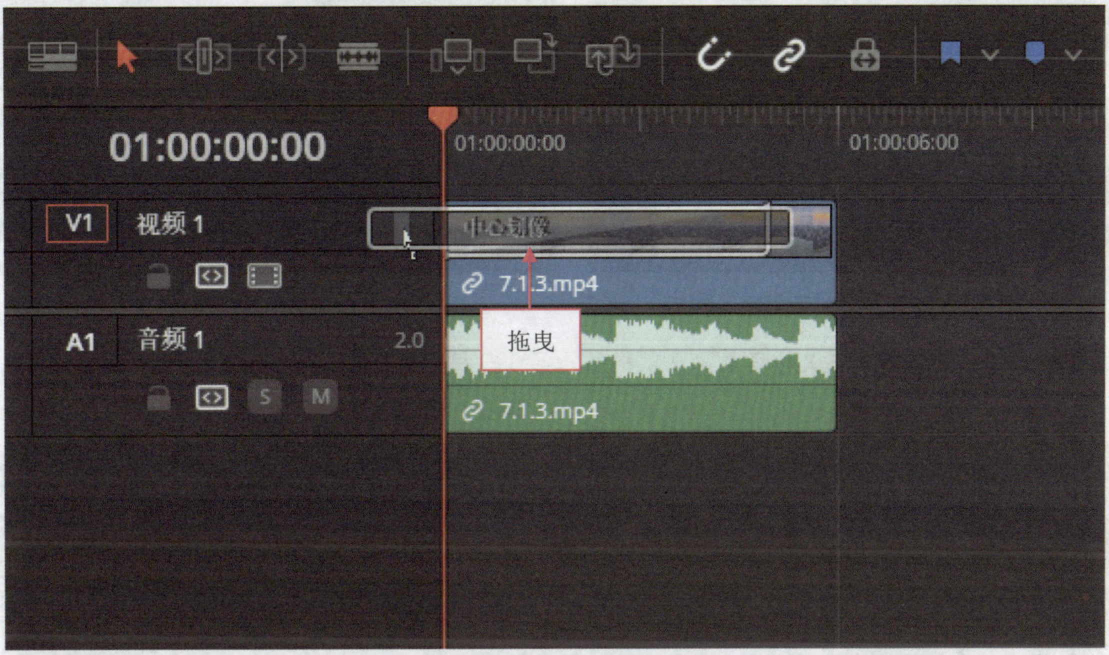

图 7-7　拖曳至“时间线”面板的视频素材上

Step 06 在预览窗口中，可以查看最终效果，前后效果对比展示如图 7-8 所示。

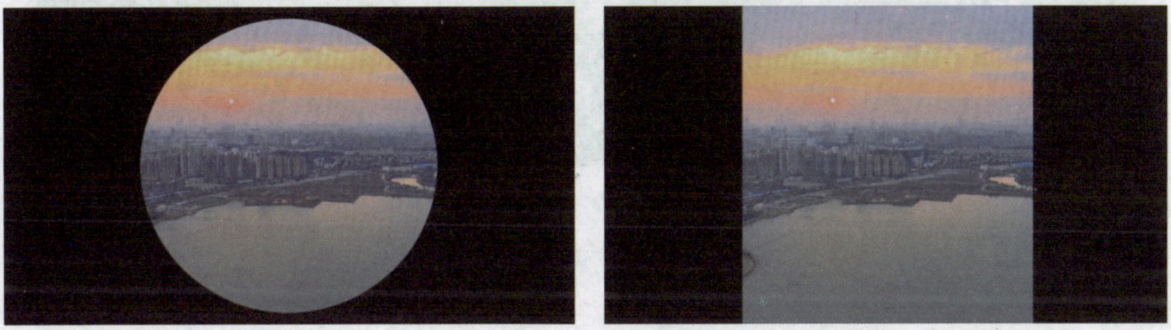

图 7-8　调色前后效果对比展示

7.1.4 移动转场位置

移动转场位置

在达芬奇中，可以根据实际需要对转场效果进行移动操作，将转场效果放置在合适的位置上。下面介绍移动转场位置的具体操作方法。

Step01 打开一个项目文件，进入“剪辑”步骤面板，如图 7-9 所示。

Step02 在“时间线”面板的 V1 视频轨道上，选中第 1 段视频和第 2 段视频之间的转场，如图 7-10 所示。

图 7-9 打开一个项目文件

图 7-10 选中转场特效

Step03 按住鼠标左键，拖曳转场至第 2 段视频与第 3 段视频之间，如图 7-11 所示，释放鼠标左键，即可移动转场位置。

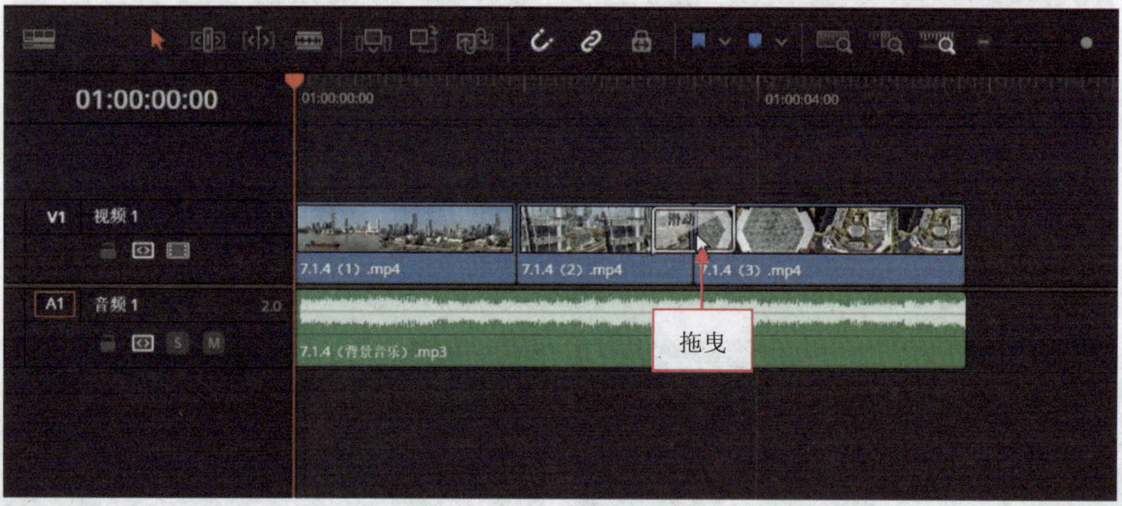

图 7-11 拖曳转场特效

Step04 在预览窗口中，可以查看移动转场位置后的视频效果，前后效果对比展示如图 7-12 所示。

图 7-12　调色前后效果对比展示

7.2　添加转场画面特效

在达芬奇中，提供了多种转场特效，某些转场效果独具特色，可以为视频添加非凡的视觉体验。本节主要介绍转场特效的精彩应用。

7.2.1　制作椭圆展开视频特效

制作椭圆展开视频特效

在达芬奇中，“光圈”转场组中共有 9 个转场效果，应用其中的“椭圆展开”转场特效，可以从素材 A 画面中心以圆形光圈过渡展开显示素材 B。下面介绍制作椭圆展开视频特效的操作方法。

Step 01 打开一个项目文件，进入“剪辑”步骤面板，如图 7-13 所示。

Step 02 在“视频转场”|“光圈”选项面板中，选择“椭圆展开”转场特效，如图 7-14 所示。

图 7-13　打开一个项目文件

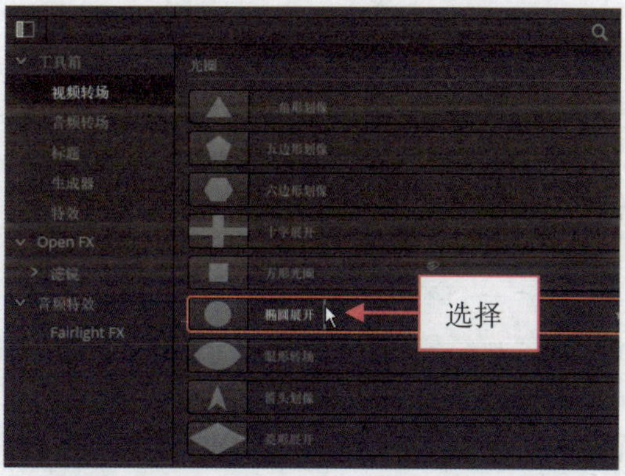

图 7-14　选择“椭圆展开”转场特效

Step 03 按住鼠标左键，将选择的转场拖曳至视频轨中的两个素材之间，如图 7-15 所示。

Step 04 释放鼠标左键，即可添加“椭圆展开”转场特效，用鼠标左键双击转场特效，展开“检查器”面板，在“转场”选项面板中，设置“时长”为 10.6 秒 318 帧数，如图 7-16 所示，即可调整“椭圆展开”转场特效的长度。

图 7-15　拖曳转场特效

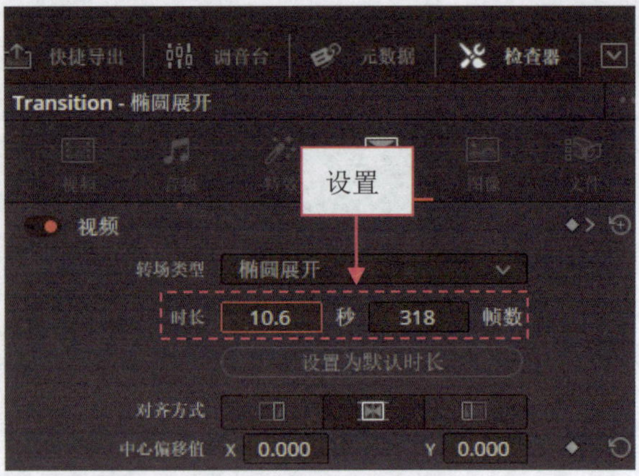

图 7-16　设置“时长”参数

Step 05 在预览窗口中查看最终效果，前后效果对比展示如图 7-17 所示。

图 7-17　调色前后效果对比展示

7.2.2　制作百叶窗视频特效

制作百叶窗视频特效

在达芬奇中，“百叶窗划像”转场特效是“划像”转场类型中最常用的一种，是指素材以百叶窗翻转的方式进行过渡。下面介绍制作百叶窗转场特效的操作方法。

Step 01 打开一个项目文件，进入“剪辑”步骤面板，如图 7-18 所示。

Step 02 在“视频转场”|“划像”选项面板中，选择“百叶窗划像”转场特效，如图 7-19 所示。

Step 03 按住鼠标左键，将选择的转场拖曳至视频轨中的两个素材之间，如图 7-20 所示，释放鼠标左键，即可添加“百叶窗划像”转场特效。

Step 04 选择添加的转场，将鼠标移至转场右边的边缘线上，当光标呈左右双向箭头形状时，按住鼠标左键并向右拖曳，如图 7-21 所示，至合适位置后释放鼠标左键，即可增加转场时长。

Step 05 在预览窗口中，单击“播放”按钮，可以查看制作百叶窗视频特效，如图 7-22 所示。

图 7-18　打开一个项目文件

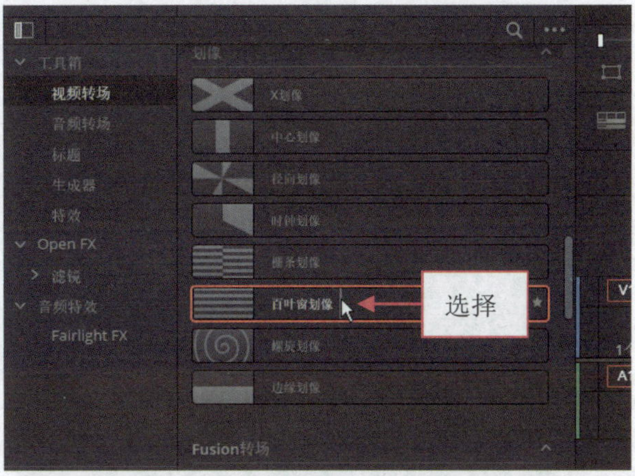

图 7-19　选择“百叶窗划像”转场特效

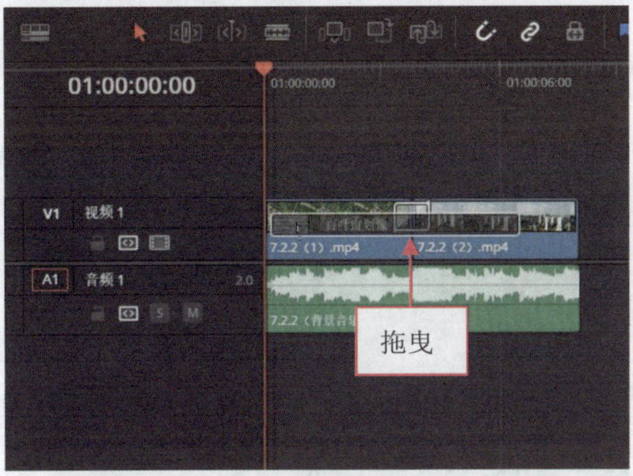

图 7-20　拖曳转场特效

图 7-21　向右拖曳

图 7-22　查看字幕缩放动画特效

7.2.3　制作交叉叠化视频特效

在达芬奇中，“交叉叠化”转场特效是以素材 A 的透明度由 100%转变到 0%，素材 B 的透明度由 0%转变到 100%的一个过程。下面介绍制作交叉叠化转场特效的操作方法。

制作交叉叠化视频特效

Step 01 打开一个项目文件，进入“剪辑”步骤面板，如图 7-23 所示。

Step 02 在“视频转场”|“叠化”选项面板中，选择“交叉叠化”转场特效，如图 7-24 所示。

图 7-23　打开一个项目文件

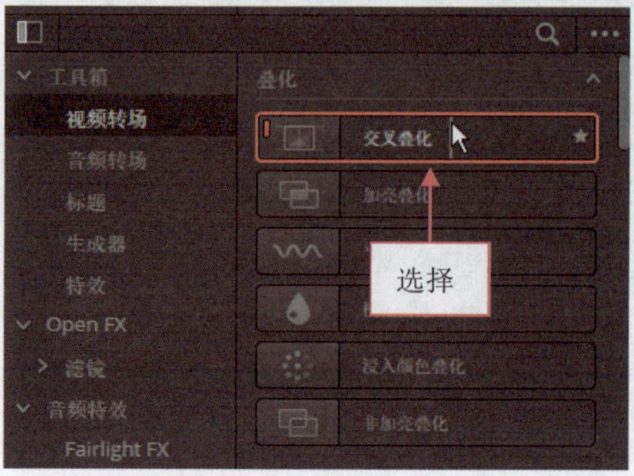

图 7-24　选择“交叉叠化”转场特效

Step 03 按住鼠标左键，将选择的转场拖曳至视频轨中的两个素材之间，如图 7-25 所示，释放鼠标左键，即可添加“交叉叠化”转场特效。

Step 04 选择添加的转场，将鼠标移至转场右边的边缘线上，当光标呈左右双向箭头形状时，按住鼠标左键并向右拖曳，如图 7-26 所示，至合适位置后释放鼠标左键，即可增加转场时长。

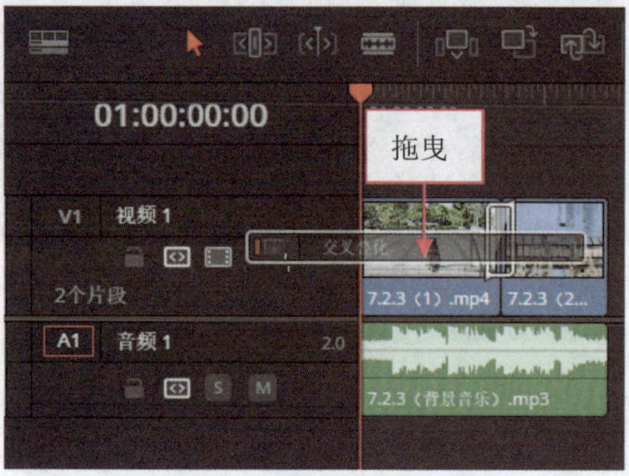

图 7-25　拖曳转场特效

图 7-26　向右拖曳

Step 05 在预览窗口中，可以查看制作的交叉叠化视频特效，如图 7-27 所示。

图 7-27　查看制作的交叉叠化视频特效

7.2.4　制作单向滑动视频特效

制作单向滑动视频特效

在达芬奇中，应用“运动”转场组中的“滑动”转场特效，即可制作单向滑动转场视频特效。下面介绍制作单向滑动转场特效的操作方法。

Step01 打开一个项目文件，进入“剪辑”步骤面板，如图 7-28 所示。

Step02 在“视频转场”|“运动”选项面板中，选择“滑动”转场特效，如图 7-29 所示。

图 7-28　打开一个项目文件

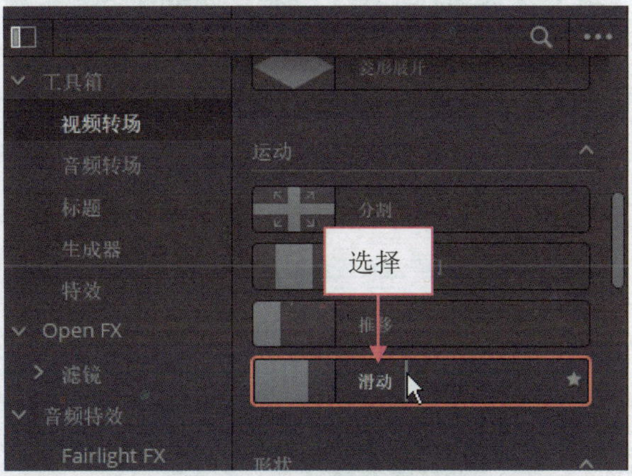

图 7-29　选择“滑动”转场特效

Step03 按住鼠标左键，将选择的转场拖曳至视频轨中的两个素材之间，如图 7-30 所示，释放鼠标左键，即可添加“滑动”转场特效。

Step04 双击转场特效，展开“检查器”面板，在“转场”|“视频”选项面板中，单击“预设”下拉按钮，如图 7-31 所示。

图 7-30　拖曳转场特效

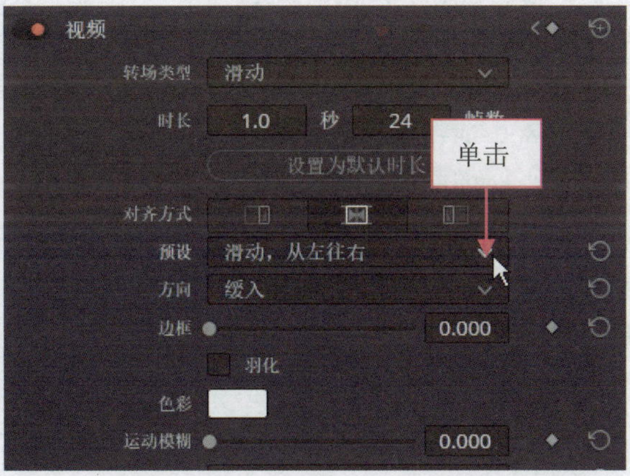

图 7-31　单击“预设”下拉按钮

Step05 在弹出的列表框中，选择“滑动，从右往左”选项，如图 7-32 所示，即可使素材 A 从右往左滑动过渡显示素材 B。

Step06 在“转场”选项面板中，设置“时长”为 8.6 秒 206 帧数，如图 7-33 所示，即可调整“滑动”转场特效的长度。

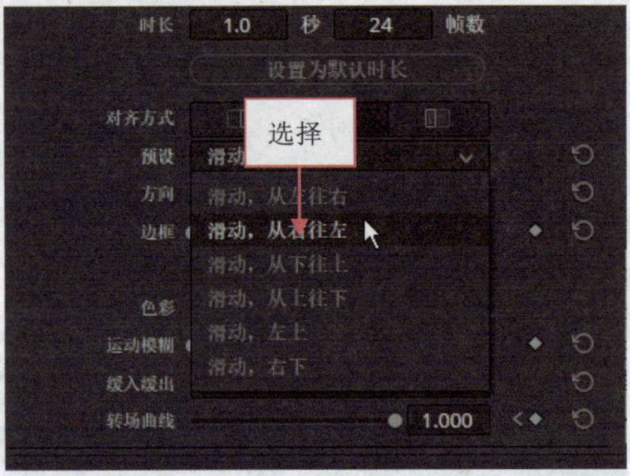

图 7-32　选择“滑动，从右往左”选项

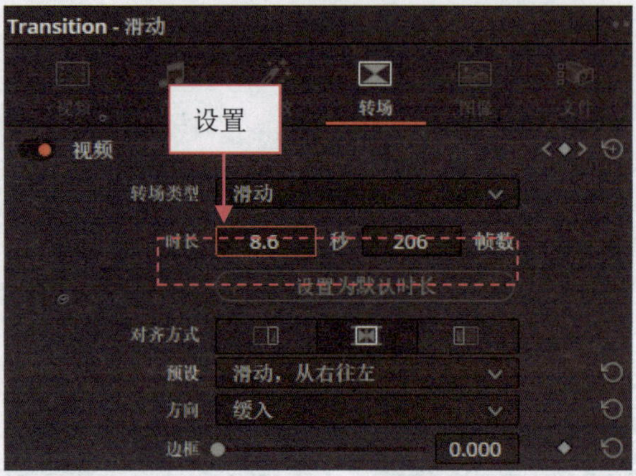

图 7-33　设置“时长”参数

Step 07 在预览窗口中，可以查看制作的单向滑动转场特效，如图 7-34 所示。

图 7-34　查看制作的单向滑动转场特效

本章小结

本章主要讲述了添加视频转场特效的方法。首先介绍了转场特效，包括硬切换与软切换、“视频转场”选项面板、替换转场特效以及移动转场特效的位置等；然后介绍了添加转场画面特效，包括制作椭圆展开视频特效、制作百叶窗视频特效、制作交叉叠化视频特效、制作单向滑动视频特效等。通过对本章的学习，希望读者能对转场有了一个基本的了解，为后期的学习奠定了良好的基础。

课后习题

课后习题 1　　课后习题 2

鉴于本章知识的重要性，为了帮助读者可以更好地掌握所学知识，将通过上机习题，进行简单的知识回顾和补充。

1．添加边框特效

本题需要掌握在达芬奇中如何为转场添加边框效果的操作方法，效果如图 7-35 所示。

图 7-35　添加边框特效

2．制作爱心形状视频特效

本题需要掌握在达芬奇中应用“形状”转场组中的“心形”转场特效，即可制作爱心形状转场效果，视频效果展示如图 7-36 所示。

图 7-36　视频效果展示

第 8 章

制作视频字幕特效

8

字幕在视频编辑中是不可缺少的，它是影片中的重要组成部分。在影片中加入一些说明性的文字，能够有效地帮助读者理解影片的含义。本章将主要讲述制作视频字幕特效的各种方法，帮助读者制作出各种精美的字幕特效。

本章重点

- ➢ 了解标题简介与面板
- ➢ 掌握设置视频的标题属性的方法
- ➢ 熟知制作动态标题字幕特效的方法

学习目标

- ➢ 通过学习字幕特效，引导学生发挥想象力和创造力，在创意设计方面进行探索和实践
- ➢ 字幕特效是影视作品中重要的视觉元素之一，通过学习和实践，提高学生的审美水平和对美的追求

黄叶飘零泪满腹
秋风吹尽旧庭柯

云想衣裳花想容
春风拂槛露华浓

8.1　标题简介与面板

标题在视频编辑中是一种重要的艺术手段，好的标题字幕不仅可以传达画面以外的信息，还可以增强影片的艺术效果。达芬奇提供了便捷的字幕编辑功能，可以在短时间内制作出专业的标题字幕。

8.1.1　标题简介

标题可以以各种字体、样式和动画等形式出现在影视画面中，如电视或电影的片头、演员表、对白以及片尾字幕等，标题设计与书写是影视造型的艺术手段之一。在通过实例学习创建标题之前，首先了解一下制作的标题字幕效果，如图 8-1 所示。

图 8-1　制作的标题字幕效果

8.1.2　标题选项面板

在达芬奇“剪辑”步骤面板中，打开“特效库”|“标题”选项面板，面板中提供了多种“字幕”和“Fusion 标题”标题样式，如图 8-2 所示，可以通过拖曳标题样式，添加到“时间线”面板的视频轨上，为项目文件添加标题字幕。

与其他视频剪辑软件不同的是，达芬奇在“时间线”面板中添加的标题字幕有两种不同的定义，一种是在字幕轨上的标题字幕，定义为“字幕”；另一种是添加在视频轨上的标题字幕，定义为“文本”，双击轨道上添加的标题字幕，即可打开“检查器”|“标题”选项面板和“检查器”|“标题”|“控制”选项面板，如图 8-3 所示。

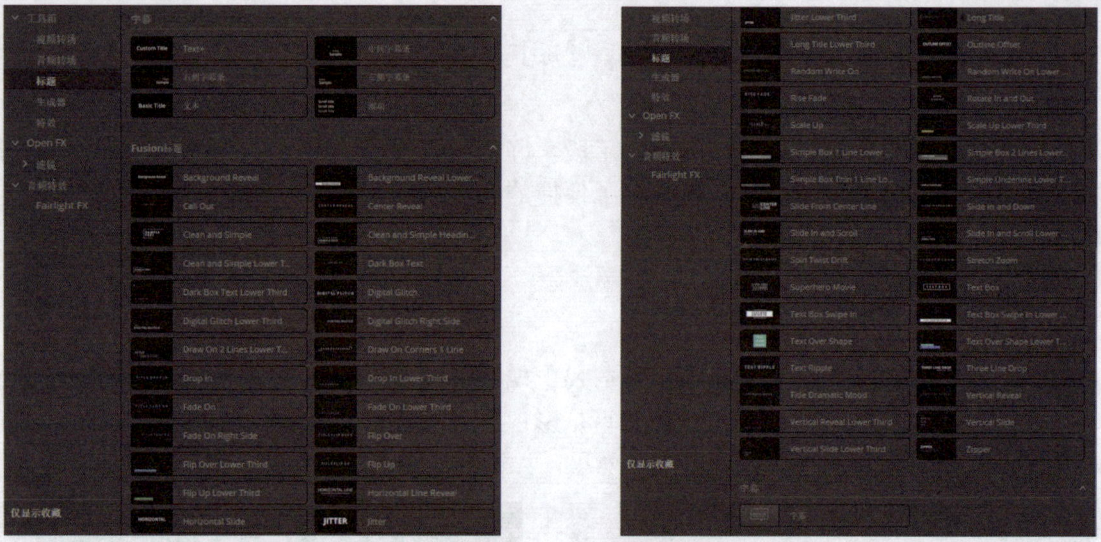

图 8-2　“特效库”|“标题”选项面板

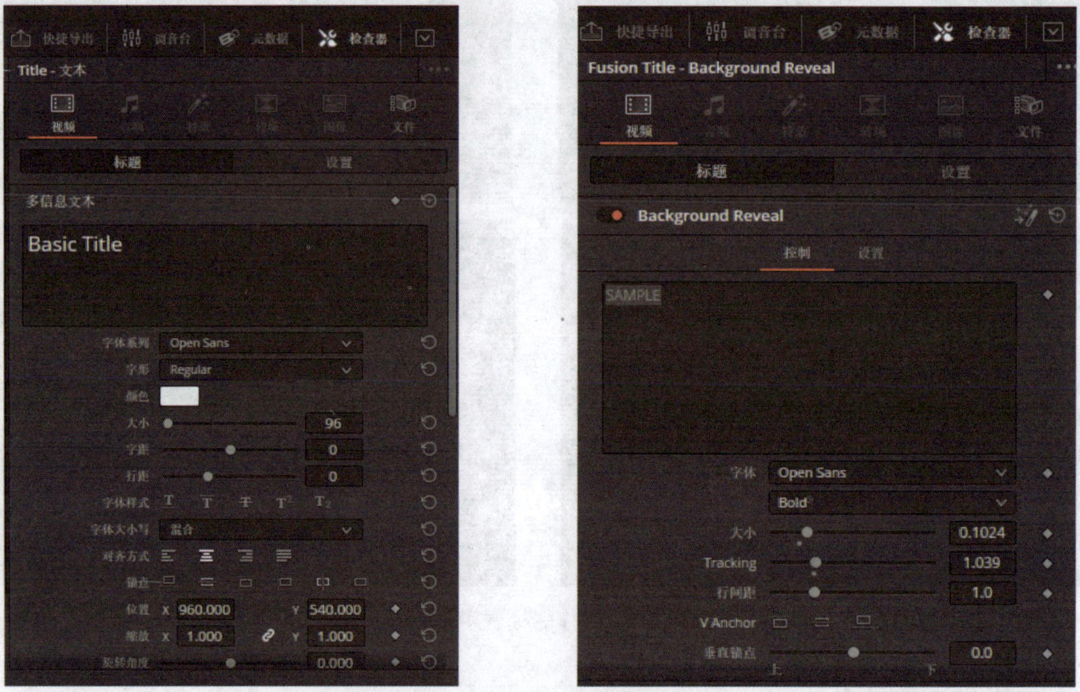

图 8-3　“检查器”|“标题”选项面板和“检查器”|“标题”|“控制”选项面板

8.2　设置视频的标题属性

为了让标题的整体效果更加具有吸引力和感染力，因此需要对标题属性进行精心调整。本节将介绍标题属性的作用与调整的技巧。

8.2.1 设置标题长度

设置标题长度

在达芬奇中，当在轨道面板中添加相应的标题字幕后，可以调整标题的时间长度，也可以控制标题文本的播放时间。下面介绍设置标题长度的具体操作方法。

Step 01 打开一个项目文件，进入“剪辑”步骤面板，如图 8-4 所示。

Step 02 在“剪辑”步骤面板的左上角，单击“特效库”按钮，如图 8-5 所示。

图 8-4 打开一个项目文件

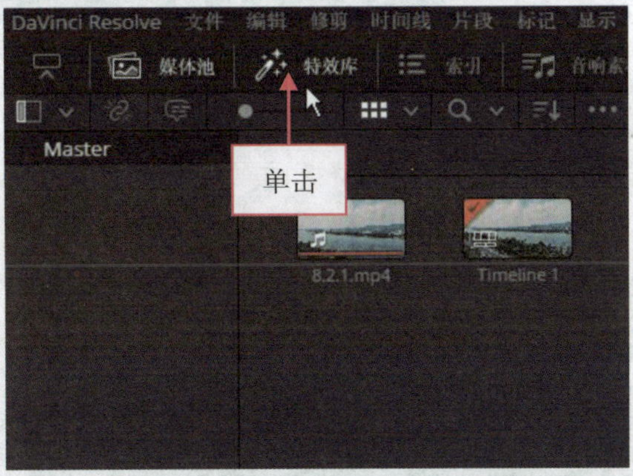

图 8-5 单击“特效库”按钮

Step 03 在“媒体池”面板下方展开“特效库”面板，单击“工具箱”左侧的下拉按钮，展开“工具箱”选项列表，选择“标题”选项，如图 8-6 所示。

Step 04 展开“标题”选项面板，在选项面板的“字幕”选项区中，选择“文本”选项，如图 8-7 所示。

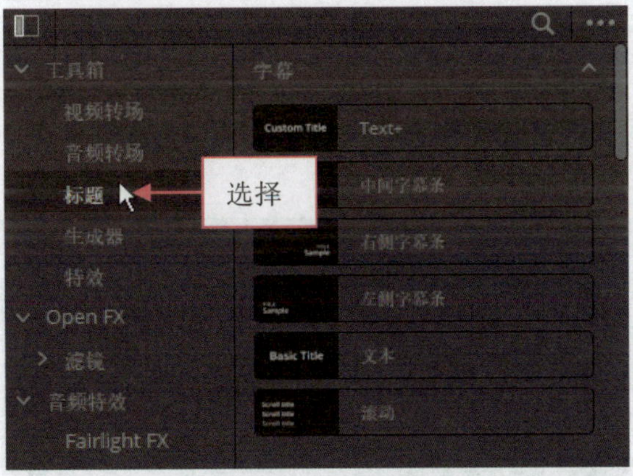

图 8-6 选择“标题”选项

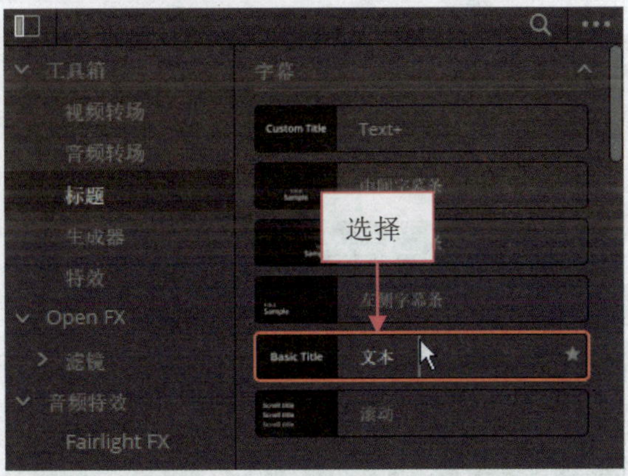

图 8-7 选择“文本”选项

Step 05 按住鼠标左键，将“文本”字幕样式拖曳至 V1 轨道上，“时间线”面板会自动添加一条 V2 轨道，在合适位置处释放鼠标左键，即可在 V2 轨道上添加一个标题字幕文件，如图 8-8 所示。

图 8-8　添加一个标题字幕文件

Step 06 双击添加的“文本”字幕，展开“检查器”|“视频”|“标题”选项卡，如图 8-9 所示。

Step 07 在“多信息文本”下方的编辑框中输入相应文字，设置相应字体，设置“大小”参数为 135，如图 8-10 所示。

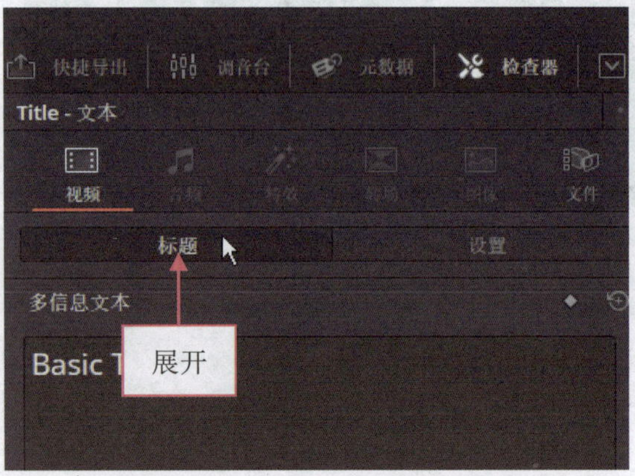

图 8-9　展开“标题”选项卡

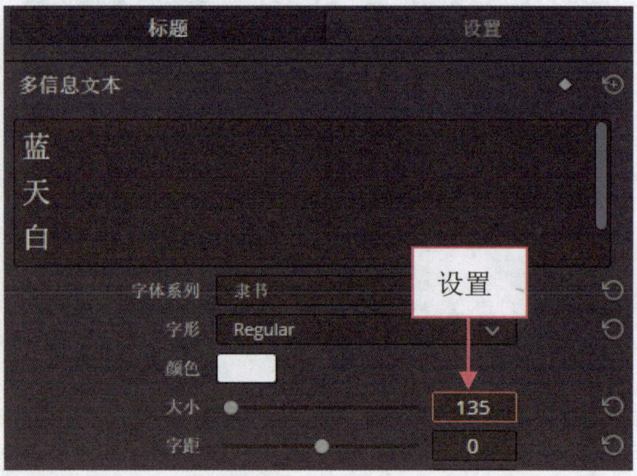

图 8-10　设置“大小”参数

Step 08 在面板下方，设置“位置”X 参数为 1770.000、Y 参数为 750.000，如图 8-11 所示。

Step 09 选中 V2 轨道中的字幕文件，将鼠标移至字幕文件的末端，按住鼠标左键并向右拖曳至合适位置，如图 8-12 所示，释放鼠标左键，即可设置标题长度。

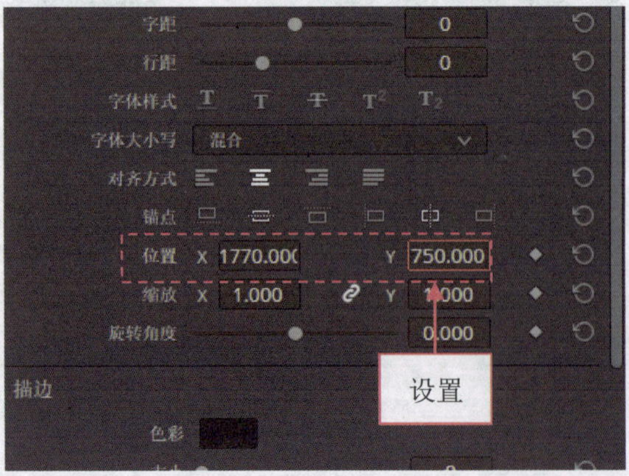

图 8-11　设置“位置”参数

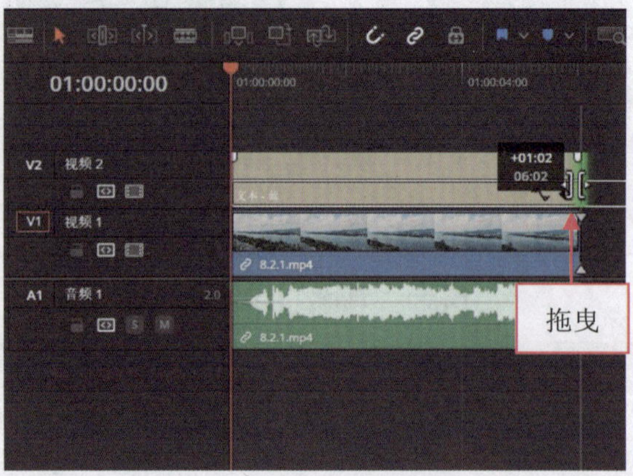

图 8-12　拖曳至合适位置

Step10 在预览窗口中，可以查看设置标题长度的效果，如图 8-13 所示。

图 8-13　设置标题长度的效果

8.2.2　设置字体大小

字号是指文本的大小，不同的字体大小对视频的美观程度有一定的影响。下面介绍设置字体大小的操作方法。

设置字体大小

Step01 打开一个项目文件，进入“剪辑”步骤面板，如图 8-14 所示。

Step02 双击 V2 轨道中的字幕文件，展开“检查器”|“视频”|“标题”选项卡，设置“大小”参数为 122，如图 8-15 所示，即可设置字体大小，让字体更醒目。

图 8-14　打开一个项目文件

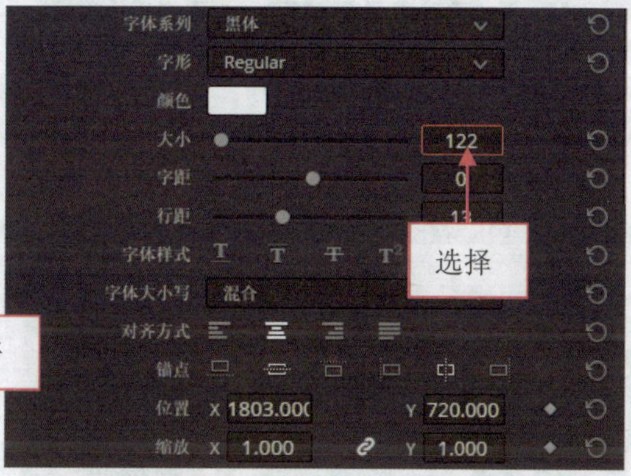

图 8-15　设置“大小”参数

Step03 在预览窗口中，可以查看设置字体大小的效果，前后效果对比展示如图 8-16 所示。

图 8-16　前后效果对比展示

8.2.3 设置标题颜色

设置标题颜色

在达芬奇中，可根据素材与标题字幕的匹配程度，更改标题字体的颜色效果，给字体添加相匹配的颜色，可以让制作的影片更加具有观赏性。下面介绍设置标题颜色的操作方法。

Step 01 打开一个项目文件，进入“剪辑”步骤面板，如图 8-17 所示。

Step 02 双击 V2 轨道中的字幕文件，展开“检查器”|“视频”|“标题”选项卡，单击“颜色”右侧的色块，如图 8-18 所示。

图 8-17　打开一个项目文件

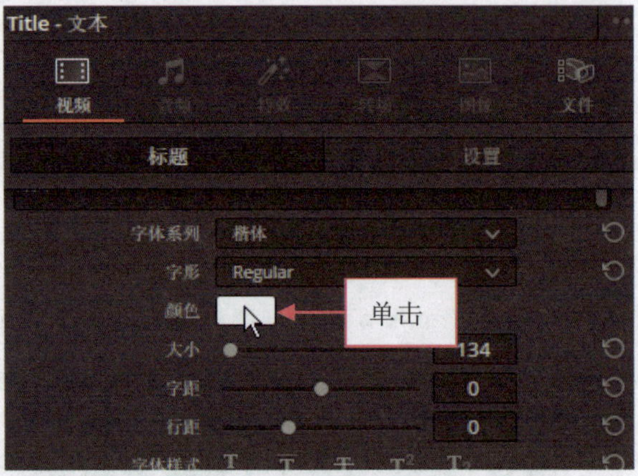

图 8-18　单击“颜色”右侧的色块

Step 03 弹出“选择颜色”对话框，在“基本颜色”选项区中，选择第 1 排第 2 个颜色色块，如图 8-19 所示。

Step 04 单击 OK 按钮，如图 8-20 所示，可以查看设置的字体颜色。

图 8-19　选择相应色块

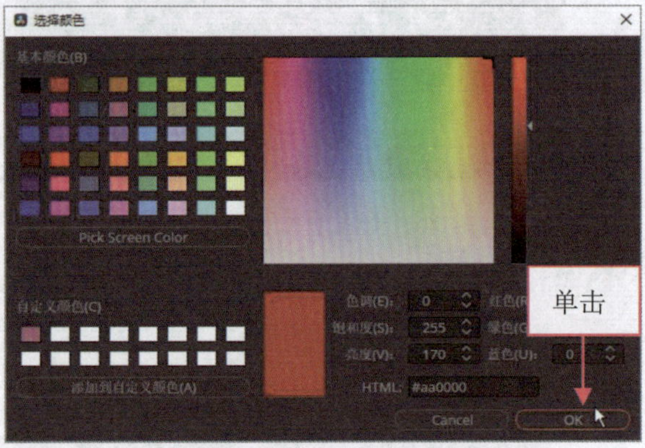

图 8-20　单击 OK 按钮

Step 05 返回“标题”选项卡，更改标题字幕的字体颜色后，在预览窗口中可以查看设置字体颜色的效果，前后效果对比展示如图 8-21 所示。

图 8-21　前后效果对比展示

8.3　制作动态标题字幕特效

在影片中创建标题后，在达芬奇中还可以为标题制作字幕运动特效，可以使影片更具有吸引力和感染力。本节将主要介绍制作多种字幕动态特效的操作方法，增强字幕的艺术效果。

8.3.1　制作字幕淡入淡出特效

淡入淡出是指标题字幕以淡入淡出的方式显示或消失字幕的动画特效。下面介绍制作字幕淡入淡出运动特效的操作方法。

制作字幕淡入淡出特效

Step 01 打开一个项目文件，进入“剪辑”步骤面板，在“时间线”面板中，选择 V2 轨道中添加的字幕文件，如图 8-22 所示。

Step 02 执行操作后，展开“检查器”|“视频”|“标题”面板，切换至“设置”选项卡，如图 8-23 所示。

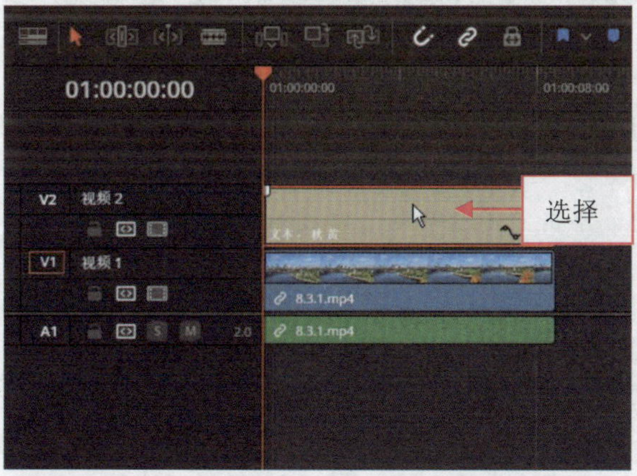

图 8-22　选择 V2 轨道中添加的字幕文件

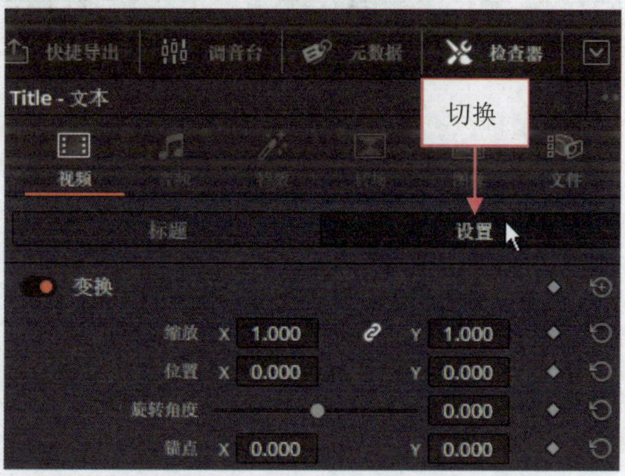

图 8-23　切换至“设置”选项卡

Step 03 在“合成”选项区中，拖曳“不透明度”右侧的滑块，如图 8-24 所示，直至参数显示为 0.00。

Step 04 单击“不透明度”参数右侧的关键帧按钮◆，添加第 1 个关键帧，如图 8-25 所示。

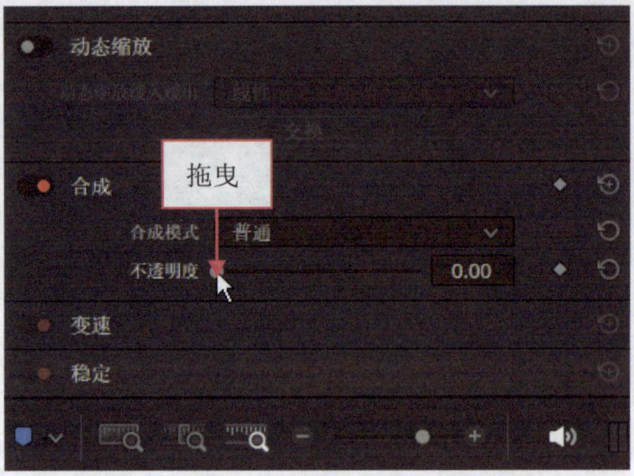

图 8-24　拖曳“不透明度”右侧的滑块

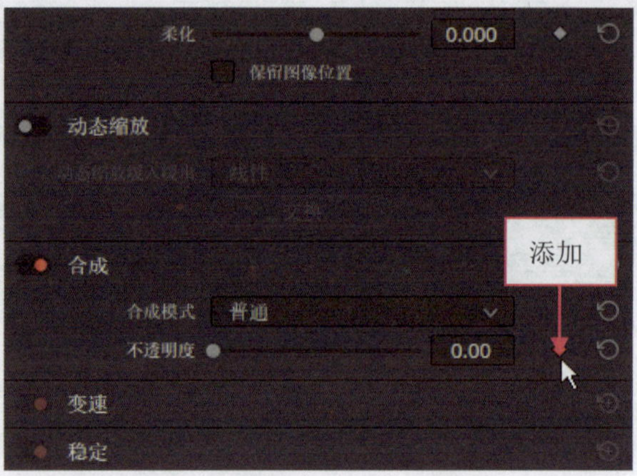

图 8-25　添加第 1 个关键帧

Step 05 在“时间线”面板中，将“时间指示器”拖曳至 01:00:02:15 位置处，如图 8-26 所示。

Step 06 在“检查器”|“视频”|“设置”选项卡中，设置“不透明度”参数为 100.00，如图 8-27 所示，即可自动添加第 2 个关键帧。

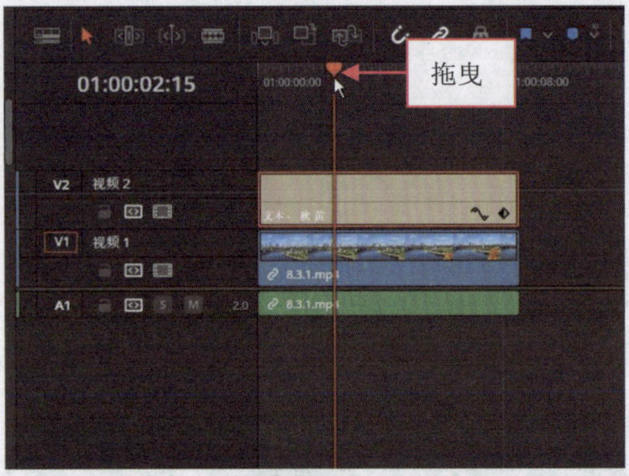

图 8-26　拖曳“时间指示器”至合适位置（1）

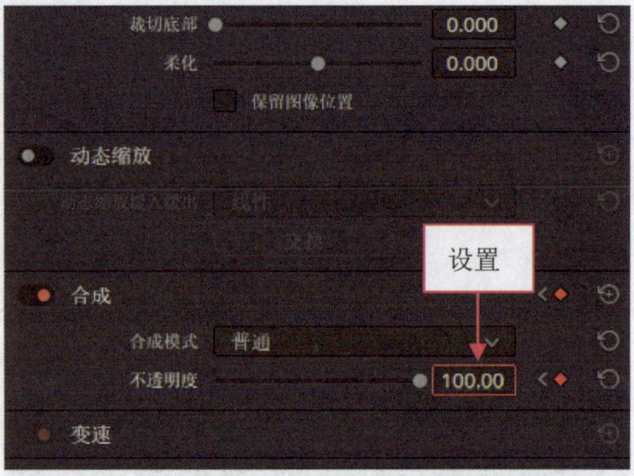

图 8-27　设置“不透明度”参数

Step 07 执行操作后，在“时间线”面板中，将“时间指示器”拖曳至 01:00:06:29 位置处，如图 8-28 所示。

Step 08 在“检查器”|“视频”|“设置”选项卡中，单击“不透明度”右侧的关键帧按钮，添加第 3 个关键帧，如图 8-29 所示。

Step 09 执行操作后，在“时间线”面板中，将“时间指示器”拖曳至 01:00:07:26 位置处，如图 8-30 所示。

Step 10 在“检查器”|“视频”|“设置”选项卡中，再次向左拖曳“不透明度”滑块，设置“不透明度”参数为 0.00，即可自动添加第 4 个关键帧，如图 8-31 所示。

Step 11 在预览窗口中，可以查看制作字幕的淡入淡出特效，如图 8-32 所示。

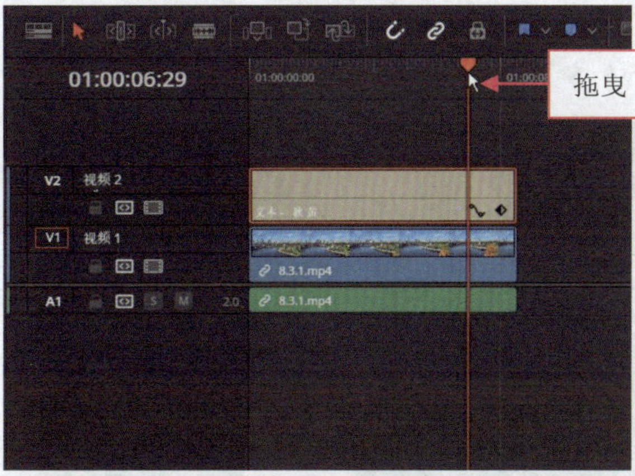

图 8-28　拖曳“时间指示器”至合适位置（2）

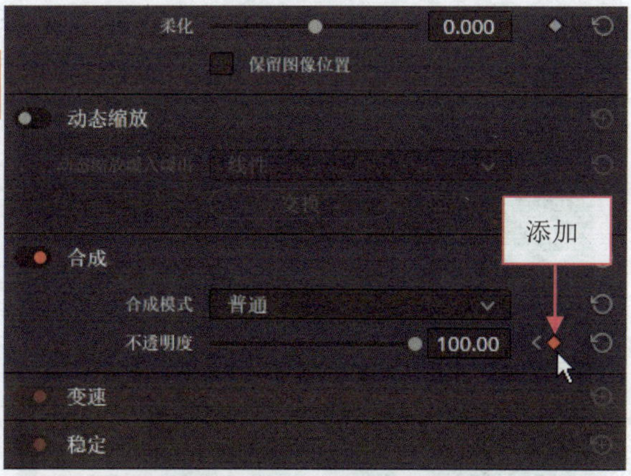

图 8-29　添加第 3 个关键帧

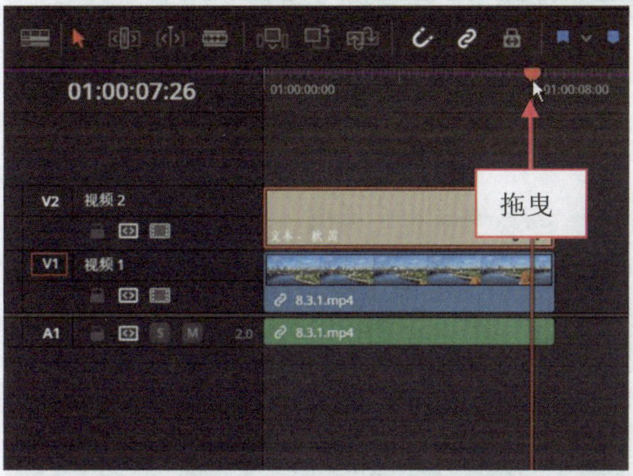

图 8-30　拖曳“时间指示器”至合适位置（3）

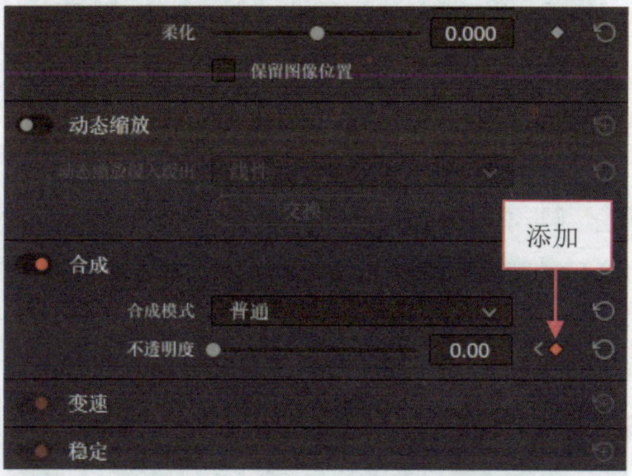

图 8-31　添加第 4 个关键帧

图 8-32　查看制作字幕的淡入淡出特效

8.3.2　制作字幕缩放动画特效

在达芬奇的“检查器”|“视频”选项卡中，开启“动态缩放”功能，可以设置“时间线”面板中的素材画面放大或缩小的运动特效。“动态缩放”功能在默认状态下为缩小运动特效，可以通过单击“切换”按钮，转换为放大运动特效。下面介绍制作字幕缩放动画特效的操作方法。

制作字幕缩放动画特效

Step 01 打开一个项目文件，进入“剪辑”步骤面板，如图 8-33 所示。

Step 02 在“时间线”面板中，选择 V2 轨道中添加的字幕文件，如图 8-34 所示。

图 8-33　打开一个项目文件

图 8-34　选择 V2 轨道

Step 03 展开“检查器”|“视频”|“设置”选项卡，单击“动态缩放”按钮，如图 8-35 所示，即可开启“动态缩放”的功能区域。

Step 04 在“动态缩放缓入缓出”右侧的列表框中选择“缓入与缓出”选项，如图 8-36 所示。

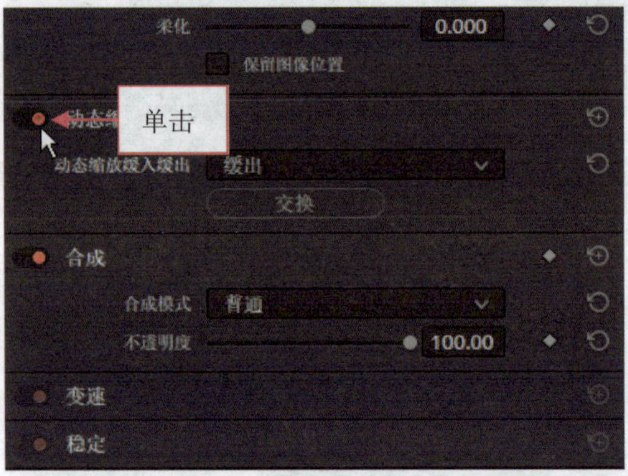

图 8-35　单击“动态缩放”按钮

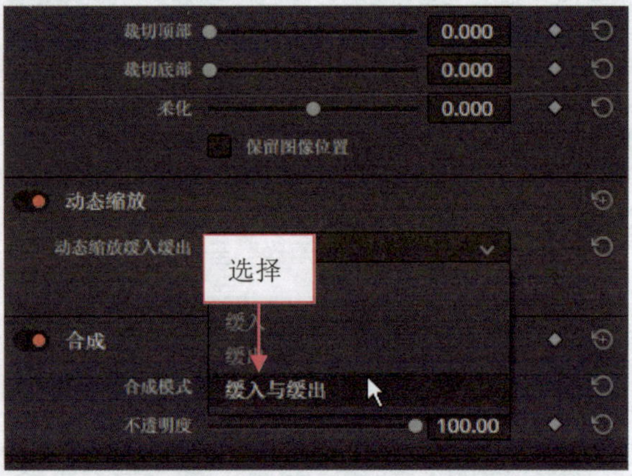

图 8-36　选择“缓入与缓出”选项

Step 05 在预览窗口中，可以查看制作的缩放动画特效，如图 8-37 所示。

图 8-37　查看字幕缩放动画特效

8.3.3　制作字幕裁切动画特效

制作字幕裁切动画特效

在达芬奇的“检查器”|“视频”选项卡中，可以在“裁切”选项区中，通过调整相应参数制作字幕逐字显示的动画特效。下面介绍制作字幕裁切动画特效的操作方法。

Step 01 打开一个项目文件，进入“剪辑”步骤面板，如图 8-38 所示。

Step 02 在“时间线”面板中，选择 V2 轨道中添加的字幕文件，如图 8-39 所示。

图 8-38　打开一个项目文件

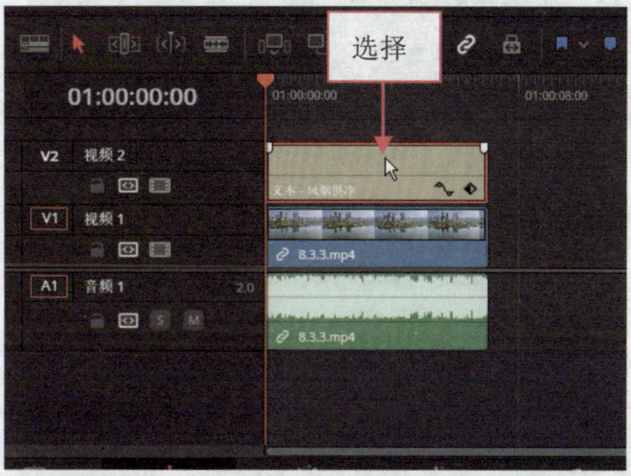

图 8-39　选择 V2 轨道中添加的字幕文件

Step 03 展开“检查器”|“视频”|“设置”选项卡，在“裁切”选项区中，拖曳“裁切右侧”滑块至最右端，如图 8-40 所示。

Step 04 设置“裁切右侧”参数为最大值，单击“裁切右侧”关键帧按钮，如图 8-41 所示，添加第 1 个关键帧。

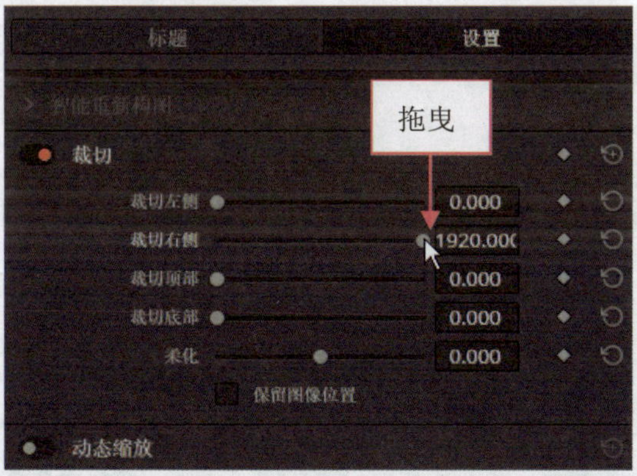

图 8-40　拖曳“裁切右侧”滑块至最右端

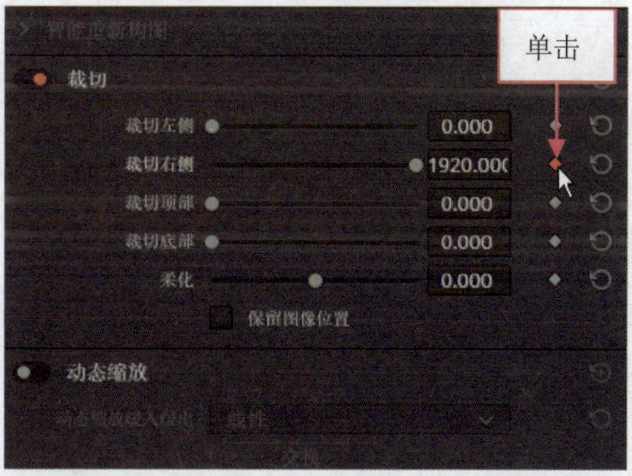

图 8-41　单击“裁切右侧”关键帧按钮

Step 05 在“时间线”面板中，将“时间指示器”拖曳至 01:00:03:08 位置处，如图 8-42 所示。

Step 06 展开“检查器”|“视频”|“设置”选项卡，在“裁切”选项区中，拖曳“裁切右侧”滑块至最左端，如图 8-43 所示。

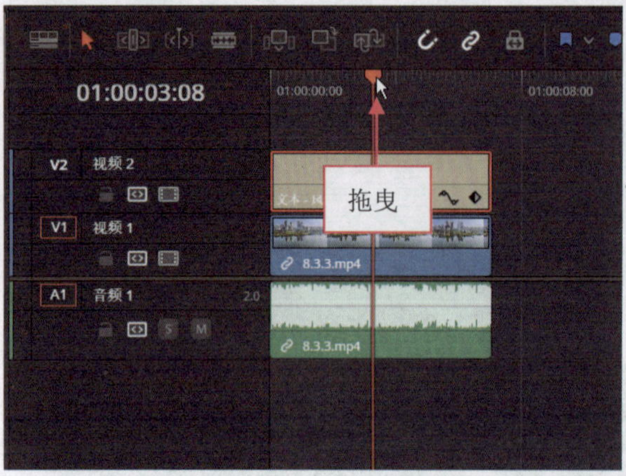

图 8-42　拖曳“时间指示器”至合适位置

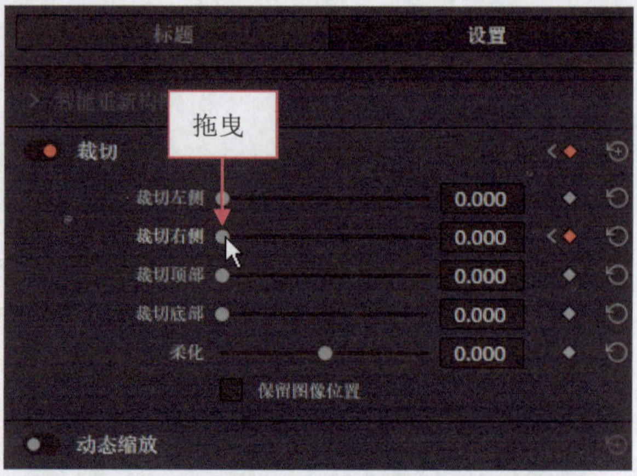

图 8-43　拖曳“裁切右侧”滑块至最左端

Step 07 设置“裁切右侧”参数为最小值，即可自动添加第 2 个关键帧，在预览窗口中可以查看制作的缩放动画特效，如图 8-44 所示。

图 8-44　查看字幕缩放动画特效

本章小结

本章主要讲述了达芬奇中制作视频字幕特效的相关操作方法。首先介绍了标题简介与面板；然后介绍了设置视频的标题属性，包括设置标题长度、字体大小、标题颜色等；最后介绍了制作动态标题字幕特效的方法，包括制作字幕淡入淡出特效、制作字幕缩放动画特效、制作字幕裁切动画特效等内容。通过对本章的学习，希望读者能够熟练掌握字幕效果的操作并学以致用。

课后习题

课后习题 1　　课后习题 2

鉴于本章知识的重要性，为了让读者能够更好地掌握所学知识，将通过上机习题进行简单的知识回顾和补充。

1．制作电影落幕视频特效

本题需要掌握这种特效通常会伴随着电影的结尾曲或幕后工作人员名单的滚动，为观众带来一种结束的感觉，同时也为电影留下深刻的印象。效果展示如图 8-45 所示。

图 8-45　制作电影落幕视频特效展示

2．制作字幕旋转飞入特效

本题需要掌握在达芬奇中，通过设置“旋转角度”参数，可以制作出字幕旋转飞入动画特效，效果如图 8-46 所示。

图 8-46　制作字幕旋转飞入特效展示

第 9 章

编辑音频与渲染视频

影视作品是一门声画艺术，音频在影片中是不可或缺的元素。在后期制作中，如果声音运用恰到好处，会带来耳目一新的感觉。当用户完成一段影视内容的编辑后，可以将其输出成各种不同格式的文件。本章将主要讲述编辑与修整音频素材、为音频添加特效以及渲染与导出成品视频的操作方法。

本章重点

- 掌握编辑音频素材的方法
- 掌握添加音频特效的方法
- 熟知渲染与导出视频的方法

学习目标

- 通过学习达芬奇编辑音频与渲染视频，引导学生了解艺术创作的多样性和创新性，激发他们的创新思维和创造力，培养他们独立思考和解决问题的能力
- 达芬奇编辑音频与渲染视频需要学生对美有敏锐的感知和独特的见解。通过学习，学生可以提升自己的审美水平，学会在数字媒体作品中发现美、创造美，为社会文化的繁荣发展做出贡献

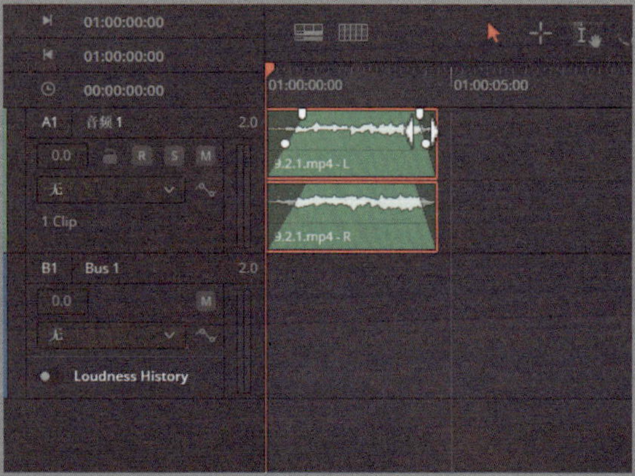

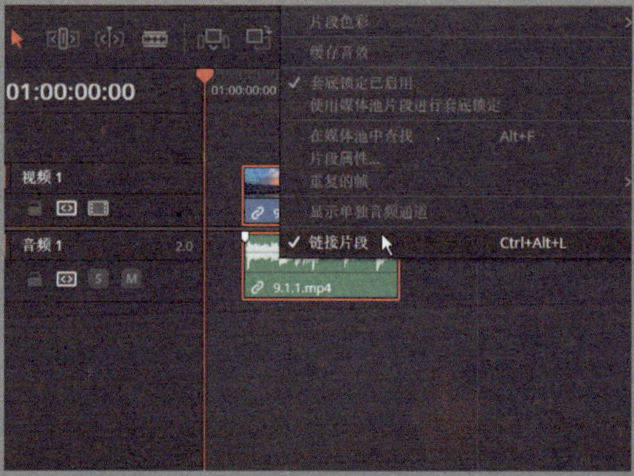

9.1　编辑音频素材

如果一部影片缺少了声音，再优美的画面也将是黯然失色，而优美动听的背景音乐和款款深情的配音不仅可以为影片起到锦上添花的作用，更能使影片颇有感染力，从而使影片更上一个台阶。本节主要介绍编辑音频素材的操作方法。

9.1.1　断开音频连接

断开音频连接

用户在应用达芬奇剪辑视频素材时，默认状态下，"时间线"面板中的视频轨和音频轨中的素材是绑定链接的状态，当需要单独对视频或音频文件进行剪辑操作时，可以通过断开链接片段，分离视频和音频文件，对其执行单独的操作。下面介绍断开视频与音频链接的操作方法。

Step 01 打开一个项目文件，进入"剪辑"步骤面板，如图 9-1 所示。

Step 02 当用户选择"时间线"面板中的视频素材并移动位置时，可以发现视频和音频呈链接状态，且缩略图上显示了链接的图标，如图 9-2 所示。

图 9-1　打开一个项目文件

图 9-2　缩略图上显示了链接的图标

Step 03 选择"时间线"面板中的素材文件，单击鼠标右键，弹出快捷菜单，取消选择"链接片段"选项，如图 9-3 所示。

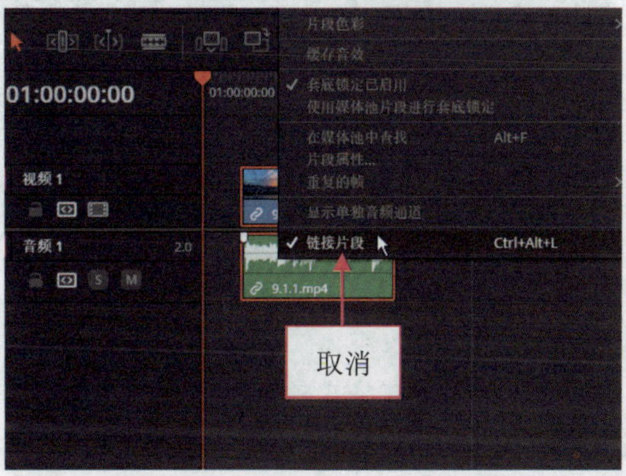

图 9-3　取消选择"链接片段"选项

Step 04 执行操作后，即可断开视频和音频的链接，链接图标将不显示在缩略图上，选择音频轨中的音频素材，按住鼠标左键并左右拖曳，如图 9-4 所示，即可单独对音频文件执行操作。

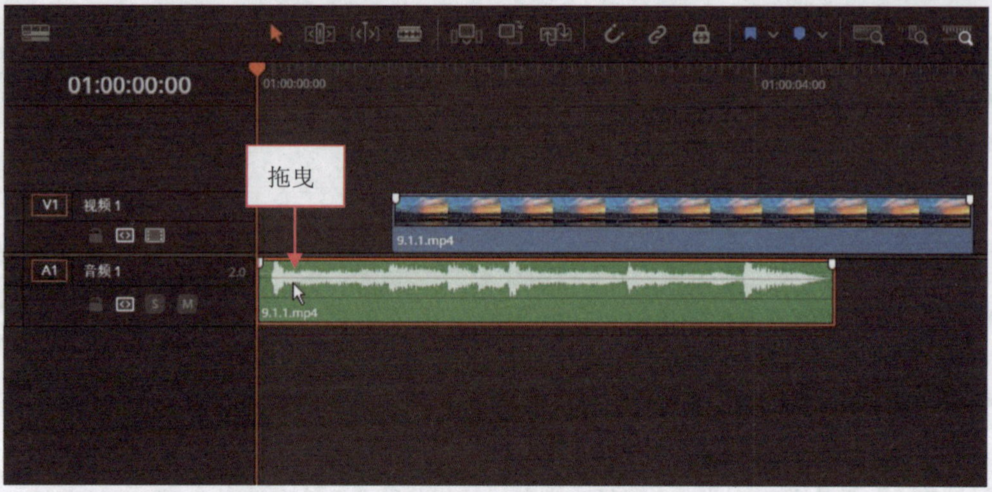

图 9-4 拖曳音频素材

9.1.2 替换背景音乐

当对视频原来的背景音乐不满意时，可以在达芬奇中替换视频的背景音乐。下面介绍替换背景音乐的操作方法。

替换背景音乐

Step 01 打开一个项目文件，进入“剪辑”步骤面板，如图 9-5 所示。

Step 02 在“媒体池”面板中的空白位置处，单击鼠标右键，弹出快捷菜单，选择“导入媒体”选项，如图 9-6 所示。

图 9-5 打开一个项目文件

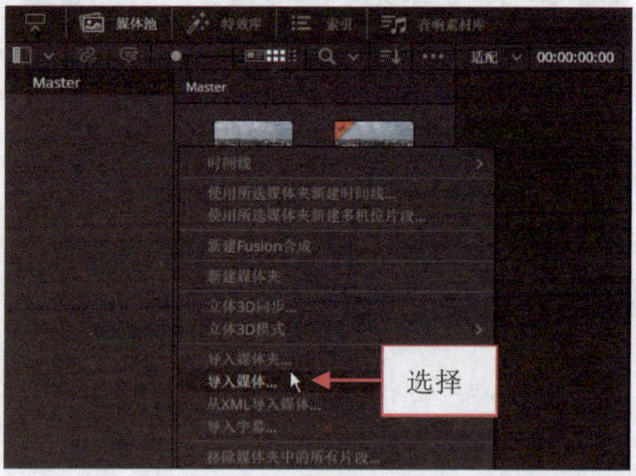

图 9-6 选择“导入媒体”选项

Step 03 弹出“导入媒体”对话框，在其中选择需要导入的音频素材，单击“打开”按钮，如图 9-7 所示，即可将音频素材导入“媒体池”面板中。

Step 04 在“时间线”面板中，选中视频素材，单击鼠标右键，弹出快捷菜单，选择“链接片段”选项，如图 9-8 所示，即可取消视频和音频的链接。

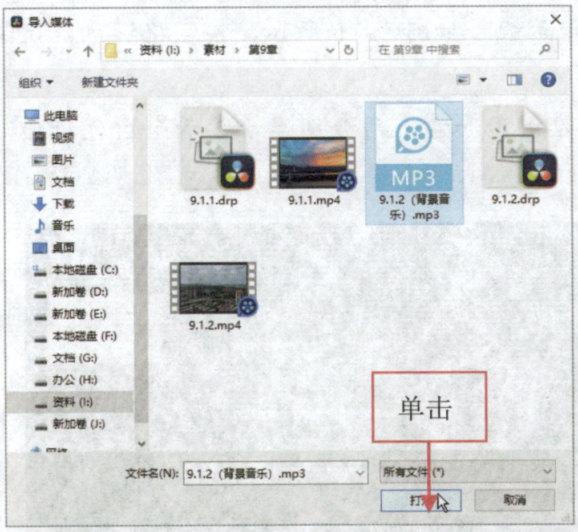

图 9-7　单击“打开”按钮

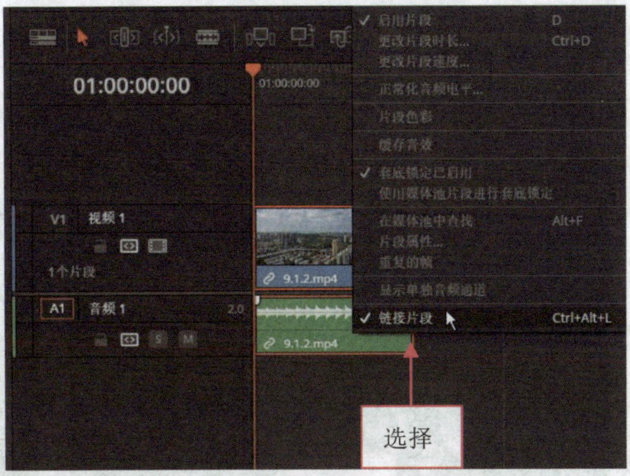

图 9-8　选择“链接片段”选项

Step05 在“媒体池”面板中选择音频素材，如图 9-9 所示。

Step06 选中 A1 轨道上的音频素材，在“时间线”面板的工具栏上，单击“替换片段”按钮，即可替换视频的背景音乐，如图 9-10 所示。

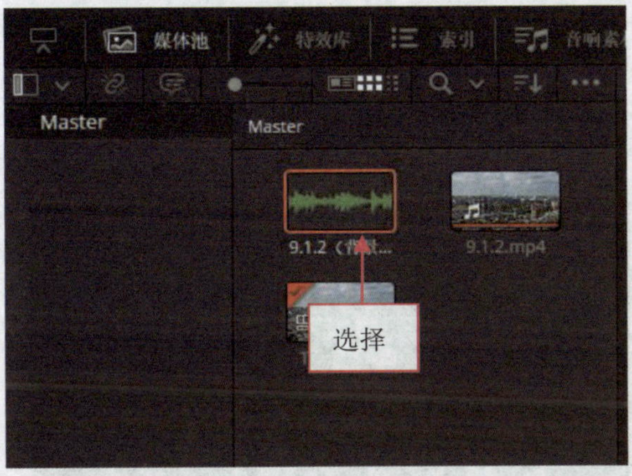

图 9-9　选择音频素材

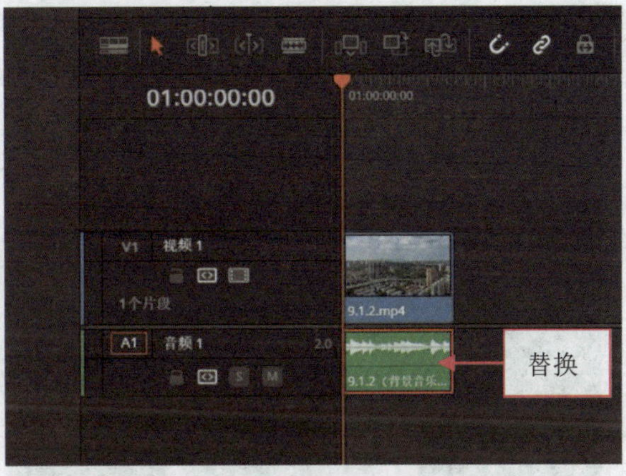

图 9-10　替换视频的背景音乐

9.2　添加音频特效

在达芬奇中，可以将音频滤镜添加到音频轨的音频素材上，如淡入淡出以及回声特效等。本节主要介绍为音频添加特效的操作方法。

9.2.1　制作淡入淡出声音特效

为音频添加淡入淡出的音频效果，可以避免音乐的突然出现和突然消失，使音乐能够有一种自然的过渡效果。下面介绍制作淡入淡出声音特效的操作方法。

制作淡入淡出声音特效

Step 01 打开一个项目文件，进入 Fairlight（音频）步骤面板，如图 9-11 所示，按空格键可以试听音频素材。

Step 02 将鼠标移至音频素材上方，此时，音频素材的左上角和右上角分别显示了两个白色标记，如图 9-12 所示。

图 9-11　打开一个项目文件

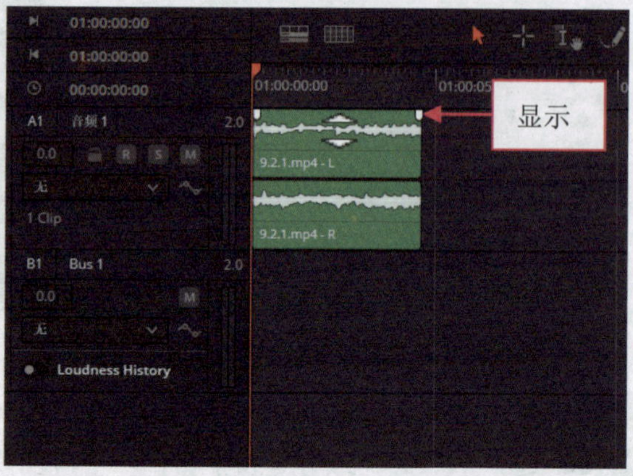

图 9-12　显示两个白色标记

Step 03 选中左上角的标记，按住鼠标左键并向右拖曳，如图 9-13 所示，至合适位置释放鼠标左键，即可为音频素材添加淡入特效。

Step 04 用与上同样的方法向左拖曳音频右上角的标记，如图 9-14 所示，至合适位置释放鼠标左键，即可为音频素材添加淡出特效，按空格键聆听制作的淡入淡出声音特效。

图 9-13　拖曳左上角的标记

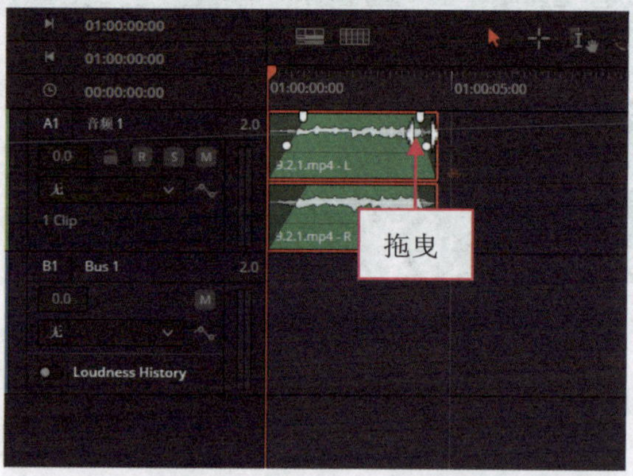

图 9-14　拖曳右上角的标记

9.2.2　制作背景声音的回音特效

在达芬奇中，使用回声音频滤镜样式可以为音频文件添加回音效果，该滤镜样式适合放在比较唯美梦幻的视频素材当中。下面介绍制作背景声音的回声效果的具体操作方法。

制作背景声音的回音特效

Step 01 打开一个项目文件，进入 Fairlight（音频）步骤面板，如图 9-15 所示，按空格键可以试听音频素材。

Step 02 在界面左上角单击“特效库”按钮，如图 9-16 所示。

图 9-15　进入 Fairlight（音频）步骤面板

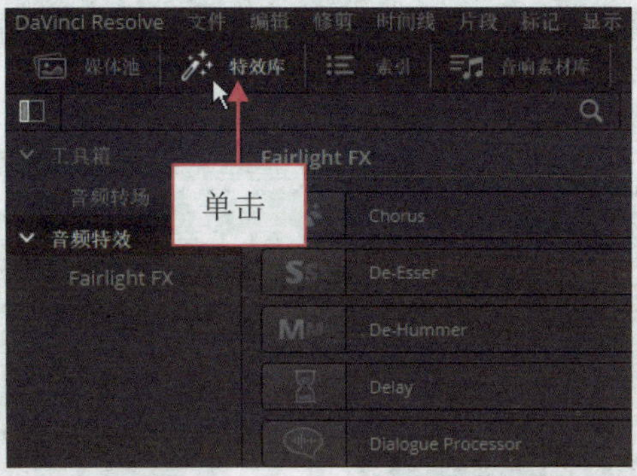

图 9-16　单击“特效库”按钮

Step 03 展开“音频特效”面板，选择 Echo（回声）选项，如图 9-17 所示。

Step 04 按住鼠标左键，将选择的音频特效拖曳至 A1 轨道上的音频素材上，如图 9-18 所示。

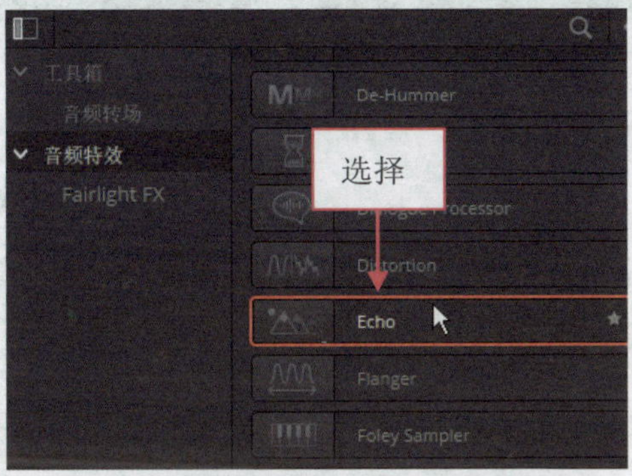

图 9-17　选择 Echo（回声）选项

图 9-18　拖曳至 A1 轨道上的音频素材上

Step 05 释放鼠标左键，自动弹出相应对话框，在其中可以设置 Echo（回声）特效的属性参数，如图 9-19 所示。

图 9-19　设置相应参数

Step 06 单击对话框左上角的关闭按钮，返回步骤面板，此时 A1 轨道中的音频素材上显示了特效图标，如图 9-20 所示，表示已添加音频特效，按空格键播放音频，聆听制作的背景声音回声特效。

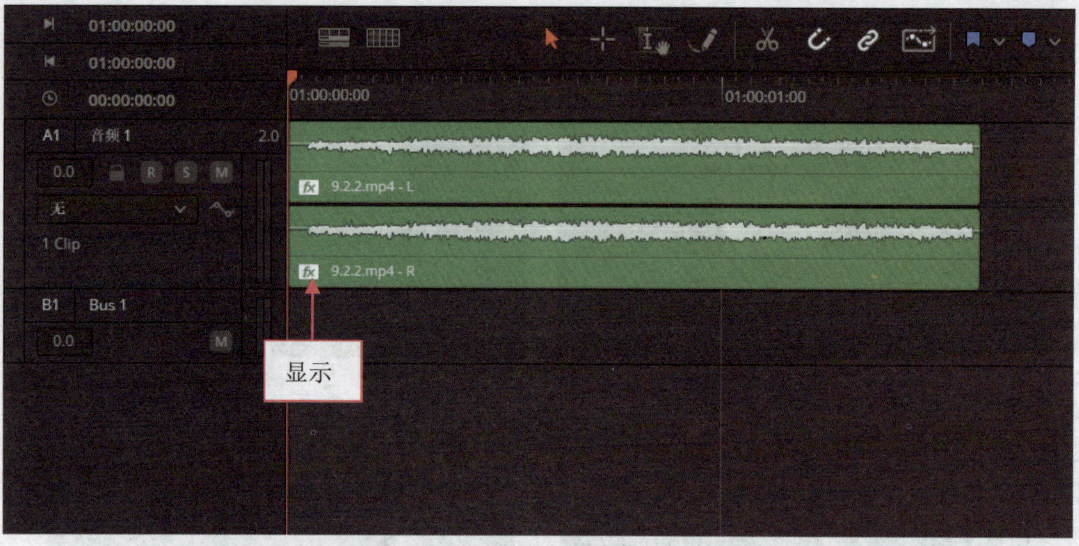

图 9-20　显示了特效图标

9.2.3　制作去除视频中的杂音

制作去除视频中的杂音

在达芬奇中，使用 De-Esser（咝声消除器）音频特效可以对音频文件进行噪音处理，该特效适合用在有噪音的音频文件中。下面通过案例介绍去除视频中的杂音的操作方法。

Step 01 打开一个项目文件，进入 Fairlight（音频）步骤面板，如图 9-21 所示，按空格键可以试听音频素材。

Step 02 单击“特效库”按钮，展开“音频特效”面板，选择 De-Esser（咝声消除器）选项，如图 9-22 所示。

图 9-21　进入 Fairlight（音频）步骤面板

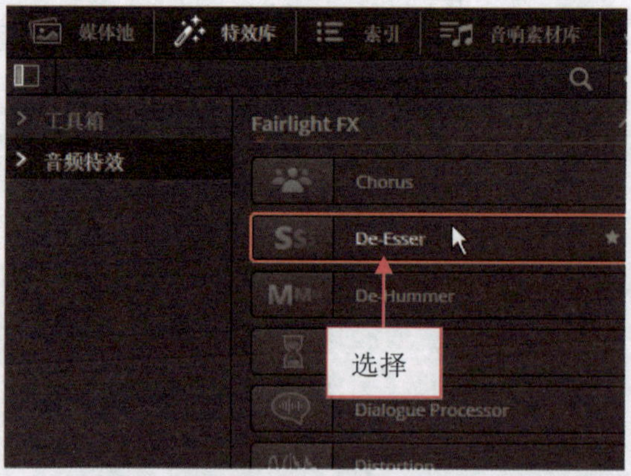

图 9-22　选择相应选项

Step 03 按住鼠标左键的同时，将选择的音频特效拖曳至 A1 轨道上的音频素材上，如图 9-23 所示。

Step 04 释放鼠标左键，自动弹出相应对话框，如图 9-24 所示。

图 9-23　拖曳音频特效

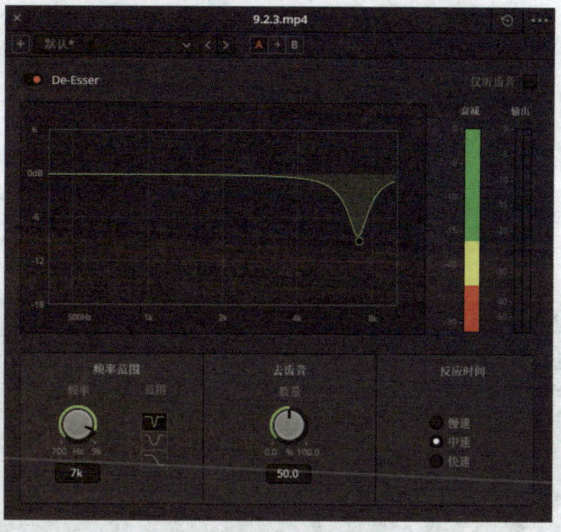

图 9-24　弹出相应对话框

Step 05 在对话框下方的“反应时间”选项区中，选中“快速”单选按钮，如图 9-25 所示，提高去除杂音的反应速度。

Step 06 单击对话框左上角的关闭按钮，返回步骤面板，此时 A1 轨道中的音频素材上显示了特效图标，表示已添加音频特效，如图 9-26 所示，按空格键播放音频，聆听去除咝咝背景杂声后的声音。

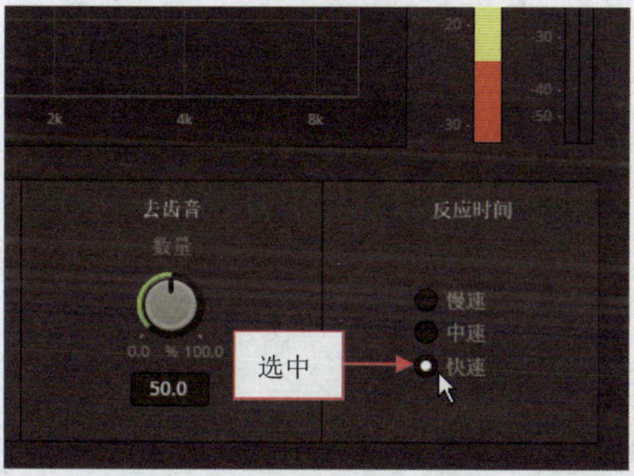

图 9-25　选中“快速”单选按钮

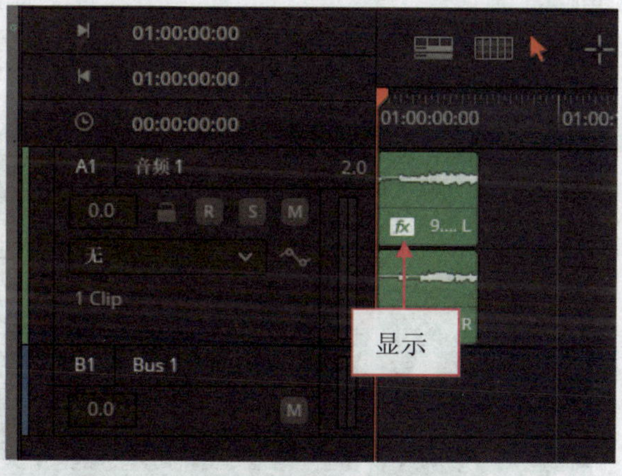

图 9-26　显示音频特效图标

9.3　渲染与导出视频

在达芬奇中，将视频素材编辑完成后，可以切换至“交付”步骤面板，然后在“渲染设置”面板中，将成品视频渲染输出不同格式的视频文件。本节将介绍在达芬奇的“交付”步骤面板中渲染与输出视频文件的操作方法。

9.3.1　渲染单个片段

渲染单个片段

在达芬奇的“交付”步骤面板中，可以将编辑完成的一个或多个素材片段，渲染输出为一个完整的视频文件。下面介绍将视频渲染成单个片段的操作方法。

Step 01 打开一个项目文件，切换至“交付”步骤面板，如图 9-27 所示。

Step 02 在左上角的“渲染设置”|“渲染设置-Custom Export”选项面板的“文件名”右侧的文本框中，输入相应内容，如图 9-28 所示，即可设置渲染的文件名称。

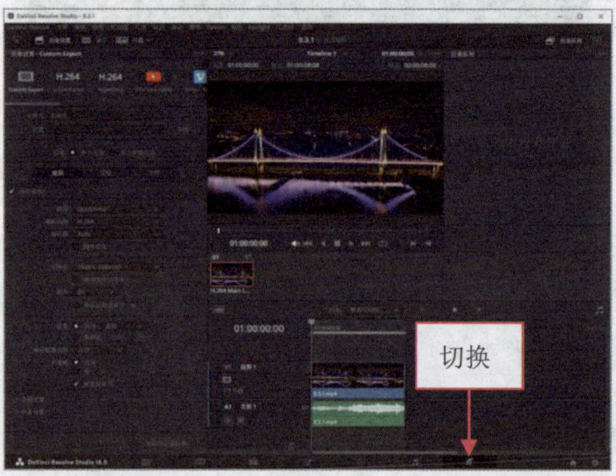

图 9-27　切换至“交付”步骤面板

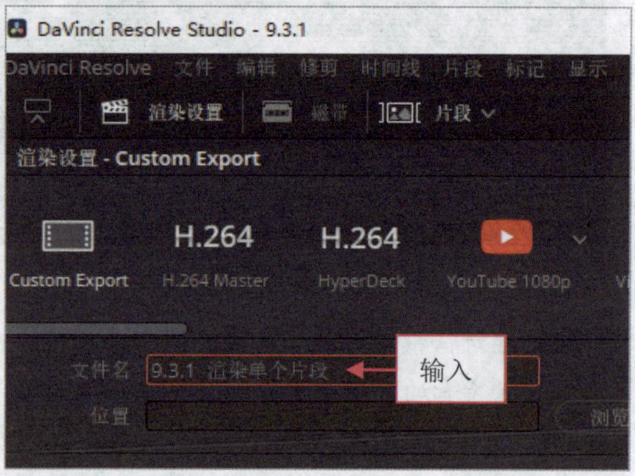

图 9-28　输入相应内容

Step 03 单击“位置”右侧的“浏览”按钮，如图 9-29 所示。

Step 04 弹出“文件目标”对话框，设置文件保存位置，单击“选择文件夹”按钮，如图 9-30 所示。

图 9-29　单击“浏览”按钮

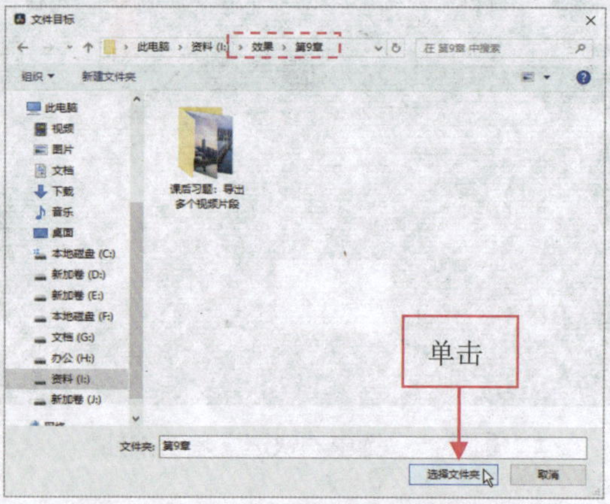

图 9-30　单击“选择文件夹”按钮

Step 05 即可在“位置”右侧的文本框中显示保存路径，在下方选中“单个片段”单选按钮，如图 9-31 所示，表示将所选时间线范围渲染为单个片段。

Step 06 单击“添加到渲染队列”按钮，如图 9-32 所示。

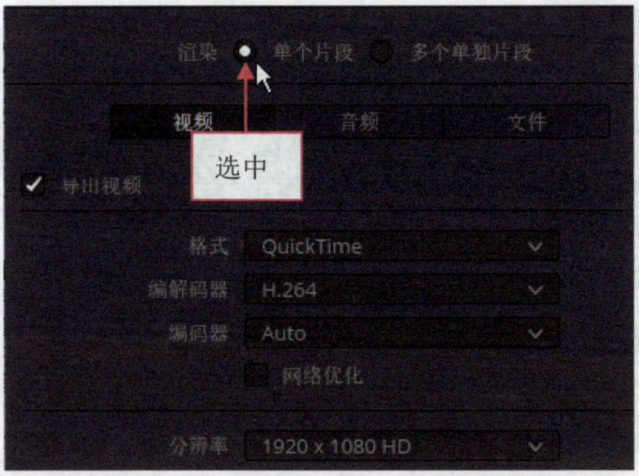

图 9-31　选中“单个片段”单选按钮

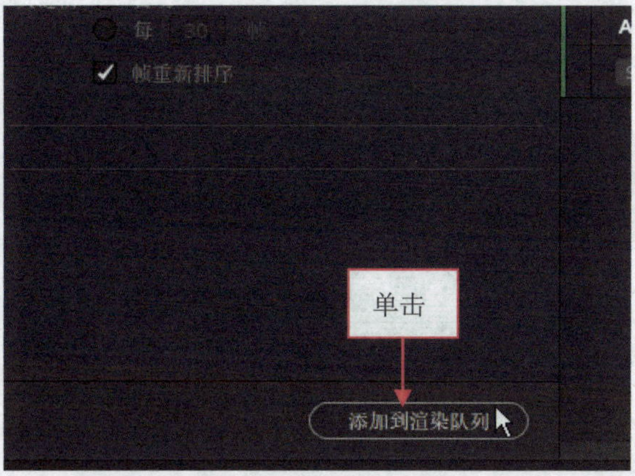

图 9-32　单击“添加到渲染队列”按钮

Step 07 即可将视频文件添加到右上角的“渲染队列”面板中，单击面板下方的“渲染所有”按钮，如图 9-33 所示。

Step 08 开始渲染视频文件，并显示了视频渲染进度，如图 9-34 所示。待渲染完成后，在渲染列表上会显示完成用时，表示渲染成功。

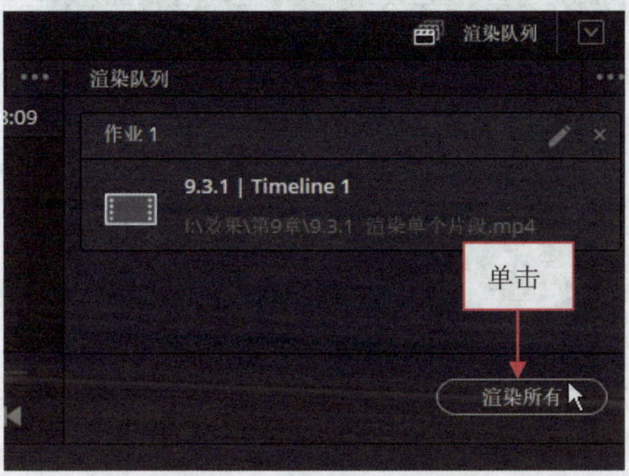

图 9-33　单击“渲染所有”按钮

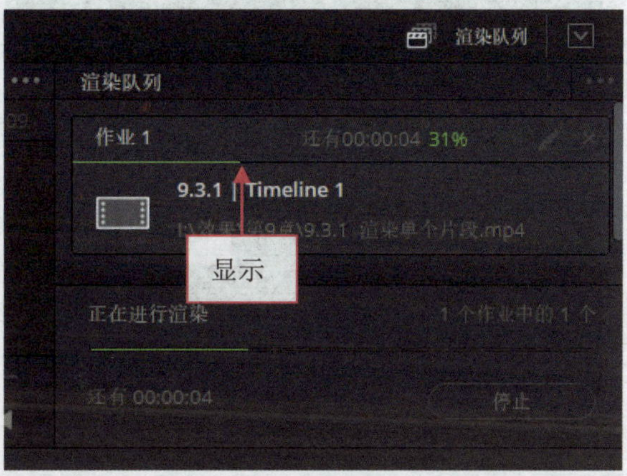

图 9-34　显示视频渲染进度

9.3.2　导出 MP4 视频

MP4 全称 MPEG-4 Part 14，是一种使用 MPEG-4 的多媒体电脑档案格式，文件格式后缀名为.mp4，MP4 格式的优点是应用广泛，这种格式在大多数播放软件、非线性编辑软件以及智能手机中都能播放。下面介绍导出 MP4 视频文件的操作方法。

导出 MP4 视频

Step 01 打开一个项目文件，切换至“交付”步骤面板，如图 9-35 所示。

Step 02 在“渲染设置”|“渲染设置-Custom Export”选项面板中，设置文件名称和保存位置，如图 9-36 所示。

图 9-35　切换至“交付”步骤面板

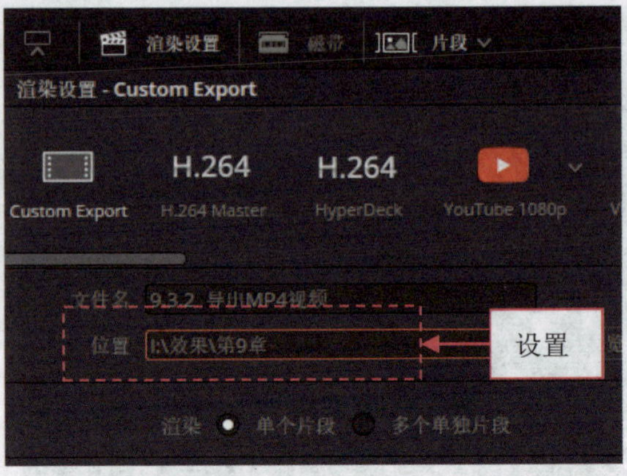

图 9-36　设置文件名称和保存位置

Step 03 在“导出视频”选项区中，单击“格式”右侧的下拉按钮，在弹出的下拉列表框中，选择 MP4 选项，如图 9-37 所示。

Step 04 单击“添加到渲染队列”按钮，如图 9-38 所示。

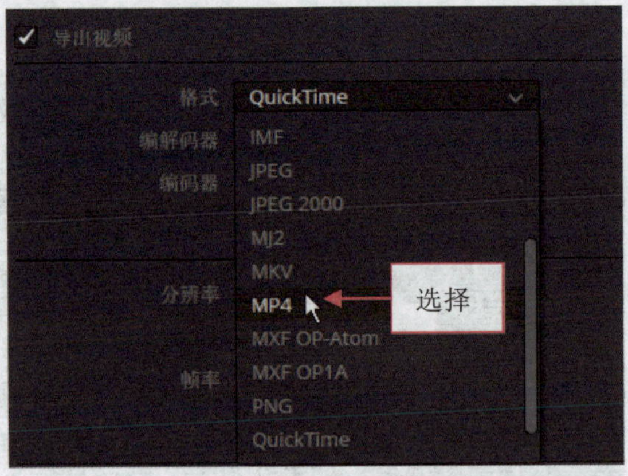

图 9-37　选择 MP4 选项

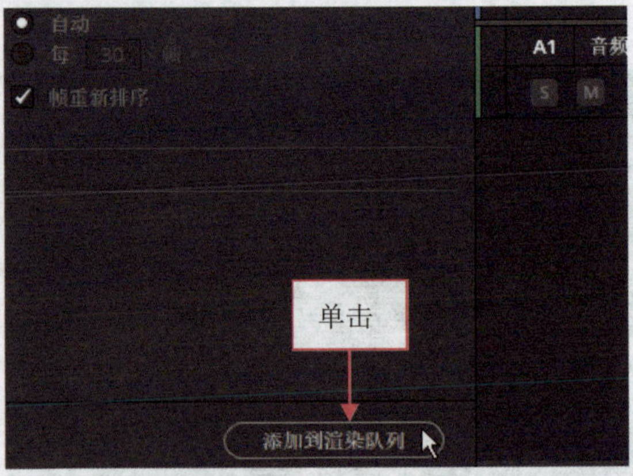

图 9-38　单击“添加到渲染队列”按钮

Step 05 将视频文件添加到右上角的“渲染队列”面板中，单击面板下方的“渲染所有”按钮，如图 9-39 所示。

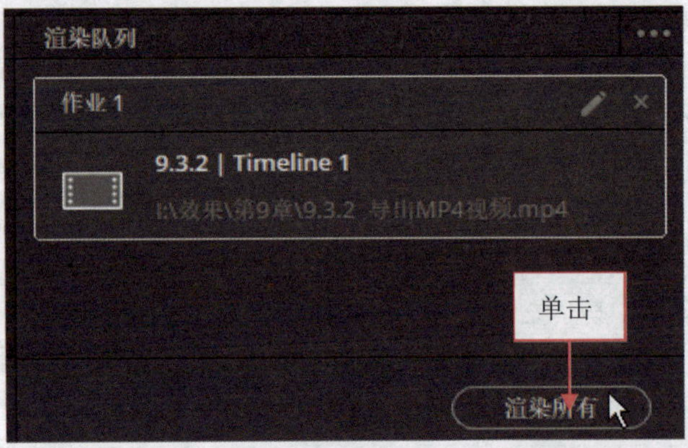

图 9-39　单击“渲染所有”按钮

Step 06 开始渲染视频文件，并显示视频渲染进度，待渲染完成后，在渲染列表上会显示完成用时，如图 9-40 所示，表示渲染成功，在视频渲染保存的文件夹中，可以查看渲染输出的视频。

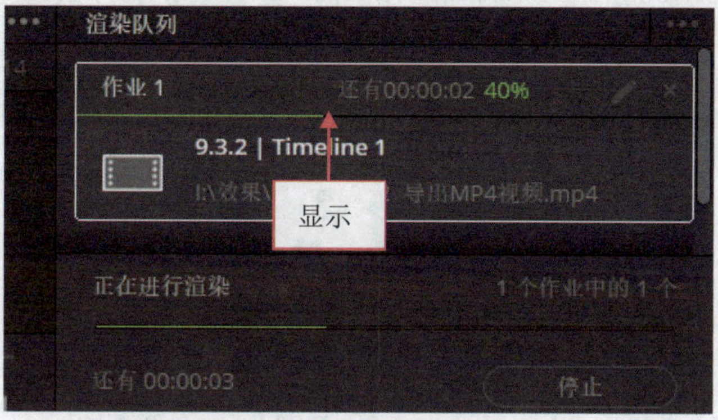

图 9-40　显示视频渲染进度

本章小结

本章主要讲述了在达芬奇中编辑音频与渲染视频的操作方法。首先介绍了编辑音频素材的操作方法，包括断开音频连接、替换背景音乐等；其次介绍了添加音频特效的操作方法，包括制作淡入淡出声音特效、制作背景声音的回音特效以及制作去除视频中的杂音等内容；最后介绍了渲染与导出视频的操作方法，包括渲染单个片段、导出 MP4 视频等。通过对本章的学习，希望读者能够熟练地掌握剪辑视频的基本操作。

课后习题

课后习题 1　　课后习题 2

鉴于本章知识的重要性，为了让读者能够更好地掌握所学知识，将通过上机习题进行简单的知识回顾和补充。

1．导出音频视频

本题需要掌握在达芬奇中，除了渲染输出视频文件外，还可以在“交付”步骤面板中，通过设置渲染输出选项，单独导出与视频文件链接的音频文件，视频素材展示如图 9-41 所示。

图 9-41　视频素材展示

2．导出多个视频片段

本题需要掌握在达芬奇中，可以将编辑完成的一段视频素材分割为多段素材，然后渲染输出为多个单独的视频文件，查看渲染输出的视频如图 9-42 所示。

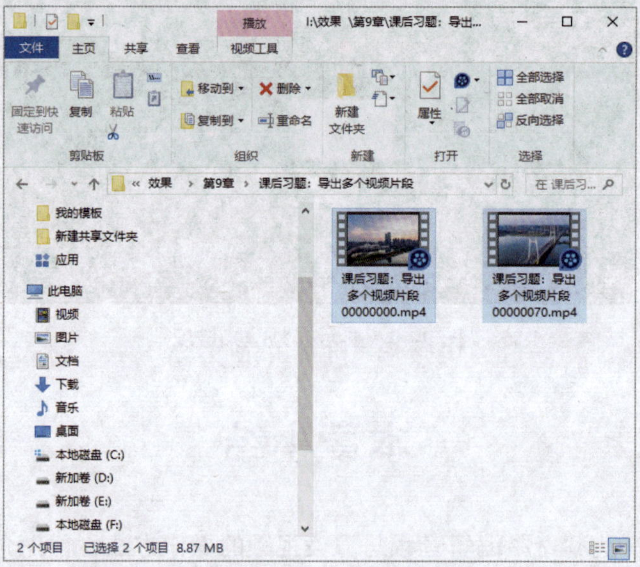

图 9-42　查看渲染输出的视频

第 10 章

风景视频调色实例

10

夕阳的色彩一般都是橙红色，就如同火把的颜色，嫣红又绚烂，调色要点也是重点突出画面中的橙红色。另外，伴随着夕阳一同出现的还有绚丽的晚霞，调出多彩的晚霞也是夕阳调色中不可或缺的一步。本章将以《落日晚霞》为例，讲述风景视频调色的操作方法。

本章重点

- 了解《落日晚霞》效果展示
- 掌握《落日晚霞》制作流程

学习目标

- 通过欣赏和调色《落日晚霞》这一美丽的风景视频，培养学生的爱国情怀，让他们更加热爱祖国的大好河山
- 通过学习如何对视频进行调色，提高学生的审美能力，让他们能够更好地欣赏和创造美的作品

10.1 《落日晚霞》效果展示

唯美的夕阳往往能引起人无限的感慨和遐想，而颜色艳丽的夕阳调色视频，更能为人们带来美的视觉感受。

在制作《落日晚霞》视频之前，首先来欣赏本实例的视频效果。

1．效果赏析

《落日晚霞》夕阳调色视频的前后效果对比如图 10-1 所示。

图 10-1　调色前后效果对比

2．技术提炼

在达芬奇中，可以先建立一个竖屏的项目文件，然后在“剪辑”步骤面板中，将竖屏素材导入“时间线”面板内，根据需要调整整体色彩、创建蒙版遮罩以及进行局部调色等方法。

10.2 《落日晚霞》制作流程

本节将介绍夕阳调色视频的制作方法，包括导入竖屏素材、调整整体色彩、创建蒙版遮罩以及进行局部调色。通过学习本节内容，读者也可以制作出唯美、浪漫的夕阳调色视频。

10.2.1 导入竖屏素材

在设置时间线的分辨率时，要先了解素材的分辨率，这样才能将两者设置成一样。下面介绍在达芬奇中导入竖屏素材的操作方法。

导入竖屏素材

Step 01 在要导入的素材上单击鼠标右键，在弹出的快捷菜单中选择“属性”选项，如图 10-2 所示。

Step 02 执行操作后，弹出“（1）.mp4 属性”对话框，❶切换至“详细信息”选项卡；❷即可在“视频”选项区中查看素材的分辨率，如图 10-3 所示。

图 10-2　选择“属性”选项

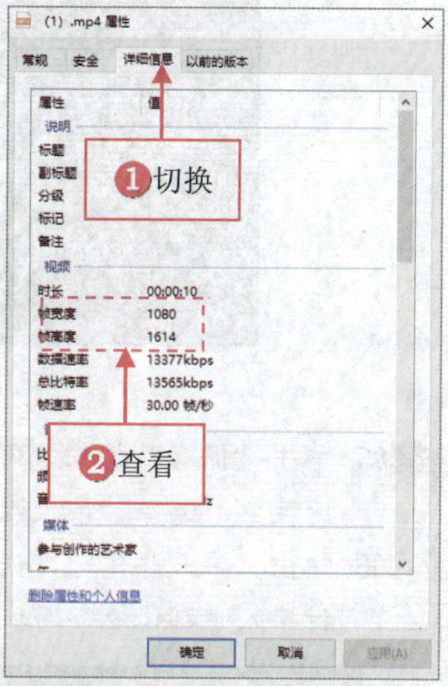

图 10-3　查看素材的分辨率

Step 03 新建一个项目文件，在“剪辑”步骤面板中，单击“文件”|“项目设置”命令，如图 10-4 所示。

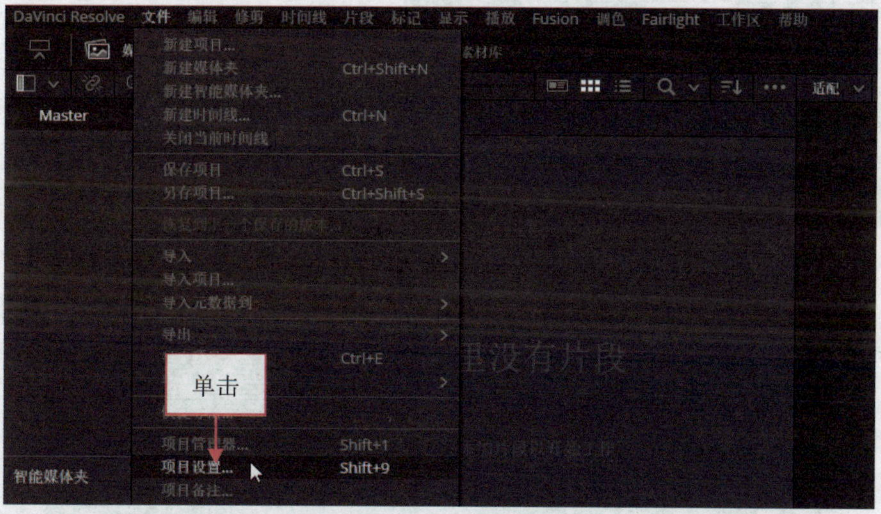

图 10-4　单击“项目设置”命令

Step 04 弹出“项目设置：Untitled Project 1”对话框，在“主设置”选项卡中，❶设置“时间线分辨率”为 1080×1614；❷选中“使用竖屏分辨率”复选框；❸设置“播放帧率”参数为 30 帧/秒，如图 10-5 所示。

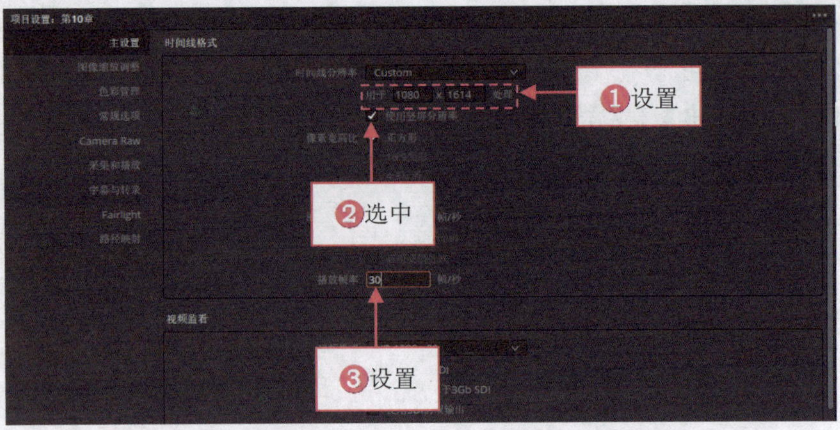

图 10-5　设置“播放帧率”参数

Step 05 单击“保存”按钮，即可完成时间线的设置，在“媒体池”面板中单击鼠标右键，弹出快捷菜单，选择“导入媒体”选项，如图 10-6 所示。

Step 06 弹出“导入媒体”对话框，选择相应素材，如图 10-7 所示，单击“打开”按钮，即可将素材导入“媒体池”面板中。

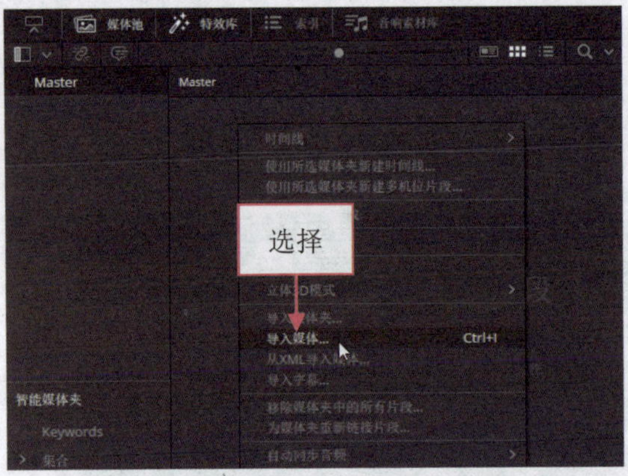

图 10-6　选择“导入媒体”选项

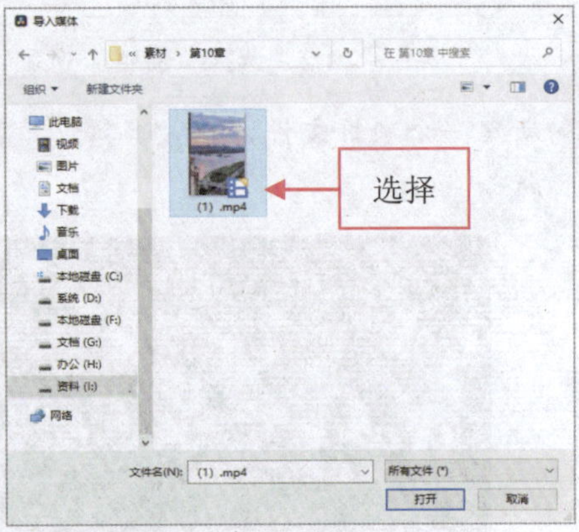

图 10-7　选择相应素材

Step 07 将素材拖曳至“时间线”面板的 V1 轨道中，如图 10-8 所示，即可完成素材的导入。

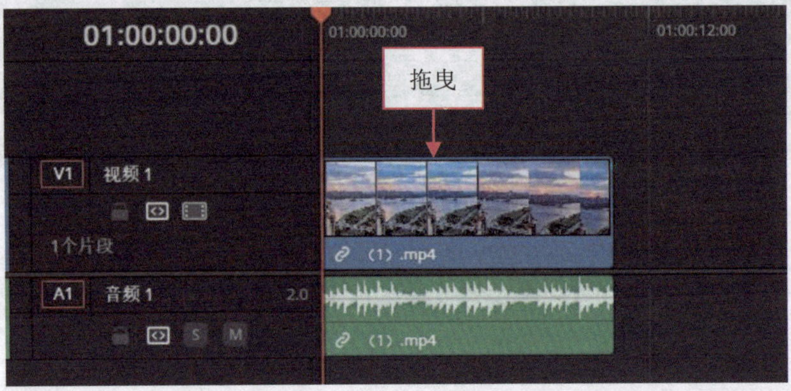

图 10-8　将素材拖曳至相应轨道中

10.2.2　调整整体色彩

调整整体色彩

可以在相应面板中对素材进行色彩调整、一级调色、二级调色和降噪等操作，最大程度地满足用户对素材的调色需求。下面介绍在达芬奇中调整整体色彩的操作方法。

Step 01 切换至“调色”步骤面板，在“一级-校色轮”面板中，设置“色温”参数为 500.0、“色调”参数为 50.00、“对比度”参数为 1.100、“阴影”参数为-30.00、“饱和度”参数为 60.00，如图 10-9 所示，使画面的色调偏暖，并提高画面的明暗对比度和色彩饱和度。

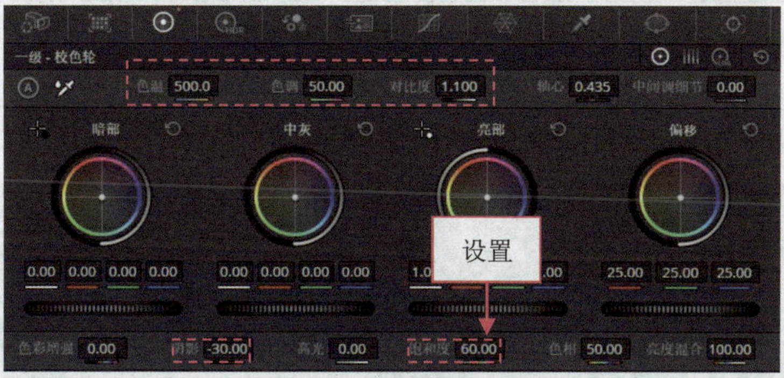

图 10-9　设置相应参数

Step 02 在“检视器”面板中，❶单击“分屏”按钮；❷设置分屏模式为“调色版本和原始图像”；❸即可在预览区域中直接查看调色前后的效果对比，如图 10-10 所示。

图 10-10　查看调色前后的效果对比

10.2.3　创建蒙版遮罩

创建蒙版遮罩

如果创建蒙版遮罩的对象是运动的，那么在调整好蒙版遮罩的大小后还需要对其进行跟踪，以确保后续的调色处理能继续作用在对应的区域。下面介绍在达芬奇中创建蒙版遮罩的具体操作方法。

Step 01 在“节点”面板的 01 节点后面添加一个编号为 02 的串行节点，如图 10-11 所示。

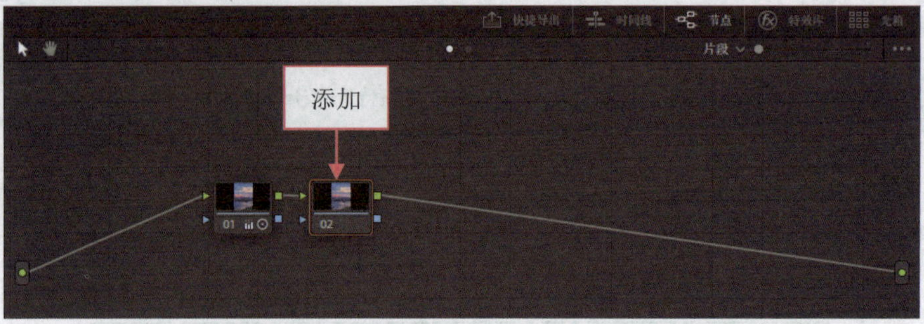

图 10-11　添加一个编号为 02 的串行节点

Step 02 ❶单击“窗口”按钮，展开“窗口”面板；❷单击四边形“窗口激活”按钮，如图 10-12 所示，创建一个四边形蒙版。

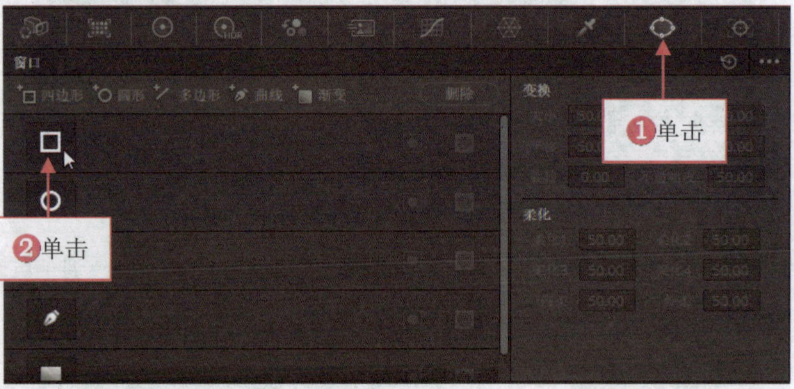

图 10-12　单击四边形“窗口激活”按钮

Step 03 在预览窗口中，调整四边形蒙版的大小和位置，如图 10-13 所示。

图 10-13　调整四边形蒙版的大小和位置

Step 04 在“窗口”面板的“柔化”板块中，设置“柔化 2”参数为 9.00、“柔化 4”参数为 6.00，如图 10-14 所示，在蒙版的上下设置柔化效果。

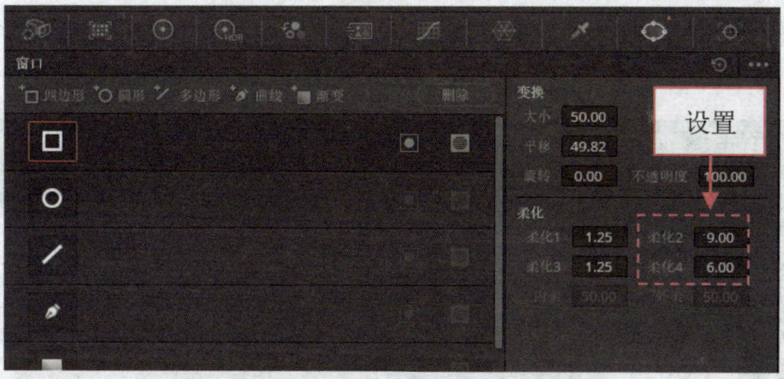

图 10-14 设置相应参数

Step 05 ❶单击“跟踪器”按钮，展开“跟踪器-窗口”面板；❷单击“正向跟踪”按钮▶，如图 10-15 所示，对创建的蒙版遮罩进行跟踪。

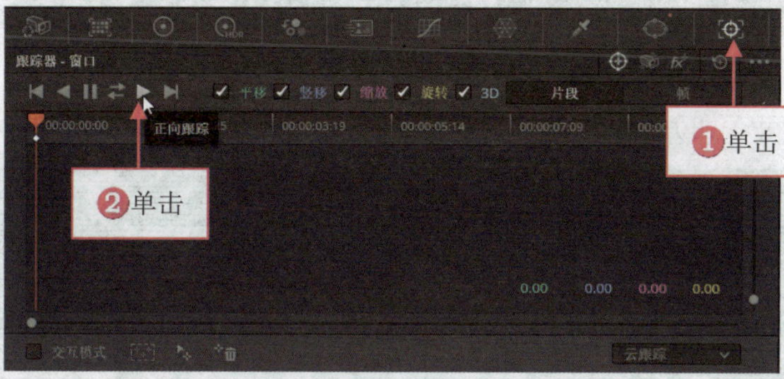

图 10-15 单击“正向跟踪”按钮

10.2.4 进行局部调色

在对画面中的某些部分进行调色时，既要调出需要的效果，又不能调得太过，使这部分画面与整体显得不和谐。下面介绍在达芬奇中进行局部调色的操作方法。

进行局部调色

Step 01 在“曲线-自定义”面板中，在曲线上添加一个控制点并调整其位置，如图 10-16 所示，降低画面中间调部分的亮度。

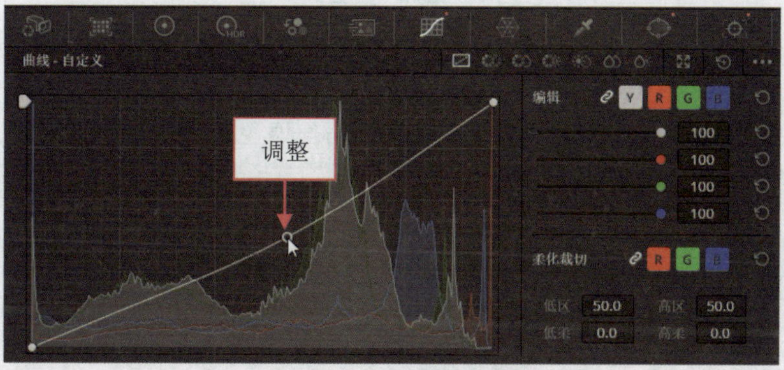

图 10-16 调整控制点的位置

Step 02 ❶单击“饱和度 对 饱和度”按钮，展开相应面板在低饱和区和中间位置分别添加一个控制点；❷向上拖曳低饱和区的控制点，如图 10-17 所示，增加画面中低饱和区的色彩浓度。

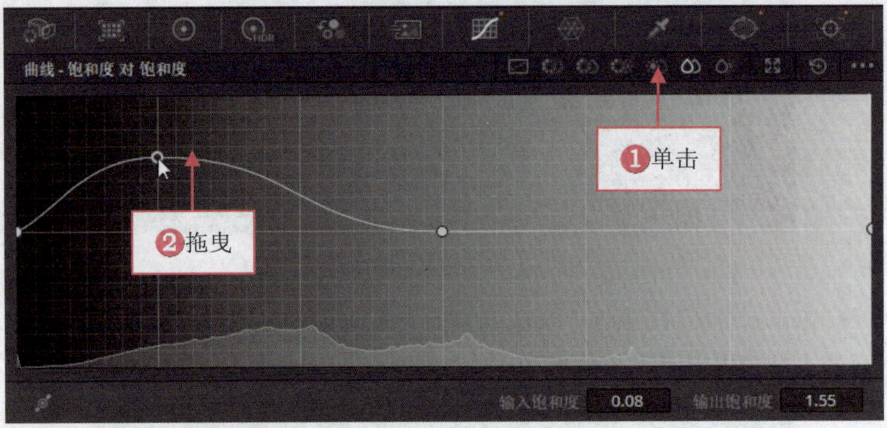

图 10-17　向上拖曳控制点

Step 03 在预览窗口中，用户可以查看画面调色的前后对比，如图 10-18 所示。

图 10-18　查看画面调色的前后对比

本章小结

本章主要讲述了《落日晚霞》风景视频调色的操作方法，包括了导入竖屏素材、包括导入竖屏素材、调整整体色彩、创建蒙版遮罩以及进行局部调色等内容。通过对本章的学习，希望读者能够更好地掌握达芬奇的操作方法。

第 11 章

电影短片调色实例

导演韦斯·安德森是一个非常讲究个人特色的导演，他的电影也继承了这个特点，每一部都有其独特的风格，电影《月升王国》就是他的作品之一。这部电影除了拥有对称的画面和奇趣的故事之外，从头至尾的黄色色调也给人留下了深刻的印象。本章将以电影《月升王国》为例，讲述调出黄色色调的操作方法。

本章重点

- 了解《月升王国》效果展示
- 掌握《月升王国》制作流程

学习目标

- 通过欣赏《月升王国》的调色，引导学生认识到美的形式与内容的统一，培养他们的审美意识和审美能力
- 电影短片中的色调运用和画面构图，体现了和谐、美好、积极向上的价值观。

11.1 《月升王国》效果展示

电影《月升王国》中所有的黄色调都非常和谐，电影中除了服装是黄色系的，就连各种道具和场景设置都是黄色系的，画面十分特别，犹如童话世界一般。

在制作《月升王国》视频之前，首先来欣赏本实例的视频效果。

1．效果赏析

电影《月升王国》的调色效果展示如图 11-1 所示。

图 11-1 效果展示

2．技术提炼

本案例主要介绍《月升王国》电影短片调色，通过调黄色调、人像调整、快速导出、保存预设、调整位置和添加花字，实现高效高质量的调色效果。

11.2 《月升王国》制作流程

本节将介绍调出黄色色调的操作方法，包括调出黄色色调、适当调整人像、快捷导出素材、保存项目预设、调整素材的位置以及添加花样字幕，希望读者熟练掌握本节内容，自己也可以将视频调出富有童趣的电影风格。

11.2.1　调出黄色色调

原图像画面色调饱和度不高，不过由于特定的场景和服装道具都是黄色系的，因此后期调色很容易把黄色调调出来。下面介绍在达芬奇中调出黄色色调的操作方法。

调出黄色色调

Step 01 打开一个项目文件，切换至“调色”步骤面板，在“节点”面板的 01 节点后面添加两个串行节点，如图 11-2 所示。

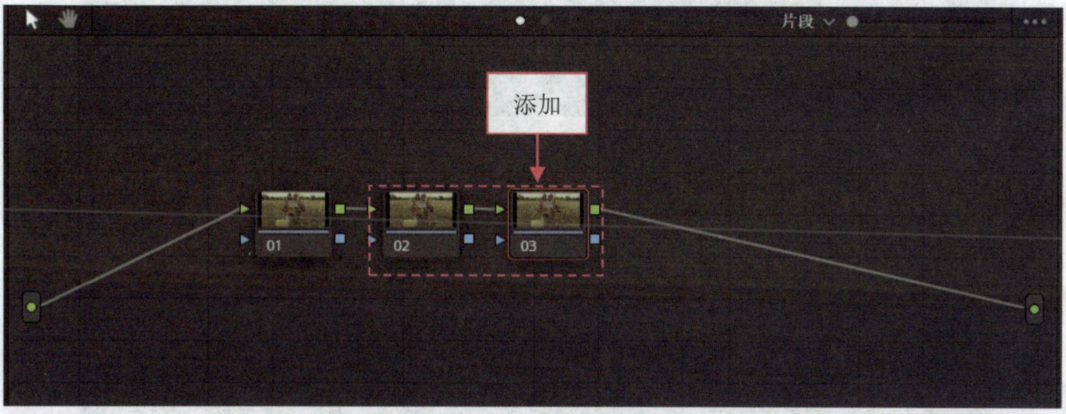

图 11-2　添加两个串行节点

Step 02 选择 02 节点，在“一级-校色轮”面板中，设置“色温”参数为 300.0、“对比度”参数为 1.100、“饱和度”参数为 65.00，如图 11-3 所示，使画面的色调偏暖黄色，增加画面的明暗对比度和色彩浓度，增加画面中的黄色。

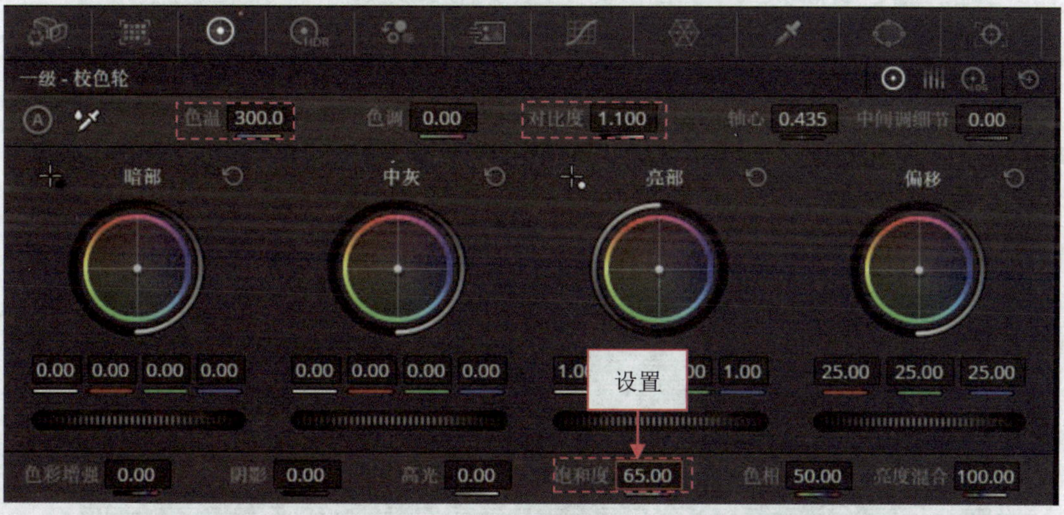

图 11-3　设置相应参数（1）

Step 03 在“曲线-色相 对 饱和度”面板中，❶单击面板底部的黄色色块，添加 3 个控制点；❷向上拖曳添加的第 2 个控制点，如图 11-4 所示，直至面板下方的“输入色相”参数显示为 316.26、“饱和度”参数显示为 1.47，增加画面中黄色色相的浓度。

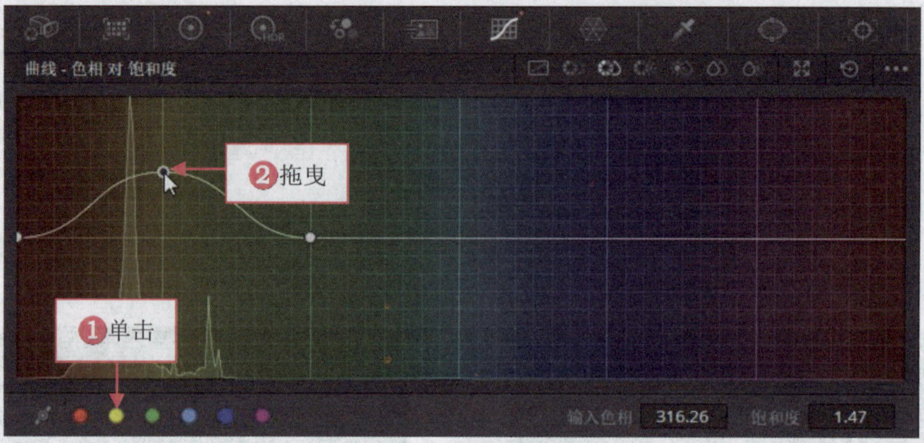

图 11-4　向上拖曳控制点

Step 04 在“特效库”面板的“素材库”选项卡中，选择“Resolve FX 锐化”选项区中的“锐化”滤镜，如图 11-5 所示。

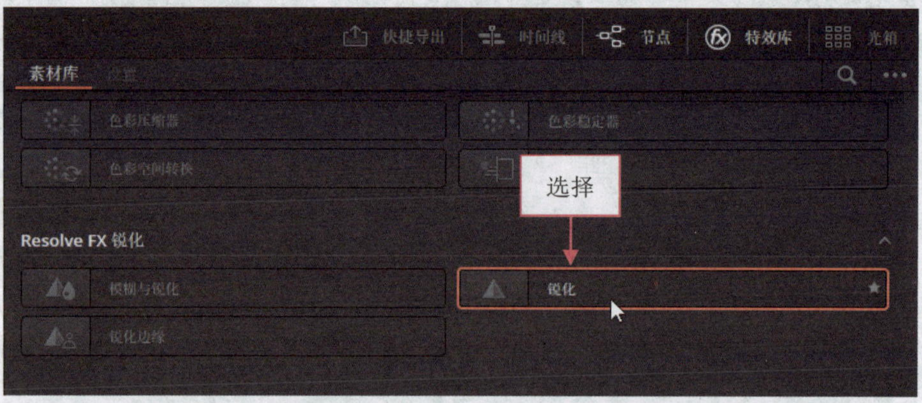

图 11-5　选择“锐化”滤镜

Step 05 将“锐化”滤镜拖曳至 02 节点上，为视频添加该滤镜，在“设置”选项卡中，设置“锐化量”参数为 2.000，如图 11-6 所示，增加画面锐化的强度。

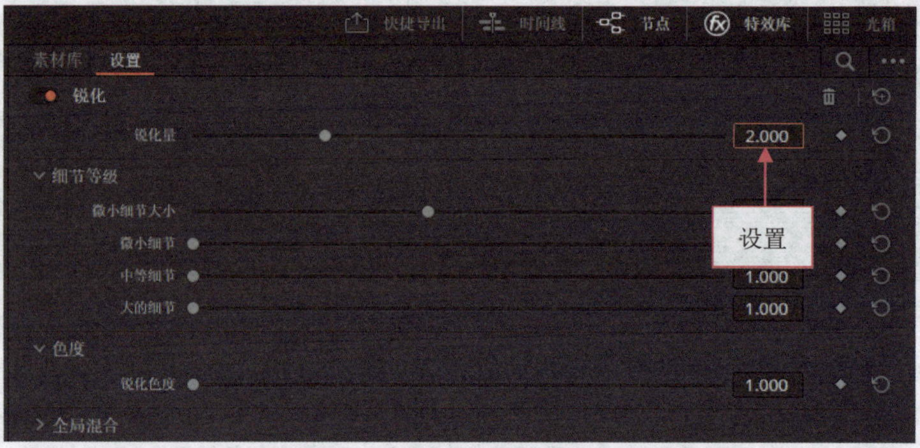

图 11-6　设置“锐化量”参数

Step 06 选择 01 节点，在“Resolve FX 修复”选项区中选择“降噪”滤镜，如图 11-7 所示。

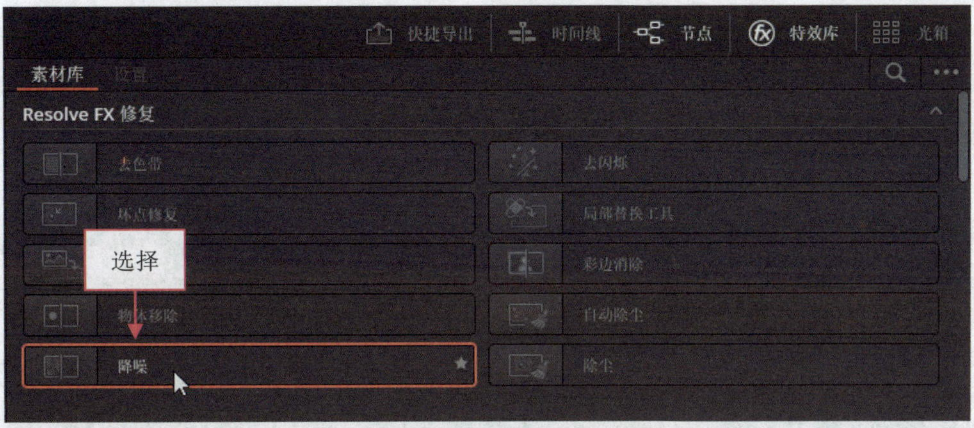

图 11-7　选择“降噪”滤镜

Step 07 将“降噪”滤镜拖曳至 01 节点上，即可为视频添加该滤镜，如图 11-8 所示。

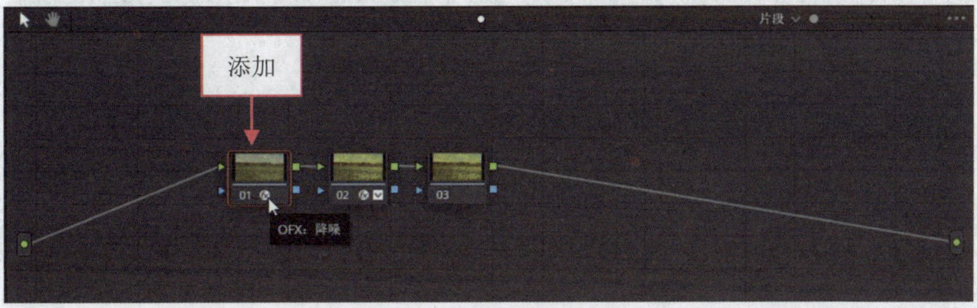

图 11-8　添加“降噪”滤镜

Step 08 在“设置”选项卡中，❶在“时域降噪”选项区中设置“运动估计类型”为“更好”；❷在“时域阈值”选项区中设置“亮度阈值”和“色度阈值”的参数均为 20.0，如图 11-9 所示，对画面中亮度和色度为 20 的噪点进行时域降噪。

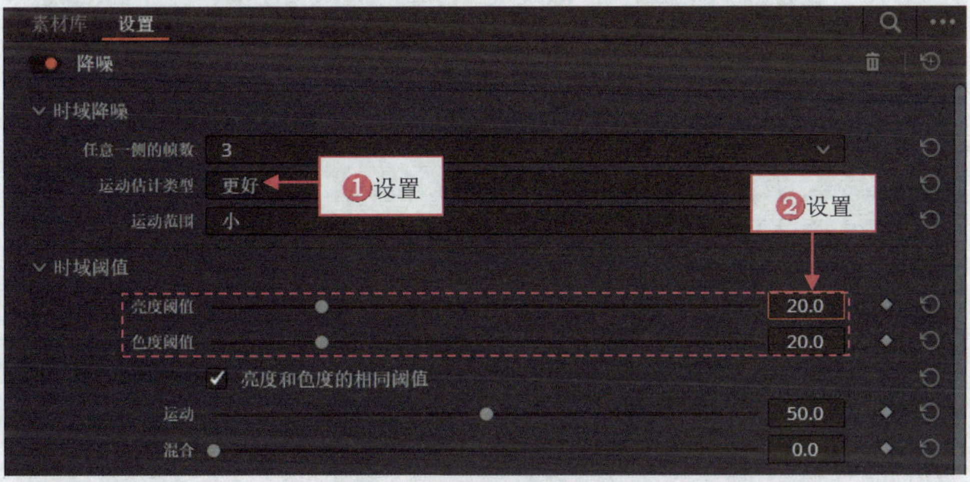

图 11-9　设置相应参数（2）

Step 09 在预览窗口中，用户可以查看画面的调色效果，如图 11-10 所示。

图 11-10　查看画面的调色效果

11.2.2　适当调整人像

在为画面调出黄色色调后，人像的皮肤会显得过黄，看起来不是很健康，因此需要稍微降低人像皮肤的黄色的饱和度。下面介绍在达芬奇中适当调整人像的操作方法。

适当调整人像

Step 01 选择 03 节点，❶单击“限定器”按钮；❷在展开的“限定器-HSL”面板中单击“拾取器”按钮，如图 11-11 所示。

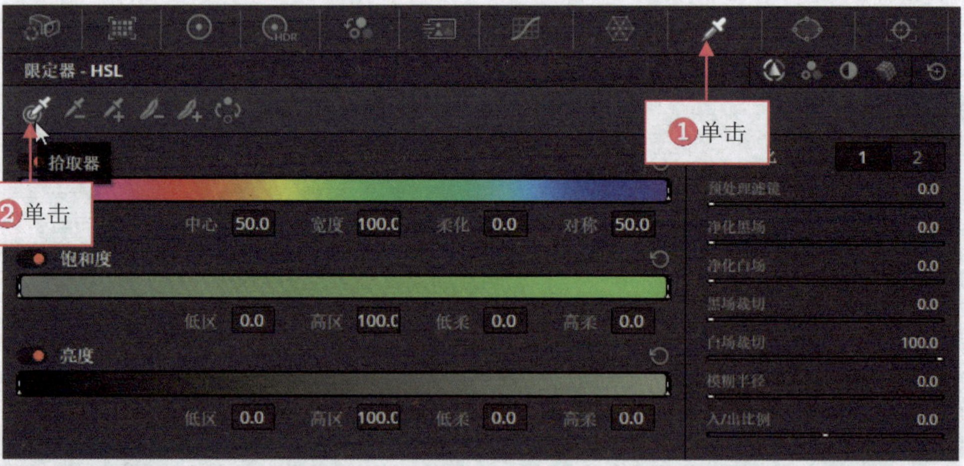

图 11-11　单击“拾取器”按钮

Step 02 ❶在“检视器”面板的上方单击“突出显示”按钮，便于查看选取效果；❷在预览窗口中按住鼠标左键，拖曳光标选取人物皮肤，如图 11-12 所示。

图 11-12　选取人物皮肤

Step 03 在“曲线-色相 对 饱和度”面板中，1单击面板底部的黄色色块，添加 3 个控制点；2向下拖曳添加的第 2 个控制点，如图 11-13 所示，直至面板下方的“输入色相”参数显示为 315.23、“饱和度”参数显示为 0.67，降低人像皮肤中黄色色相的浓度。

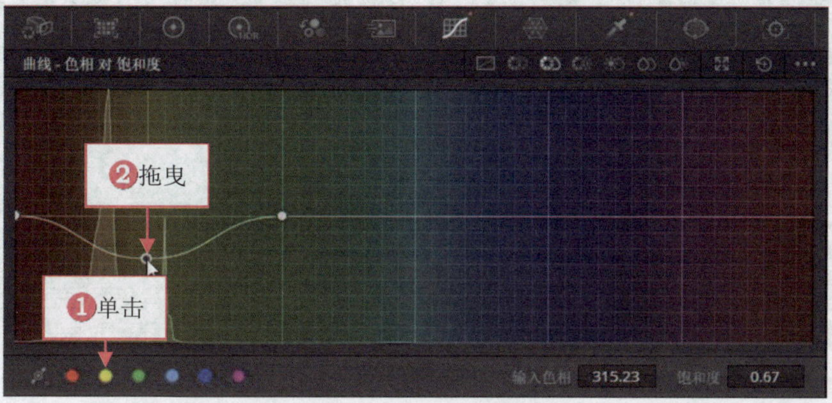

图 11-13　向下拖曳控制点

Step 04 在预览窗口中，用户可以查看调整人像后的画面效果，如图 11-14 所示，即可完成视频的调色处理。

图 11-14　查看调整人像后的画面效果

▶ 知识扩展

如果需要对人物的皮肤进行细微的调整，那么可以直接用“限定器”在画面中进行选取，虽然有可能会将其他物体一同选取，但是由于调整的幅度不大，所以对画面的影响也比较小。

11.2.3 快捷导出素材

“快捷导出”按钮只在“快编”“剪辑”和“调色”步骤面板中显示，用户单击该按钮就可以开始进行导出设置。下面介绍在达芬奇中快捷导出素材的操作方法。

快捷导出素材

Step 01 切换至“剪辑”步骤面板，在“音频 1”轨道的起始位置单击“静音轨道”按钮 M，如图 11-15 所示，将调色素材静音。

Step 02 在步骤面板的右上方单击“快捷导出”按钮，如图 11-16 所示。

图 11-15 单击“静音轨道”按钮（1）

图 11-16 单击“快捷导出”按钮

Step 03 弹出“快捷导出”对话框，单击“导出”按钮，如图 11-17 所示。

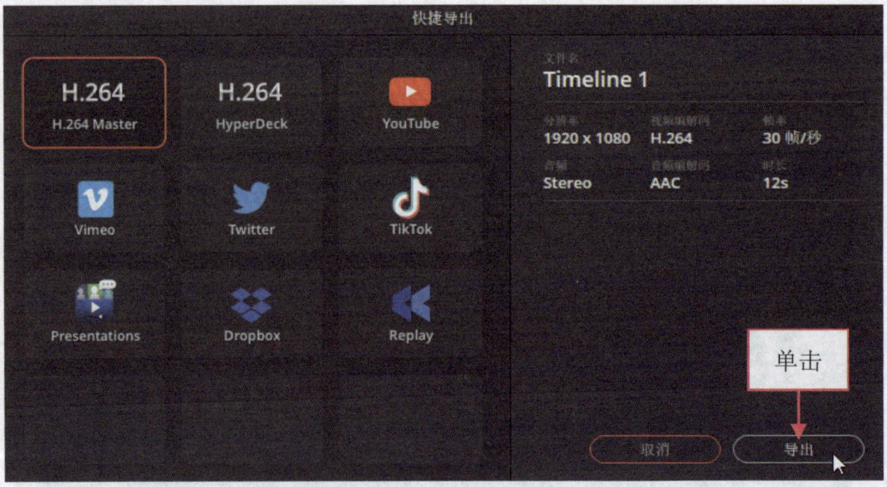

图 11-17 单击“导出”按钮

▶ 知识扩展

在“快捷导出”对话框的右侧显示了导出视频的相关信息，而左侧是视频的导出预设，用户可以选择喜欢的预设进行导出，还可以登录相关的平台账号，将视频导出后直接进行发布。

Step 04 弹出“选择导出路径...”对话框，❶设置视频的保存位置；❷修改视频的名称，如图 11-18 所示。

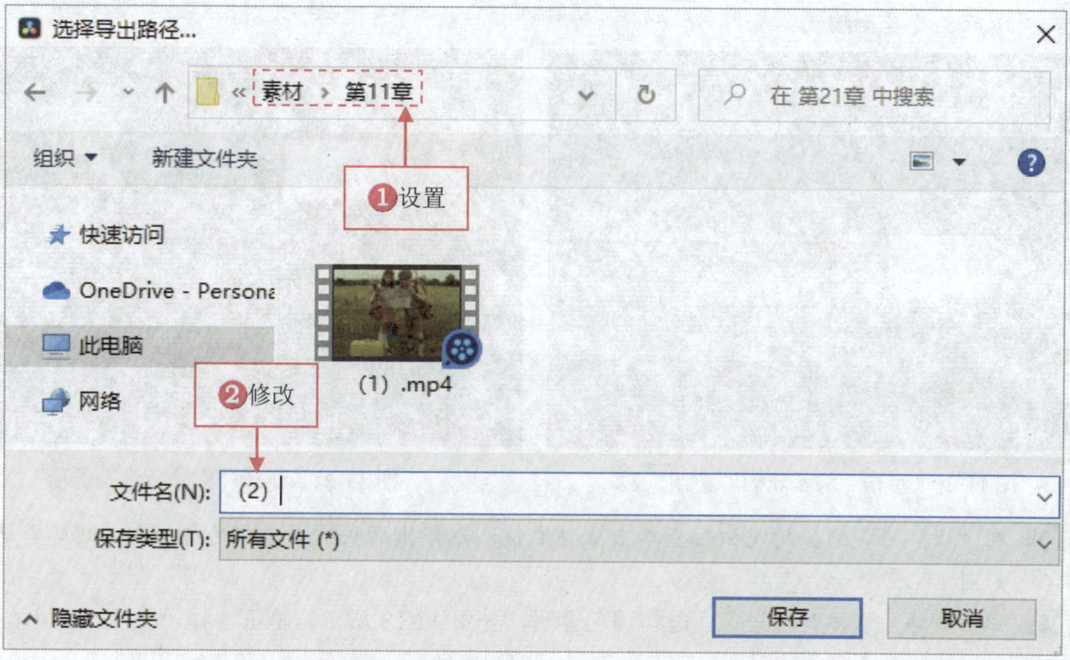

图 11-18　修改视频的名称

Step 05 单击“保存”按钮，弹出“快捷导出”对话框，如图 11-19 所示，即可开始导出素材，并显示导出进度。

图 11-19　弹出“快捷导出”对话框

> **▶ 知识扩展**
>
> 需要注意的是，在使用“快捷导出”功能导出视频时，不能设置视频的导出格式，因此如果用户对视频的导出格式有要求，还是在“交付”步骤面板中进行导出更好。

Step 06 导出结束后，在“音频 1”轨道的起始位置单击“静音轨道”按钮M，如图 11-20 所示，取消对该轨道的静音处理。

Step 07 在轨道的素材上单击鼠标右键，在弹出的快捷菜单中选择“删除所选”选项，如图 11-21 所示，将其删除。

图 11-20 单击“静音轨道”按钮（2）

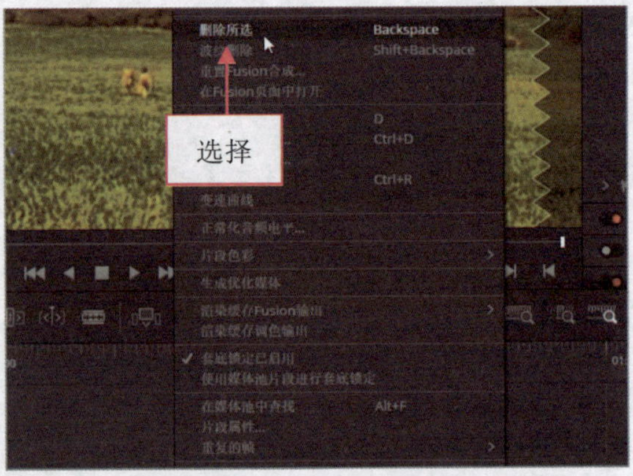

图 11-21 选择“删除所选”选项

Step 08 在“媒体池”面板的空白位置单击鼠标右键，在弹出的快捷菜单中选择“导入媒体”选项，如图 11-22 所示。

Step 09 弹出“导入媒体”对话框，选择调色素材，如图 11-23 所示，单击“打开”按钮，将其导入“媒体池”面板中。

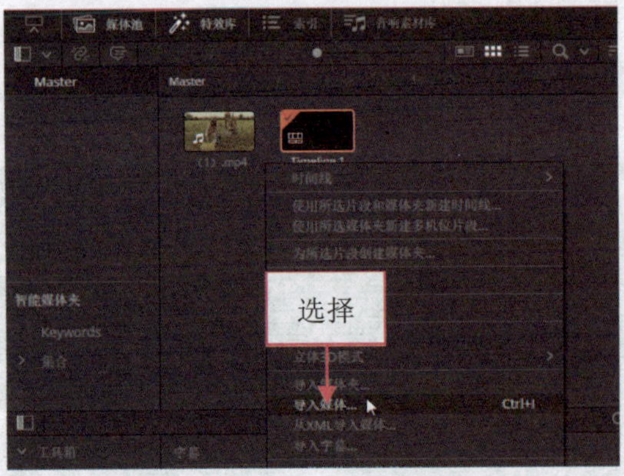

图 11-22 选择“导入媒体”选项

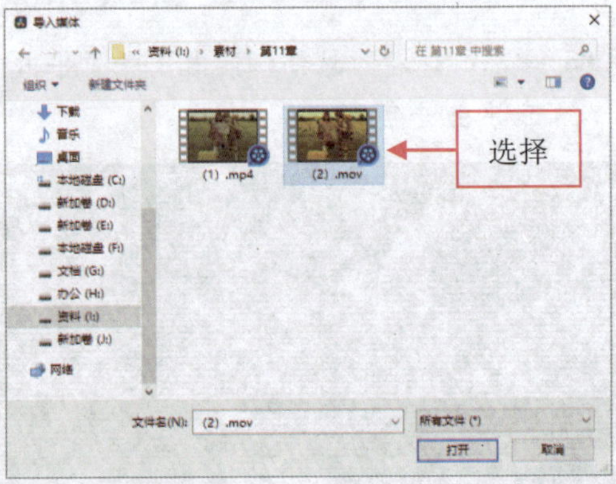

图 11-23 选择调色素材

11.2.4 保存项目预设

和渲染预设一样，也可以将设置的项目参数保存为预设，方便以后直接进行套用。下面介绍在达芬奇中保存项目预设的操作方法。

保存项目预设

Step 01 在“剪辑”步骤面板的右下角单击“项目设置”按钮⚙，如图 11-24 所示。

图 11-24　单击“项目设置”按钮

Step 02 弹出“项目设置：第 11 章”对话框，在“主设置”选项卡中，❶设置“时间线分辨率”参数为 1080 × 1920；❷选中“使用竖屏分辨率”复选框，如图 11-25 所示，修改视频的尺寸。

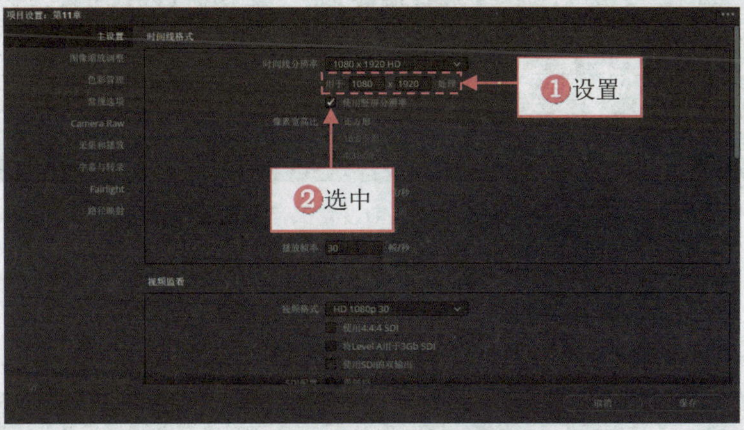

图 11-25　选中“使用竖屏分辨率”复选框

Step 03 ❶切换至“图像缩放调整”选项卡；❷在“输入缩放调整”选项区中单击“分辨率不匹配的文件”选项右侧的下拉按钮；❸在弹出的列表框中选择“缩放原图至适配大小且不出现裁切”选项，如图 11-26 所示，避免将横屏素材导入轨道后画面被裁切。

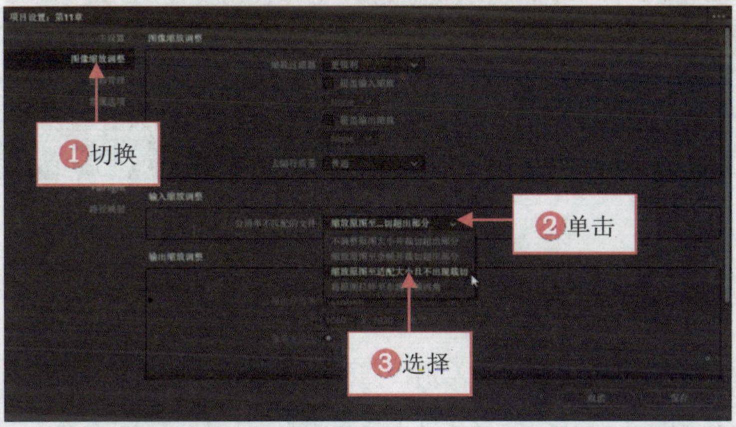

图 11-26　选择“缩放原图至适配大小且不出现裁切”选项

Step 04 在“项目设置：第 11 章”对话框中，❶单击对话框右上角的…按钮；❷在弹出的列表框中选择“将当前设置保存为预设”选项，如图 11-27 所示。

图 11-27　选择“将当前设置保存为预设”选项

Step 05 弹出“预设名称”对话框，将预设的名称设置为“第 11 章”，如图 11-28 所示，单击 OK 按钮，即可保存预设，保存的预设会显示在之前的列表框中，在“项目设置：第 11 章”对话框的右下角单击“保存”按钮，保存设置的项目参数。

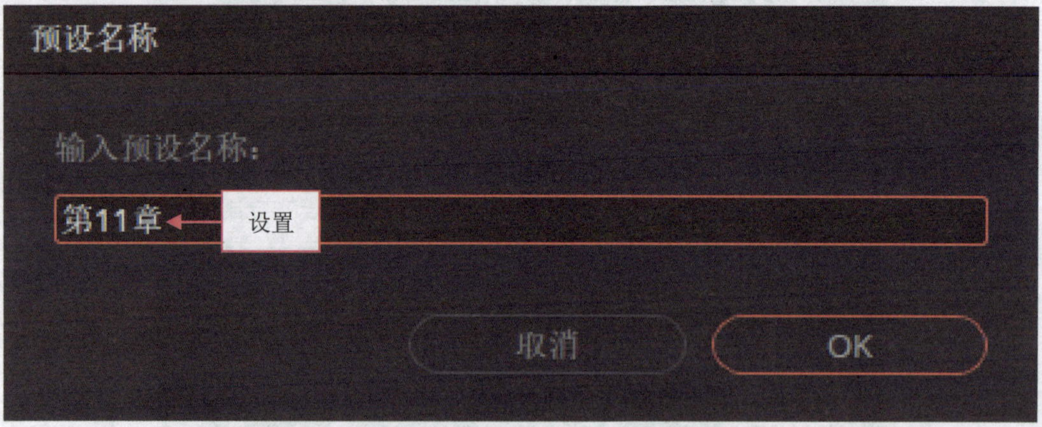

图 11-28　设置预设名称

11.2.5　调整素材的位置

为了能让观众一眼看出调色前后的差别，需要将原素材和调色素材在视频画面中进行上下排列。下面介绍在达芬奇中调整素材的位置的操作方法。

调整素材的位置

Step 01 将两段素材分别添加到相应轨道中，如图 11-29 所示。

Step 02 选择原素材，在“检查器”面板的“视频”选项卡中，设置“位置”选项的 Y 参数为 1300.000，如图 11-30 所示，使原素材位于画面的上方。

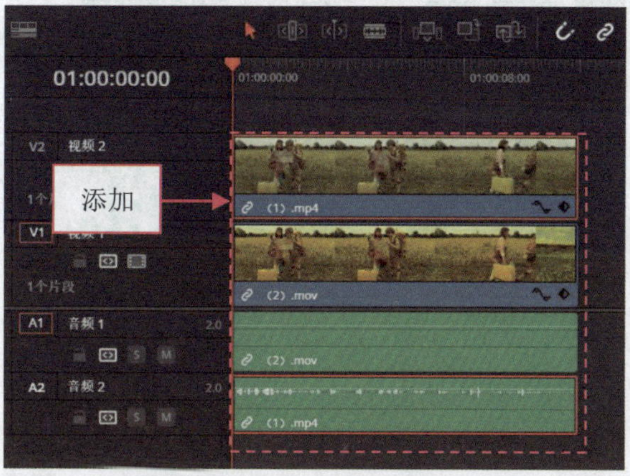

图 11-29　将素材添加到轨道中

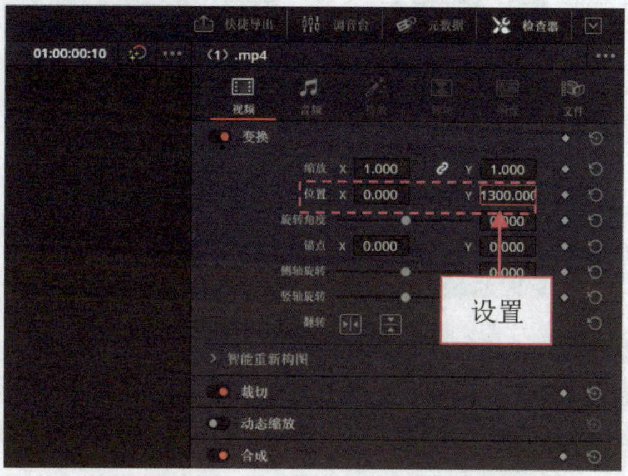

图 11-30　设置“位置”参数（1）

Step 03 选择调色素材，在“检查器”面板的“视频”选项卡中，设置“位置”选项的 Y 参数为-1400.000，如图 11-31 所示，使调色素材位于画面的下方。

Step 04 在预览窗口中，用户可以查看两段素材在画面中的位置，如图 11-32 所示。

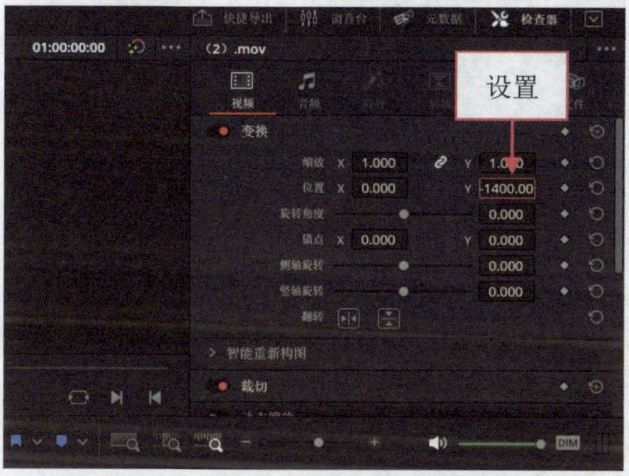

图 11-31　设置“位置”参数（2）

图 11-32　查看两段素材在画面中的位置

11.2.6　添加花样字幕

通过复制和粘贴，可以快速添加一段已经设置好样式的字幕，节省重复设置样式的时间。下面介绍在达芬奇中添加花样字幕的操作方法。

添加花样字幕

Step 01 在“特效库”面板的“工具箱” | “标题”选项卡中，选择一个字幕样式，如图 11-33 所示。

Step 02 将选择的字幕样式添加到“时间线”面板的“视频 3”轨道中，为视频添加第 1 段字幕，如图 11-34 所示。

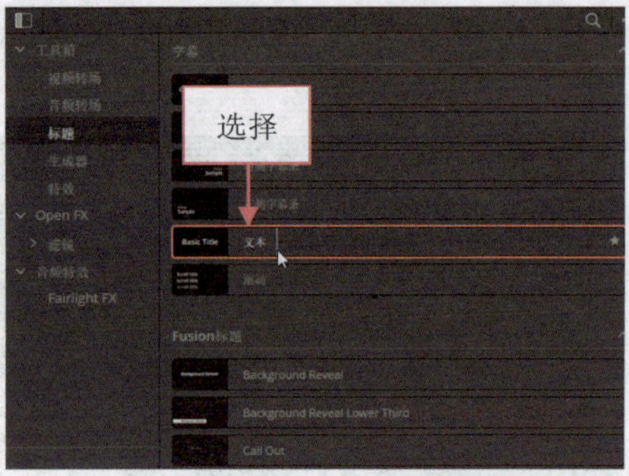

图 11-33　选择一个字幕样式

图 11-34　添加第 1 段字幕

Step 03 调整第 1 段字幕的时长，使其与视频的时长保持一致，如图 11-35 所示。

Step 04 在“检查器”面板的“视频”|“标题”选项卡中，❶修改字幕的内容；❷设置“字体系列”为“黑体”，如图 11-36 所示，修改文字字体。

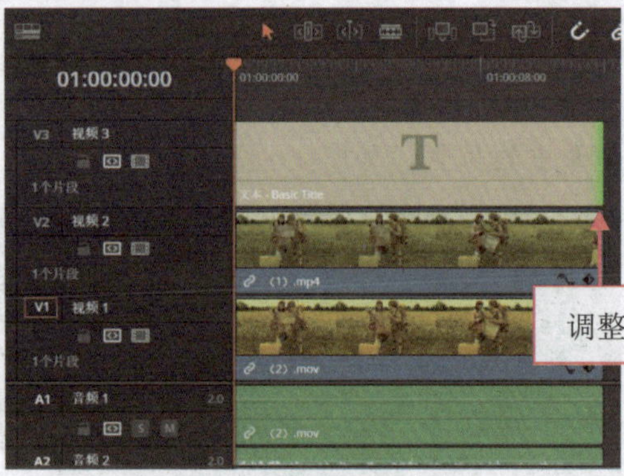

图 11-35　调整字幕的时长

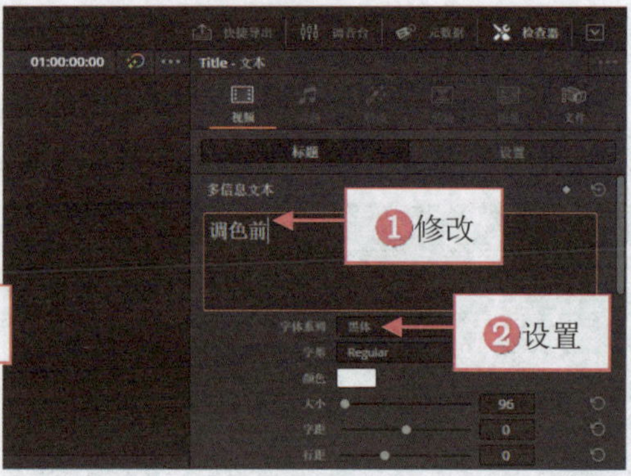

图 11-36　设置“字体系列”为“黑体”

Step 05 单击“颜色”选项右侧的色块，弹出“选择颜色”对话框，在“基本颜色”选项区中选择一个字体颜色，如图 11-37 所示，单击 OK 按钮，即可更改字幕的颜色。

Step 06 ❶切换至“设置”选项卡；❷设置“缩放”选项的 X 和 Y 参数均为 0.850、“位置”选项的 Y 参数为 820.000，如图 11-38 所示，调整字幕的位置和大小。

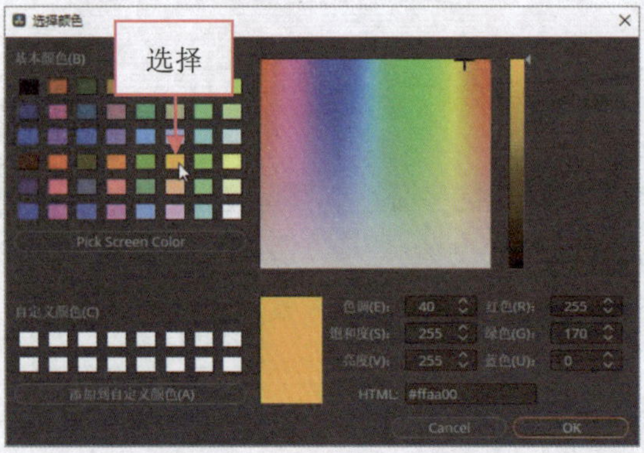

图 11-37　选择一个字体颜色

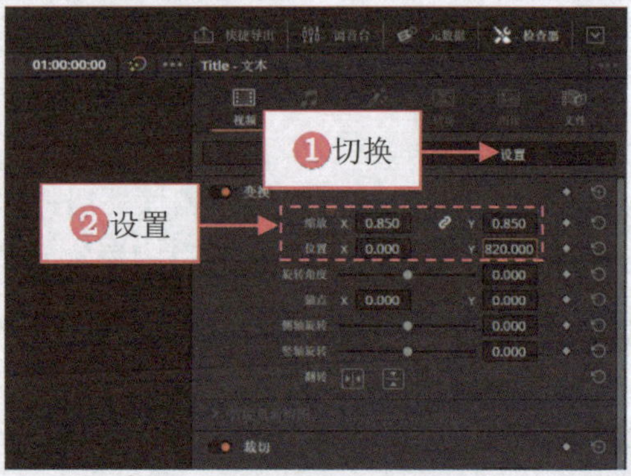

图 11-38　设置相应参数

Step 07 将第 1 段字幕复制并粘贴一份，添加第 2 段字幕，将第 2 段字幕拖曳至“视频 4”轨道中，如图 11-39 所示。

Step 08 在“标题”选项卡中，修改第 2 段字幕的内容，如图 11-40 所示。

图 11-39 将字幕拖曳至轨道中

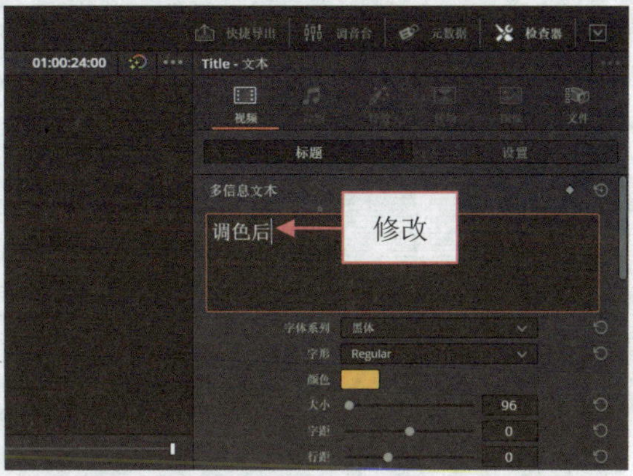

图 11-40 修改字幕内容

Step 09 ❶切换至“设置”选项卡；❷设置“位置”选项的 Y 参数为-30.000，如图 11-41 所示，调整第 2 段字幕的位置。

Step 10 在预览窗口中，用户可以查看添加字幕后的画面效果，如图 11-42 所示。

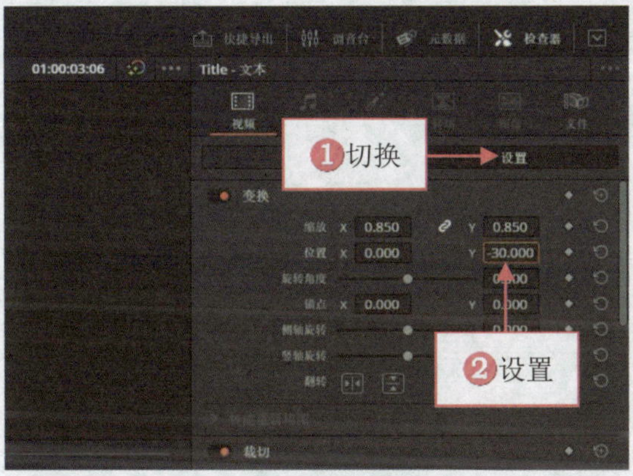

图 11-41 设置“位置”参数

图 11-42 查看添加字幕后的画面效果

本章小结

本章主要讲述了如何对电影短片《月升王国》进行调色。首先调色是过调整色彩平衡和饱和度进行调色；其次是适当的调整人像；然后通过合理的参数输出快捷导出素材以及保存项目预设等方法；最后调整素材的位置以及添加花样字幕等内容。通过对本章的学习，希望读者不仅能更好地完成影片的后期制作，还能在实践中不断探索和创新，将调色的艺术发挥到极致。

第 12 章
人像视频调色实例

色彩在视频的编辑中，往往可以给观众留下良好的第一印象，并在某种程度上抒发一种情感。在人像视频中，除了可以通过人物的表情、动作和语言来传情达意之外，用户也可以通过调色来营造氛围感，从而突出视频主题。本章将以《幸福时光》为例，讲述制作婚纱人像调色视频的操作方法。

本章重点

- 了解《幸福时光》效果展示
- 掌握《幸福时光》制作流程

学习目标

- 通过学习人像视频调色，培养学生的审美观念和艺术修养，提高对色彩、构图、节奏等方面的感知和运用能力
- 通过实际操作和创作，培养学生的创新思维和实践能力，提高其解决问题和应对挑战的能力

12.1　《幸福时光》效果展示

在本案例的素材中出现了两个人物，因此在完成画面色彩的调整后，需要根据人物性别和形象分别对肤色进行调整。

在制作《幸福时光》视频之前，首先来欣赏本实例的视频效果。

1．效果赏析

《幸福时光》婚纱人像调色视频的前后效果对比如图 12-1 所示。

图 12-1　调色前后效果对比

2．技术提炼

在本章案例中，《幸福时光》作品经过了巧妙的处理。首先设置分辨率，让视频更加清晰；

然后调整画面色彩，让画面更有表现力和感染力；最后调整滤镜效果和分别调整肤色等内容。

12.2 《幸福时光》制作流程

本节将介绍婚纱人像调色视频的制作方法，包括设置分辨率、调整画面色彩、调整滤镜效果以及分别设置肤色，希望读者能熟练掌握本节内容，自己也可以制作出唯美的婚纱人像调色视频。

12.2.1 设置分辨率

设置分辨率

如果素材的分辨率并不是 1 920×1 080 或 1 080×1 920 时，用户就需要单独设置时间线的分辨率，这样才能避免生成的视频有黑边。下面介绍在达芬奇中设置分辨率的操作方法。

Step 01 新建一个项目，单击“文件”|“新建时间线”命令，如图 12-2 所示。

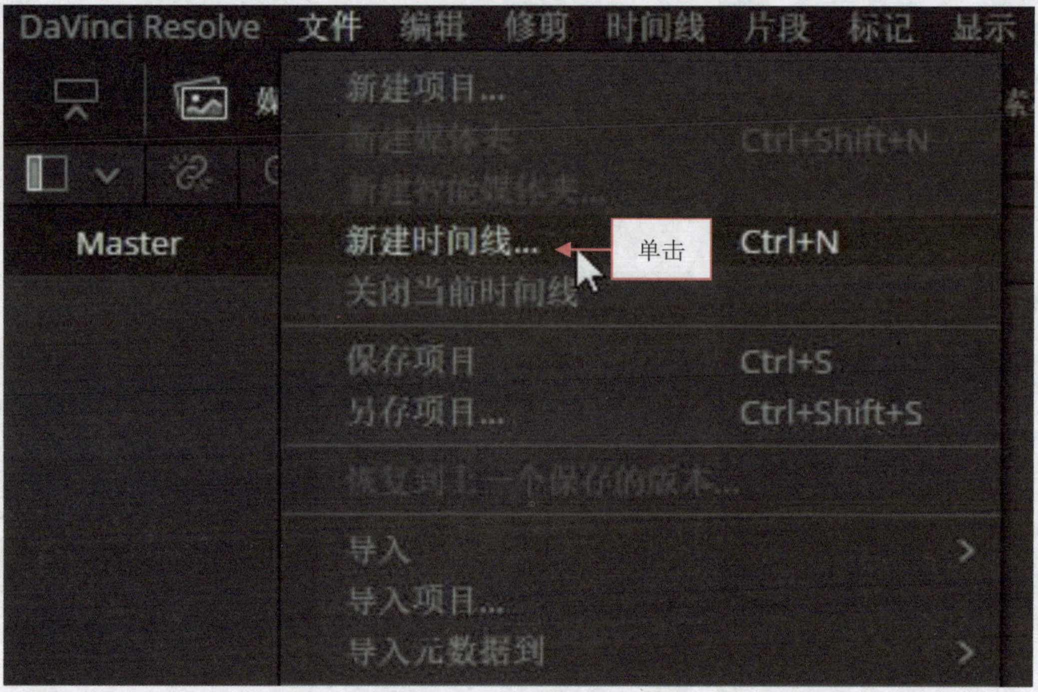

图 12-2 单击“新建时间线”按钮

Step 02 执行操作后，弹出“新建时间线”对话框，❶取消选中“使用项目设置”复选框；❷切换至“格式”选项卡；❸在“时间线分辨率”选项区下方的输入框中设置分辨率参数为 1 080 × 1 620；❹选中“使用竖屏分辨率”复选框，如图 12-3 所示，单击“创建”按钮，即可创建一个合适的时间线。

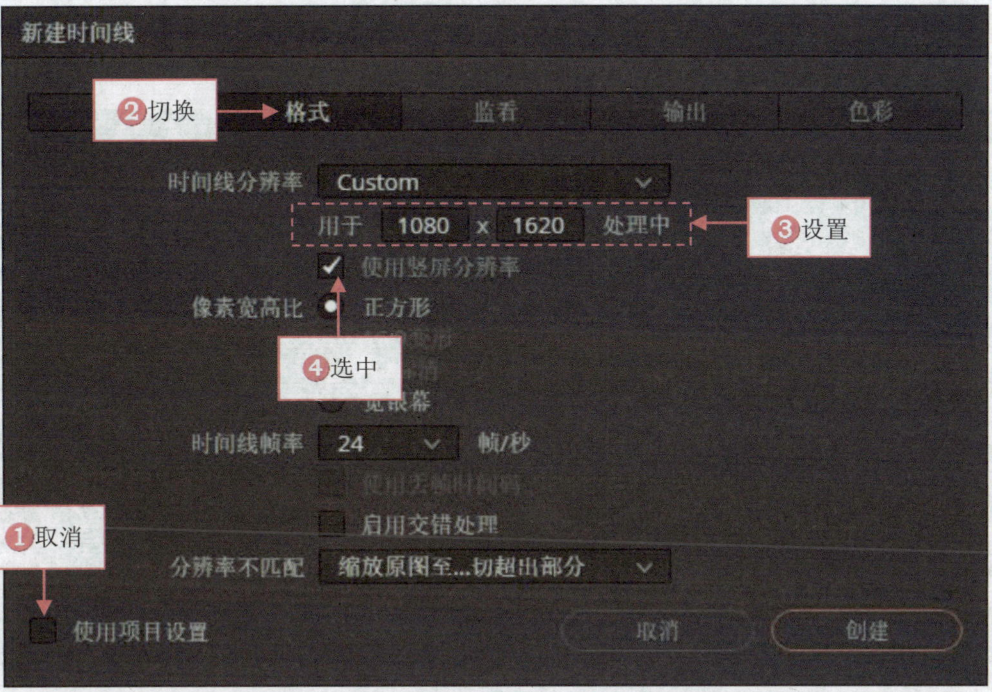

图 12-3　选中“使用竖屏分辨率”复选框

12.2.2　调整画面色彩

在“一级-校色轮”面板中一共有 12 个色轮，从左往右分别是暗部、中灰、亮部和偏移，可以用来调整对应部位的画面色彩。下面介绍在达芬奇中调整画面色彩的操作方法。

调整画面色彩

Step 01 在“媒体池”面板中导入 3 段素材，将素材按顺序添加到“时间线”面板中，如图 12-4 所示。

图 12-4　将素材添加到“时间线”面板中

Step 02 切换至“调色”步骤面板，①单击“色轮”按钮；②在“一级-校色轮”面板中设置“色温”参数为-630.0、“色调”参数为-50.00、“对比度”参数为 1.080、“阴影”参数为-37.00、

“饱和度”参数为 70.00，如图 12-5 所示，使画面的色调偏冷、偏青色、色彩更浓郁，降低画面黑色部分的亮度，增加画面的明暗对比度。

图 12-5　设置相应参数（1）

Step 03 ❶将鼠标移至“暗部”色轮下方的轮盘上，按住鼠标左键并向左拖曳，直至色轮下方的参数均显示为-0.04；❷用同样的方法设置“中灰”色轮下方参数均显示为 0.01，如图 12-6 所示，使画面的明暗对比更明显。

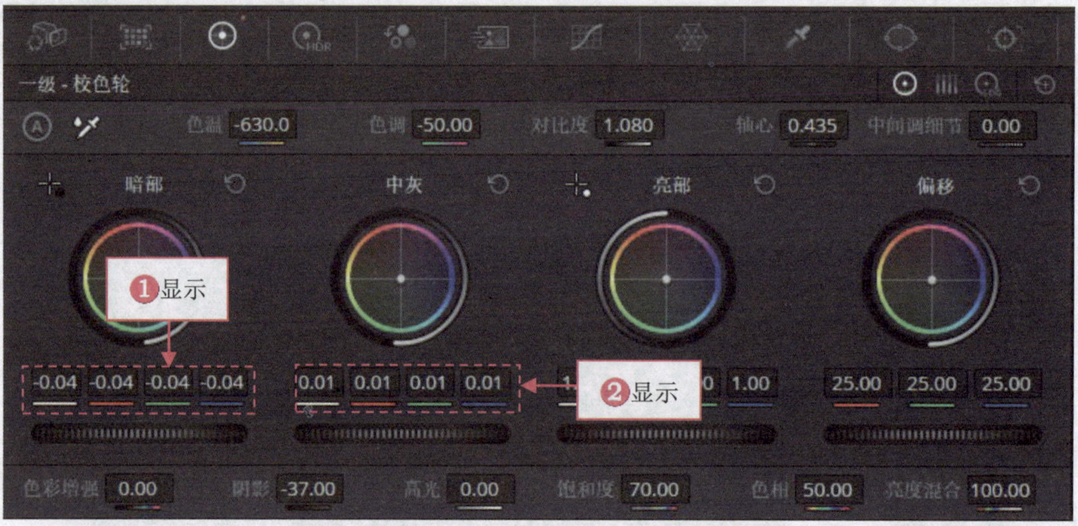

图 12-6　设置相应参数（2）

Step 04 在预览窗口中，用户可以查看第 1 段素材的调色效果，如图 12-7 所示。

Step 05 在“片段”面板中选择第 2 段视频素材，在第 1 段素材上单击鼠标右键，在弹出的快捷菜单中选择“应用调色”选项，如图 12-8 所示，即可完成对第 2 段素材的调色处理。

图 12-7　查看第 1 段素材的调色效果

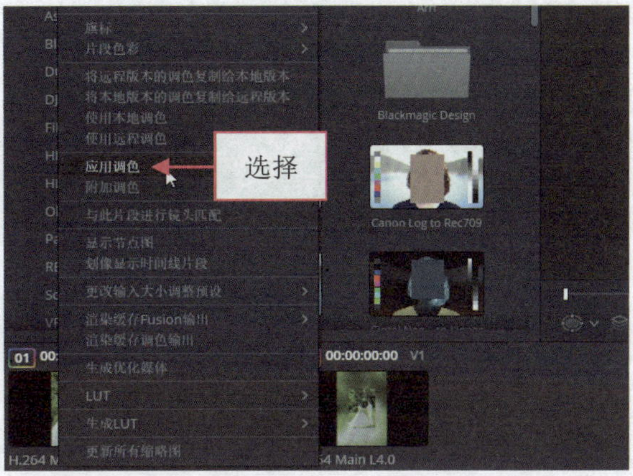

图 12-8　选择“应用调色”选项

Step 06 用与上同样的方法，完成对第 3 段素材的调色处理，在预览窗口中，用户可以查看第 2 段和第 3 段素材的调色效果，如图 12-9 所示。

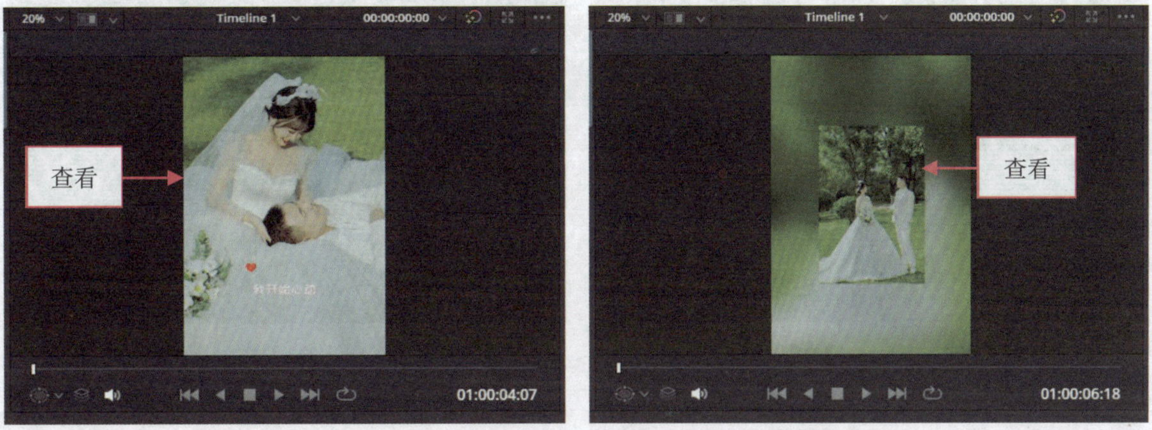

图 12-9　查看第 2 段和第 3 段素材的调色效果

12.2.3　调整滤镜效果

为素材添加“发光”滤镜，并调整相应的参数，可以增加画面的光影感和氛围感。下面介绍在达芬奇中调整滤镜效果的操作方法。

调整滤镜效果

Step 01 选择第 1 段素材，在 01 节点的后面添加一个编号为 02 的串行节点，如图 12-10 所示。

Step 02 展开“特效库”面板，在“Resolve FX 光线”选项区中，选择“发光”滤镜，如图 12-11 所示。

Step 03 按住鼠标左键将“发光”滤镜拖曳至 02 节点上，释放鼠标左键，即可将“发光”滤镜添加至 02 节点上，如图 12-12 所示。

Step 04 在“设置”选项卡中，设置“闪亮阈值”参数为 0.654、“散布”参数为 0.700，如图 12-13 所示，调整滤镜的亮度和分布情况。

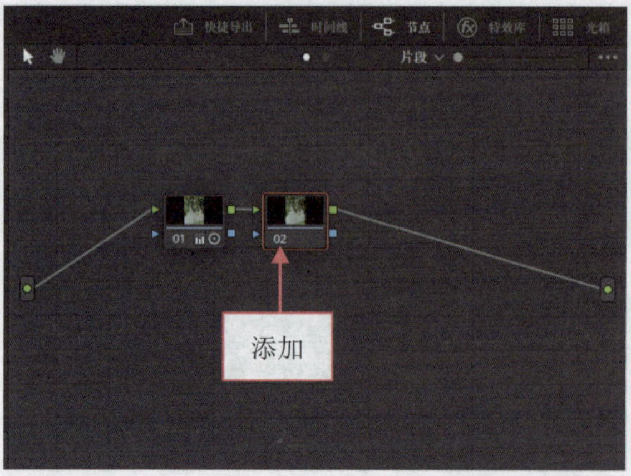

图 12-10　添加一个编号为 02 的串行节点

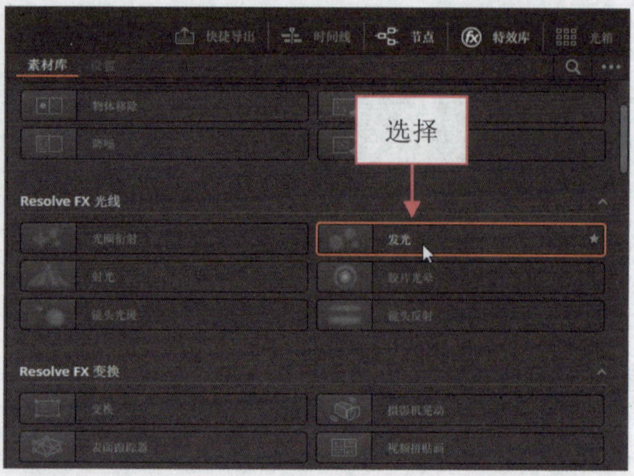

图 12-11　选择“发光”滤镜

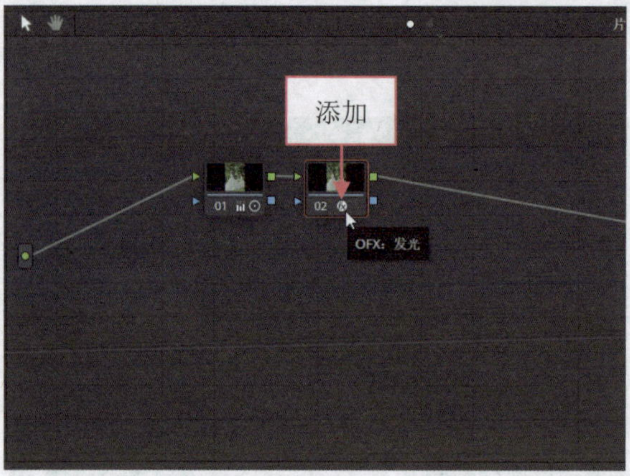

图 12-12　添加“发光”滤镜（1）

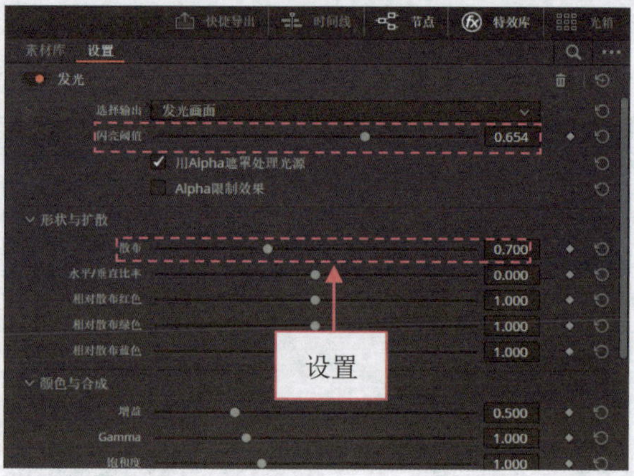

图 12-13　设置相应参数（1）

Step05 选择第 2 段素材，在 01 节点后面添加一个编号为 02 的串行节点，并将“发光”滤镜添加至 02 节点上，如图 12-14 所示。

Step06 选择第 3 段素材，为其添加编号为 02 的串行节点和“发光”滤镜，如图 12-15 所示。

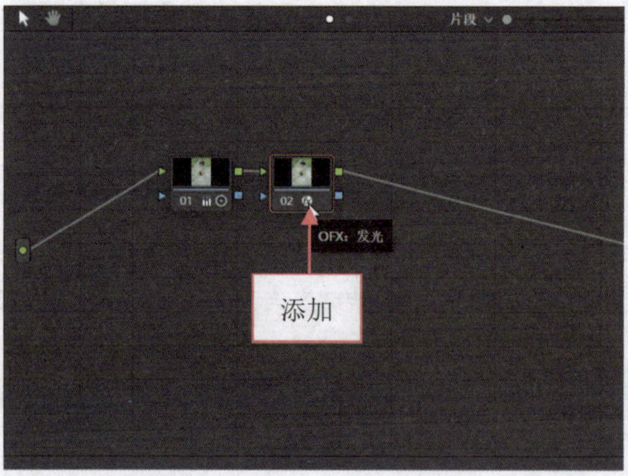

图 12-14　添加“发光”滤镜（2）

图 12-15　添加节点和滤镜后的画面效果

Step 07 在“设置”选项卡中，设置“闪亮阈值”参数为 0.550、“散布”参数为 0.455，如图 12-16 所示，完成滤镜的添加和调整。

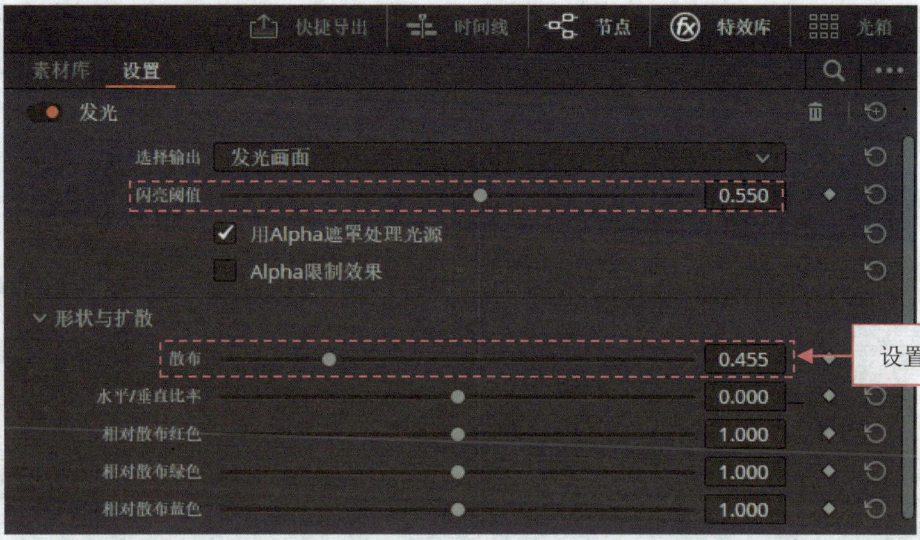

图 12-16　设置相应参数（2）

12.2.4　分别调整肤色

在调整人物肤色时，不能一味地追求白皙和光滑，从而使得人物皮肤失去了真实感，而是应该根据环境、主题和人物性别进行适当调整。下面介绍在达芬奇中分别调整肤色的操作方法。

分别调整肤色

Step 01 选择第 1 段素材，添加一个编号为 03 的串行节点，在 03 节点上单击鼠标右键，在弹出的快捷菜单中选择“添加节点”|“添加并行节点”选项，如图 12-17 所示。

Step 02 执行操作后，即可添加一个编号为 04 的并行节点和一个“并行混合器”节点，如图 12-18 所示。

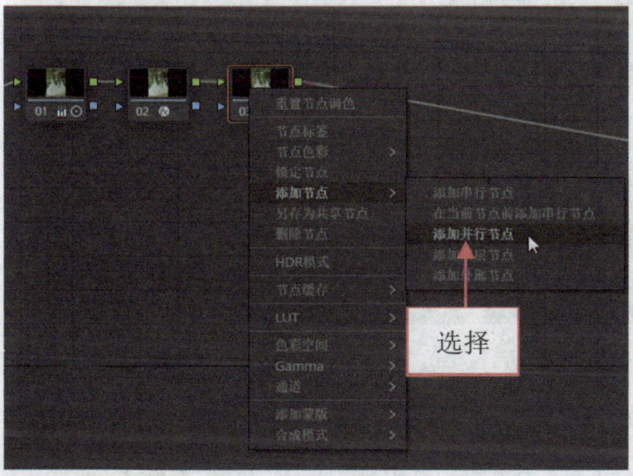

图 12-17　选择“添加并行节点”选项

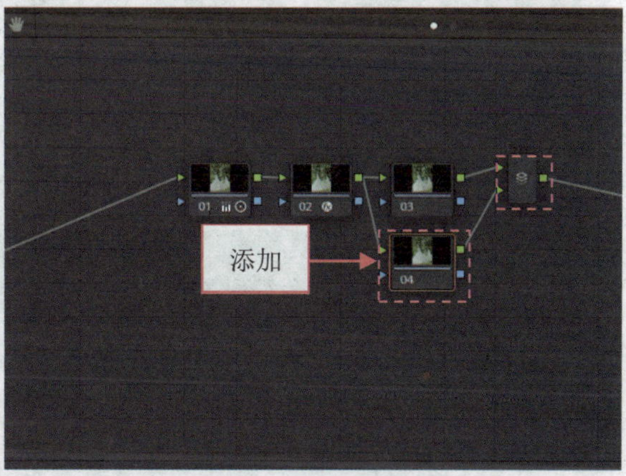

图 12-18　添加相应节点

Step03 选择 03 节点，❶单击“窗口”按钮；❷展开“窗口”面板，单击圆形“窗口激活”按钮，如图 12-19 所示。

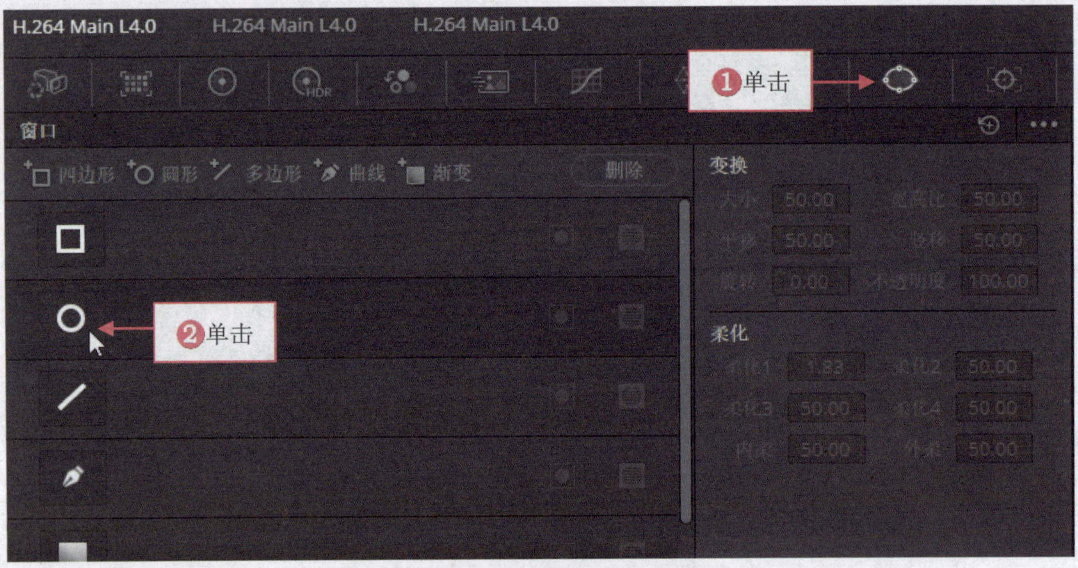

图 12-19　单击圆形“窗口激活”按钮

Step04 在预览窗口中，调整圆形窗口蒙版的大小和位置，如图 12-20 所示，将第 1 段素材中女性人物的脸部框选起来。

图 12-20　调整圆形窗口蒙版的大小和位置

▶ 知识扩展

在预览窗口中，可以通过滚动鼠标中键来缩放素材的显示比例，从而放大或缩小画面，操作更便利。

Step 05 ❶单击“跟踪器”按钮；❷展开“跟踪器-窗口”面板，单击“正向跟踪”按钮，如图 12-21 所示，即可运动跟踪绘制的窗口，使人物脸部一直位于窗口中。

图 12-21　单击“正向跟踪”按钮

Step 06 ❶单击“曲线”按钮；❷展开面板，单击“色相 对 饱和度”按钮，进入“曲线-色相 对 饱和度”面板；用限定器在选取的人物皮肤上单击鼠标左键，即可在曲线上自动添加 3 个控制点；❸向下拖曳第 2 个控制点，如图 12-22 所示，直至下方面板中的“输入色相”参数显示为 289.50、“饱和度”参数显示为 0.82，即可降低人物皮肤中的黄色的饱和度，让人物肤色变得白皙，完成对第 1 段素材中女性人物肤色的调整。

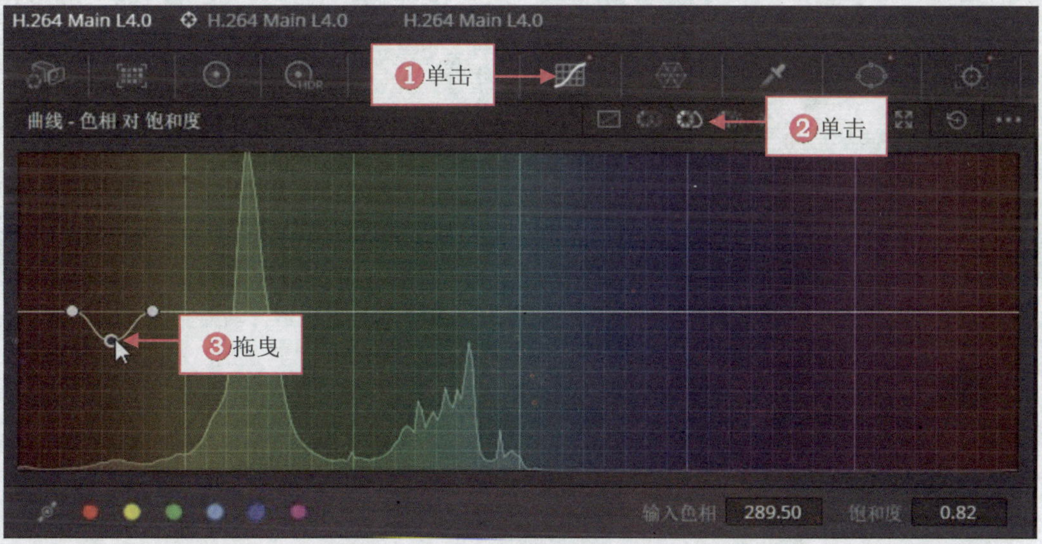

图 12-22　拖曳控制点（1）

Step 07 选择 04 节点，用与上同样的方法，对第 1 段素材中的男性人物脸部进行框选和跟踪，在“曲线-色相 对 饱和度”面板中，用限定器在选取的人物皮肤上单击鼠标左键，自动添加 3

个控制点，向上拖曳第 2 个控制点，如图 12-23 所示，直至下方面板中的“输入色相”参数显示为 294.11、“饱和度”参数显示为 1.29，即可增加人物皮肤中的黄色的饱和度，让人物的肤色变得正常。

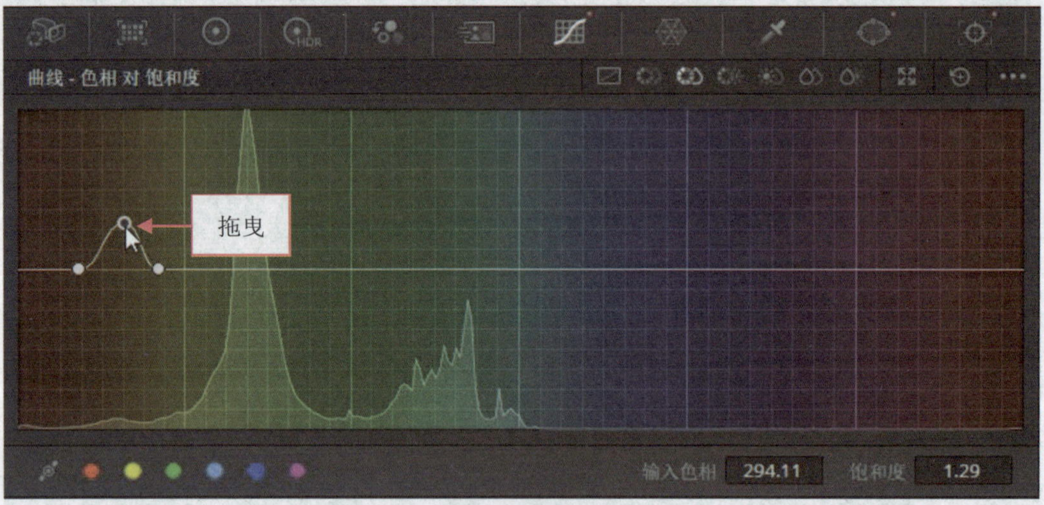

图 12-23　拖曳控制点（2）

Step08 用与上同样的方法，分别对第 2 段和第 3 段素材中的人物肤色进行调整，效果如图 12-24 所示，即可完成视频的制作。

图 12-24　分别对第 2 段和第 3 段素材中的人物肤色进行调整

本章小结

本章主要讲述了如何对人像视频《幸福时光》进行调色。首先介绍了设置分辨率；其次介绍了调整画面色彩以及调整滤镜效果；最后介绍了调整肤色的方法。通过本章的学习，希望读者能掌握调色的基本技巧和方法，让人像视频更加生动、富有情感，提升观众的观感体验。